접목과 삽목

차 건 성 편저

오성출판사

머리말

태고의 인간들이 산과 들에서 사냥을 다니다 나무열매를 먹게
되고 열매를 따서 생활처로 가져와 버려진 씨앗에서 다시 나무로
성장하고 열매가 달리는 것을 보고 자신들이 직접 과실수를 가꾸
게 된 것이 오늘날 유실수 또는 과수원예의 시작인 것 같다.

따라서 대부분의 사람들은 오랜 세월 잠재되어 있는 본능으로
조그마한 땅만 있어도 나무를 심고 싶어하고 특히 열매가 달리는
유실수를 선호하게 되는 듯하다.

식물을 가꾸는 과정은 우선 번식에서 시작되는데 기본적인 번식
원리는 실생이라하여 씨앗에서 출발하는 자연번식 방법이지만 대
부분의 유실수들은 사람들의 필요에 의해 가꾸어지고 특히 식용
으로 충족도를 높이기 위해 오랜 세월 동안에 걸쳐 육종개량되었
고 현재도 되어가고 있다.

따라서 사람들에 의해 만들어진 새로운 품종들은 실생으로 가꾸
어 봐도 대부분 원종이나 잡종의 형태로 되돌아가 버리는 본성이
있어 문제점을 만나게 되는 것이다. 이에 해결책으로 실생이외의
다른 번식방법을 연구하게 되어 오늘날 널리 활용하게 되었다. 그
러나 이러한 번식방법들이 정확한 이론과 능숙한 작업을 거쳐 완
성되는 것이므로 대부분 사람들은 불가능한 것으로 생각해 필요
한 유실수는 시중에서 구입하여 사용할 수 밖에 없게 된 것인데
이러한 과정에서 생산자와 유통자 또한 소비자 간에 잦은 마찰이
일어나고 있는 실정이다.

이 책은 누구나 손쉽게 식물번식을 가능케하는 기본 원리와 전
문재배인들이 겪는 문제점 등을 해결할 수 있는 접목법, 삽목법,

미스트 번식 등 다양한 식물번식법과 각각의 과실수들의 적용사례 등을 상세한 도표 및 그림으로 소개하고 있다. 이로 인해 취미원예나 전문원예 재배에 도움이 되었으면 한다.

다소 미흡된 부분은 새로운 번식법이 개발되면 추후 보완할 것이며 이 책이 나오도록 도와주신 많은 분들께 감사드릴 따름이다.

2000년 12월

차 건 성

content content

차례 content

제1편

번식의 기초지식

[제1장 접목 번식법]

1. 접목의 이해와 장단점

접목이란 식물의 일부분(가지, 눈, 뿌리)을 채취해서 다른 식물에 결합시켜 그 조직의 유착을 유도하는 작업을 말한다.

개체가 다른 두 식물체를 조직적으로 서로 연결시켜 생장할 수 있게 만드는 것을 접목이라고 하며, 이때 접목체 상부를 접수(接穗), 하부를 대목(台木)이라고 한다.

일반적인 번식법으로 대중화되었다고 할 수 있으나 접목은 영리성인 면을 비추어 나무는 주로 과실류, 분재, 관상류에 실시하며 채소류는 가지과, 호로과에서 주로 실시하고 있으며 또한 종자나 삽목으로 번식시키기 어려운 식물에서 행하고 있다.

특히 원예화된 식물에서는 접목법에 의해 번식하는 것이 대단히 많은데 접목의 장점은 다음과 같다.

(1) 삽목 번식이 어려운 것이나, 실생으로는 품종의 특성 유지가 어려운 것이라도 이 방법이라면 쉽게 증식할 수가 있다.

(2) 접목을 한 것은 실생을 한 것보다도 일찌기 개화, 결실 연령이 낮아진다.

(3) 접목식물에서는 대목과 접수가 서로 영향을 갖게 된다. 특히 대목의 선택이 재배를 유리하게 이끌 수가 있다.

① 수세(樹勢)를 조절할 수 있다.

[예] 온주 밀감을 소밀감 나무대목이나 유자 나무대목에 접목하면 탱자 나무대목을 사용했을 경우보다도 수세가 왕성해지고 수령이 연장된다. 서양배를 마르멜로 왜성대목에 접목하면 수세를 약하게 만들어서 개화, 결실기에 빨리 도달한다.

② 특수한 풍토에 적응시킬 수 있다.

[예] 공대(共台)인 감은 추위에 약하나 군천자(君遷子 일명 고엽) 감은 추위에 강하므로 한냉지에는 군천자대목을 사용한다.

건조한 토양에는 배에 유부과(柚膚果)가 되기 쉬우나 만주 콩배나무대목을 사용하면 그런 발생을 어느 정도 막을 수 있다.

③ 병해충의 피해를 면할 수가 있다.

[예] 포도의 꺾꽂이묘는 포도 피록세라의 피해를 입기 쉬우나 각종의 피록세라 저항 대목을 사용하므로 그 피해를 피할 수가 있다.

사과의 선충 피해를 막기 위해서는 아그배나무대목을 택하지 않고 환엽해당대목(丸葉海棠台木)을 택한다.

④ 대목을 바꾸는데 따라서 결실율이나 과실의 품질, 숙기, 저장성 등의 차이가 생긴다.

[예] 탱자나무 대목의 온주밀감은 유자대목의 것에 비교해서 과피(果皮)가 매끈하고 착색도 선려(鮮麗)하며 단맛도 많고 거기에다 성숙기도 빠르다.

⑤ 쇠약된 수세를 회복시킬 수가 있다.

병충해의 피해를 입어 수세가 쇠약해졌을 때 혹은 대목과 접수와의 불친화에 의한 수세의 쇠약 등에는 새로운 건전한 가지, 혹은 뿌리를 접목해서 이를 회복시킬 수가 있다.

[예] 감이 탄저병으로 인해서 뿌리가 침해되었을 경우에는 환부를 깎아내어 소독을 하고 건전한 부분에 교접(橋接)을 하면 수세가 만회된다.

⑷ 접목에서는 이상과 같은 장점이 있으나 다음과 같은 단점도 있다.

   ① 대목과 접수를 결합시키는 작업이므로 숙련이 필요하다.
   ② 식물의 활동시기를 잘 알고 선택하되 사후관리도 철저해야 한다.
   ③ 접목한 나무는 실생한 나무에 비해 수령이 단명해진다.
   ④ 접목은 한본(一本)씩 작업, 육묘함으로써 대량육묘가 불리하다.

접목은 이와 같은 장·단점이 있으나 특히 과수나 관상수 등 접목번식이 아니면 생산이 불가능한 경우에는 절대적으로 이용되고 있다.

2. 접목활착의 순서

대목과 접수는 접목 직후에 그 절단면에 일종의 얇은 피부를 형성한다. 이것은 슈베린(suberine)이라는 것으로 일종의 보호조직이다. 대목과 접수의 양쪽에 형성되기 때문에 접착면이 딱 들어맞게 접착(接着)한다.

슈베린의 형성에 이어 대목과 접수의 절단면에서는 유세포(柔細胞)의 증식이 행하여져, 유세포는 슈베린을 찢고 신장하며 처음의 유세포와 서로 교접 포합(抱合)해서 수분의 수수(授受)가 행하여진다.

이렇게 해서 수분의 연락이 닿으면 여기에 비로서 형성층(形成層)의 활동이 시작되어 처음에는 가도관(假導管)을 형성하고 여러 기관(器管)과의 연락도 이루어지며, 결국에는 유관속계(維管束系) 전체의 연락이 완료해서 접목활착이 되는 것이다.

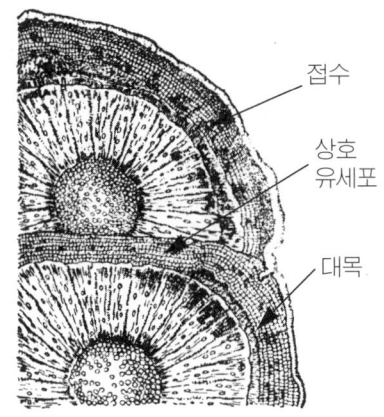

접수
상호
유세포
대목

[그림 1-1] 접목활착의 상황

이러한 활착에 소요되는 일수(日數)는 외계의 상태, 혹은 식물의 종류에 의하며 식물체의 조건에 의해서 차이가 생기게 되는 것으로, 빠른 것은 1주일 전후, 늦은 것은 수 주일 이상을 소요하는 경우가 있다.

대목과 접수가 완전히 활착하고 성장, 결실의 두가지 작용을 순조롭게 계속하는 경우, 양자간에 접목 친화가 있다고 말한다.

[주] 활착(活着)이란 대목과 접수가 조직적으로 유합 접착해서 성장을 개시하는 경우를 말한다.
친화(親和)란 활착 후에 발육을 계속해서 결실을 맺는 경우를 말한다.

3. 접목의 친화성

접목 식물은 접목 친화를 함으로써 가치가 있는 것으로 가령 접목 활착에 곤란한 점이 있다 해도 그것은 접목 친화와는 아무런 관계가 없다.

예를 들면 복숭아는 지접(枝接)으로는 활착율이 상당히 떨어지지만, 아접(芽接)의 경우에는 거의 100% 활착한다.

그러나 한번 활착한 것은 지접이나 아접이나 잘 발육하고 결실에 있어서도 차이를 찾아보기가 어려운 것이다.

또한 감의 부유품종을 군천자(君遷子 고염)대목에 접목할 경우 활착율은 대단히 좋으나 접목 후 2~3년이 지나면 초기의 왕성했던 생장력(生長力)은 차차 둔해져서, 결과기(結果期)는 빨리오지만 가지나, 과실의 발육은 극히 불량해서 전혀 실용적인 가치가 없게 된다. 이 경우 또한 접목 불친화의 한 예이다.

다른 품종의 대목을 사용하면 토양에 대한 적응성이 달라지는 것은 당연한 일이지만, 대목의 토양에 대한 반응은 접목에 있어서 친화의 강약에 원인을 준다고 오인되기 쉽다.

예를 들면 온주 밀감을 탱자나무 대목에 접목했을 경우에, 건조지에서는 수령이 짧아지는 경향이 있는데, 이것은 탱자나무가 본래부터 천근성(淺根性)이기 때문에 한해(旱害)를 입기 쉬운 것이지 친화와는 관계가 없는 것이다.

대목과 접수는 식물 분류학상 혈연이 가까운 것일수록 친화의 정도가 강한데 같은 품종에서는 가장 완전한 친화를 나타내고 동속(同屬) 이종(異種)의 것이 다음 가며 동과(同科) 이속(異屬)의 것은 특수한 경우 이외에는 친화되지 않는 것으로 알려지고 있다.

접목 친화성에 관한 연구는 캘루스(callus)의 배양을 수단으로 해서 실험이 행해지고 있다. 과수줄기의 형성층(形成層)으로부터의 유도(誘導)에 성공하고, 그 배양기(培養基)를 사용해서 서로 다른 과수로부터 얻은 두개의 캘루스 조직을 동일 배양기 위에서 유착시켜, 그 유착 상황을 나타내기 위해서는 4단계의 판정 기준을 설치해서 조사하고 있는데 그 조사 성적은 다음 도표에서 볼 수 있듯이 동종간에서는 종래의 설명대로 높은 유착을 나타냈고 또한 같은 품종간에서는 이어 다음 가는 성적을 나타냈으나 밤과 감은 상호간에 높은 유착을 나타내고, 반드시 식물 분류학상의 근연(近緣) 관계와는 관계없이 발생되는 것을 알게 되었다.

접목의 활착과정의 제1단계에서는 대목과 접수와의 유합(癒合) 유착은 필요한 조건이지만 그것만으로는 접목의 친화성을 결정할 수 없다.

[표 1-1] 서로 다른 유합(癒合) 조직 두 개의 짜임새와 유착 상황

짜 임 새	판정	분류학상의 위치	짜 임 새	판정	분류학상의 위치
포도 : 감	0	아강(亞綱)간의 상위(相違)	복숭아 / 밤	0	목간(目間)의 상위(相違)
포도 / 감	0		배 : 밤	1	
복숭아 : 감	1		배 / 밤	2	
복숭아 / 감	1		밤 / 배	2	
밤 : 감	3		골덴딜리셔스 : 밤	1	
밤 / 감	2		골덴딜리셔스 : 밤	1	
감 / 밤	3		골덴딜리셔스 / 밤	1	
배 / 감	1		배 / 복숭아	1	속간(屬間)의 상위(相違)
배 / 감	2		배 / 복숭아	1	
골덴딜리셔스 : 감	0		복숭아:골덴딜리셔스	2	
골덴딜리셔스 / 감	0		배 : 골덴딜리셔스	2	
포도 / 복숭아	1	목간(目間)의 상위	배 / 골덴딜리셔스	1	
포도 / 배	2		배 : 사과대목	2	종간(種間)의 상위
배 / 포도	0		골덴딜리셔스 : 사과대목	3	
포도 / 배	0		사과대목 / 골덴딜리셔스	2	
포도 : 밤	2		국광 : 사과대목	3	
포도 / 밤	0		국광 / 골덴딜리셔스	2	
밤 / 포도	1		밤 : 밤	3	동종간(同種間)
포도 / 골덴딜리셔스	0		밤 / 밤	3	
포도 / 골덴딜리셔스	0		감 : 감	3	
골덴딜리셔스 / 포도	0		감 / 감	3	
복숭아 : 밤	2		배 : 배	3	

[주] 유합(癒合) 조직의 두 편(片)을 배양기(培養基) 상(上)에 병열(倂列)해 놓는다.

/ - 하나의 캘루스 조직을 다른 캘루스 조직 위에다 놓은 것. 즉 배/복숭아 는 배의 캘루스 조직을 복숭아의 유합(癒合) 조직 위에 놓는 것을 나타냄.

{판정(判定)}

0 - 어느 쪽이든 한 쪽의 유합조직이 고사(姑死) 또는 그에 가까운 것.

1 - 생장은 하나 유착을 볼 수가 없었던 것.

2 - 가벼운 유착을 볼 수 있었던 것.

3 - 분리하기 곤란할 정도의 강한 유착이 인정된 것.

　그런데 최근에 배, 사과, 밤 등에서는 새로운 육성 품종 혹은 발견된 우량계통, 사과에서는 미국으로부터 도입된 신품종에 의해서 현재까지 재배되어 왔던 품종의 고접갱신(高接更新)이 행하여지고 있는데 이런 경우의 접목친화 관계에 대해서는 많은 관심이 쏠리고 있다.

　사과의 어느 품종의 고접에 있어서는 겨우 수개소의 지접(枝接)인데도 불구하고 3~4년으로 중간대(中間台) 품종의 가지는 완전히 고사하고 결국에는 나무 전체가 말라 죽는 소위 고접병이 일부 지역에서 문제가 되어 이것의 구명과 해결에 많은 노력이 이루어진 결과 이러한 이상(異狀)은 접수가 바이러스병을 보독(保毒)하고 있을 경우에 발생한다는 것을 알게 되어 현재로는 사과의 번식에는 바이러스 무균의 접수를 사용하게 되었다.

　접목에 의해서 바이러스병이 전염되기 때문에 친화라고 하는 것 외에 대목과 접수의 바이러스 무균이라고 하는 것이 접목에서는 중대한 일이 되는 것이다.

4. 대목(台木)이 접수(接穗)에 미치는 영향

대목의 종류가 접수에 미치는 영향 중에서 재배상 문제시 되는 것이 적지 않다.

(1) 배의 유부과

일본배의 20세기와 신세기에는 유부과라고 칭하는 이상과(異常果)의 발생은 어린 나무에는 적고 노목에 많으며 특히 경사지의 배나무 과수원에 많다.

어느 지방에서 경사지에 재식되어 있는 20세기(17년생)를 재료로 해서 연구한 결과, 이상과의 발생은 공대(供台)를 한 것에 한정되어 있고, 팥배나무를 대목으로 한 것에는 발생을 볼 수 없었다.

근군(根群) 조사의 결과 공대는 천근성으로 세근(細根)이 적고, 팥배나무대목은 심근성으로 세근이 풍부하며, 1m 이상의 깊이라도 세근이 왕성하게 나 있다는 것을 알게 되었다.

또한 유부과가 발생하지 않는 평지의 20세기(19년생)를 재료로 해서 지표로부터 30cm까지의 사이에 분포되어 있는 세근을 모두 제거한 것(4그루)과 무처리를 한 것(1그루)을 비교해서 전자에서는 유부과 11~98%, 후자에서는 전무(全無)하다는 사실이 확인되므로서 대목을 달리하는 일이 그 근군의 발달상태를 달리해서 이와 같은 결과가 된다는 것을 알게 된 것이다.

팥배나무는 보급이 된 대목은 아니지만 공대와 똑같이 접목 친화성을 가지는 것이며 경사지 배나무 과원에서는 사용이 권장되는 것이므로 그 번식에 적극적인 노력을 기울이는 일이 바람직하다.

(2) 서양배의 바아틀릿과 흑반병

미국의 캘리포니아에서는 일본배 대목에 바아틀릿을 접목한 경우에 검은무늬병(흑반병) 또는 잎마름병이라고 칭하는 생리적인 이상이 나타나고 있다.

흑반병이라고 하는 것은 과면에 특수한 광택이 생기고 병상이 진행되면 체단부에서부터 차차로 검게 변해서 과면에 열상(裂傷)이 생기고 과육에는 석세포가 많아져서 식용가치가 없어지게 된다. 이러한 이상은 우리나라에서도 경사지에서 재배하는 일본배 대목의 바아틀릿에서 볼 수 있다.

공대 및 서양모과 대목의 서양배에서는 발생하지 않으나 일본배 대목의 바아틀릿에 특히 많은 것으로 되어 있다.

유부과나 흑반병은 대목과 접수의 삼투압(滲透壓)의 차이에 원인이 된다는 것은 대목과 접수가 완전히 친화하여도 대목의 삼투압이 접수의 그것보다 낮은 경우에 수분의 흡수능력이 적어지기 때문에 과실이 수분 부족의 상태로 빠져서 생리적인 이상과(異常果)가 발생한다는 것으로 알려져 있다.

(3) 삼보귤의 속마름

어느 지방의 삼보(三寶) 귤에는 외관은 조금도 이상이 없으나 과실 속의 수분이 몹시 결핍해서 식용가치를 잃고 있는 것이 있는데 이를 속마름이라고 말하고 있다.

이런 현상은 미국에서도 만생(晩生) 감귤에서 볼 수 있으며 그와 같은 과실을 드라이후르츠라고 하며, 그런 현상을 그래뉴레이션(granulation)이라고 말하고 있다.

그러나 여름 밀감을 대목으로 한 것은 지상부의 발육이 왕성하다. 잎은 대형으로 농록색(濃綠色)을 띠며, 과실 한 개에 대한 엽수(葉數)가 탱자나무 대목으로 한 것에 비해서 현저하게 많으며 (거의 1배), 일정 면적의 수분 증산량(蒸散量)이 탱자나무의 2~3배로 되어 있으며, 그 결과 체내 수분의 흡수량과 증산량과의 균형을 잃게 되어 과실 중의 수분이 잎의 증산 작용쪽으로 이탈되어 이것이 이상과로 되는 원인이라고 생각된다.

특히 감귤지대의 동반기(冬半期)에는 맑은 날씨가 많아서 잎의 증산작용이 촉진되어 토양수분의 결핍을 초래하기 쉬우므로 속마름과실이 많이 생기는 결과가 되는 것이라고 생각된다.

5. 과수의 겹접(이중접)

과수의 기존 품종을 갱신하는 목적으로 고접을 하는 경우는 그 새로운 품종에 대해서 기존 품종은 중간대가 된다. 중간대의 영향이 어떻게 나타나는가 하는 것은 매우 중요한 일이다.

그래서 감귤에 대하여 연구된 겹접의 영향을 소개하고 다시 겹접에 있어서의 생리적인 예를 알아보자.

(1) 온주 밀감의 겹접

한 농산물 시험소에서 불량 계통의 온주 밀감을 고접에 의해서 갱신했을 경우에 원래의 계통은 소위 중간대목으로 되고 겹접으로 되는 것이지만, 수세가 왕성한 온주 계통과 약세 계통의 온주에다 다른 온주를 접목했을 경우에 그 고접을 한 온주는 중간 대목의 수세의 영향을 받는지 또는 아닌지 하는 것과 다시 왕성한 생육을 하는 유자나 귤을 중간 대목으로 했을 경우에는 어떻게 되는가를 조사해 볼 목적으로 실험을 해 보았다.

실험에는 발육이 균일한 2년생 탱자나무 실생대를 사용해서 3계통의 온주 및 유자를 비롯해서 귤을 아접(芽接)해서 그 접아(接芽)를 신장해서 단간(單幹)으로 하고 다시 이것을 대목으로 해서 대목의 15cm의 위치에 온주를 아접하고 그 온주의 접아를 신장시켜서 단간으로 하고 이것을 접수인 온주의 접목부분의 윗쪽 15cm, 즉 탱자나무 대목의 윗쪽 30cm에서 전지(剪枝)하여 3본의 주지(主枝)를 분기(分岐)시켜, 이것으로 수관(樹冠)의 형(型)을 형성하도록 했다.

앞서 말한 3계통의 온주라고 하는 것은 하나는 곡천계(강세 계통), 하나는 야전계(약세 계통), 또 하나는 고접에 사용했던 것과 동일 계통의 것이었다.

별도의 탱자나무 대목 10년생과 곡천계 온주의 수관(樹冠)은 야전계 온주의 8배 강(强)이며, 또 하나의 계통(중간계라고 편의상 이름 붙임)은 마침 양자의 중간 정도의 수세에 해당되는 것이었다.

조사는 해마다 대목 부분과 중간 대목 부분과 접수의 줄기 굵기를 측정하고 각자의 접수의 중간계를 아접(芽接)하고서 10년생의 수관을 측정했으나, 그 수관의 크기는 현저한 차를 보여 중간대와 접수와의 동일계통의 온주 나무는 최대의 수관을 표시하고, 다음으로 중간 대목에 곡천 온주를 사용한 것으로 야전계를 중간 대목으로 한 것이 온주에서는 최소이고, 그 수치(數値)는 각각 1.378, 0.965, 0.545㎡였다.

또 이종(異種)의 감귤인 귤을 중간 대목으로 한 것은 0.755㎡로 곡천과 야전의 중간이며 유자를 중간 대목으로 한 것은 최소로 0.153㎡ 뿐이고 유자 중간 대목에는 중간 대목과 접수를 동일한 것을 사용했을 때의 1/9, 야전을 중간 대목으로 했을 경우는 1/2이었다.

유자 중간 대목같은 것은 접수가 접목되지 않는 경우에는 줄기의 둘레도 최대이고 신장(伸長)도 최대였으나, 접수의 온주가 접목되고 부터는 차차로 중간 대목의 굵기와 수관의 확대 비율도 증대하고 있지 않다는 것과, 또 접수를 온주나 중간 대목으로 온주의 경우에 중간 대목이 된 온주의 계통이 강세이며, 접수도 또한 강세로 되고, 약세이면 약세로 되는 사실은 기준 품종 또는 계통의 갱신이 좀처럼 간단한 것이 아니라는 것을 말하여 주고 있는 것이다.

(2) 겹접에 의한 생리적인 이상

[감귤류]

본래의 대목이 탱자나무인, 와싱톤 네이블 및 라신자 오렌지에 다시 온주를 접목했을 경우에는 완전히 친화가 이루어졌으나, 문단(文旦) 및 레몬을 중간 대목으로 했을 경우에는 온주하고는 친화하지 않았다는 것을 말하고 있다(**주**:탱자나무는 오렌지와 속(屬)을 달리하고 거기에다 낙엽성이지만 상록인 탱자나무와 접목 친화를 나타냄).

대만에서는 구주귤, 주란귤을 중간 대목으로 해서 파레저 오렌지를 이에 접목했을 경우에, 어느 쪽이든 간에 1년째의 성장은 왕성하고 2년째는 많은 과실을 맺었으나 3년째에는 발육 상태가 중단되고 잎에 황반(黃班)이 생기고 개화가 되더라도 결실을 하지 않고 점차로 말라버리고 이와 동시에 중간 대목의 왕귤나무 및 본감의 가지도 말라 버리는 것을 알아냈다.

또 통감(桶柑)을 중간 대목으로 했을 경우에도 마찬가지이고, 설감(雪柑)을 중간 대목으로 했을 경우는 비교적 좋은 성적을 올렸다고 보고되어 있다(위의 감귤류는 분류학상의 근연관계가 복잡해서 속은 같더라도 종을 달리하고 있다).

[사과]

사과에도 겹접에 의한 생리적 이상이 있다. 원예시험장에 의해서 사과의 고접수(高接樹) 100여 개체에 대한 조사성적이 발표된 바 있다.

이것은 딜리셔스 및 골덴딜리셔스 또는 인도를 고접했을 경우에 그 중간 대목 여하에 따라서 수세가 현저하게 쇠약해버리므로 경제 재배가 성립되지 않는다는 것을 발표했던 것이다. 그에 의하면 빨간 딜리셔스 계통의 고접에서는 중간 대목으로 국광, 인도, 홍옥을 사용했을 때, 이들 중간 대목의 수세가 몹시 방해되었던 일, 골덴딜리셔스의 고접에서는 아사히, 홍교(紅絞), 대국광을 중간대목으로 했을 경우를 제외하고, 다른 많은 중간 대목 품종의 수세는 3년 정도 안에 약해져서 마치 문우병(紋羽病)에 침해된 나무처럼 생육이 나빠지고 국광, 홍옥을 중간 대목으로 했을 경우에 그 정도가 현저한 일, 인도를 고접했을 경우에는 중간 대목으로서 많은 품종의 수세가 약해지는 경향이 있는 일, 그 밖의 품종의 고접에서는 딜리셔스 계통, 골덴딜리셔스의 고접과 같은 수세 쇠약의 병증이 인정되지 않는다는 것을 발표했었다.

또 어느 시험장에서는 5000여 개체, 품종의 짜임새에 대해서 상술한 바와 마찬가지로 고접에 의한 이상을 발표하고 있으나 그에 의하면 이상율이 많은 짜임새는 홍옥[중간 대목+딜리셔스(고접 품종), 국광+인도, 홍옥+국광, 국광+골덴딜리셔스, 왜금+골덴딜리셔스] 였다.

그후의 조사에서는 이러한 이상은 접수를 제거해도 좀처럼 회복하지 않는 것을 알게 되었다(빨리 제거하면 회복한다). 이상의 현상은 외부적으로는 3~5년 정도에서 나타난다는 것과 또 아그배나무의 대목에는 적고, 환엽해당의 대목에 많이 나타나서 접목을 한 부위 중간 대목으로 자근(自根)이 나오면 회복된다는 것을 알았다.

한편 골덴딜리셔스의 중간 대목에 대해서 실험한 결과로는 환엽 해당 대목의 것에 접목하면 현저하게 발육이 억제된다는 것이 인정되고 있다.

· 이와 같은 결론은 고접 품종의 중간 대목에 대해서 이질 단백질을 생성(生成)하는데 원인이 있으며 더구나 바이러스에 의해 증가하는 것이 아닌가 하고 생각했으나, 그후의 연구에서 이런 이상은 바이러스의 균을 보유한 접수를 사용했을 경우에 발생된다는 것이 증명되어, 사과를 재배하는 지방에서는 바이러스의 균이 없는 나무를 조사하여 무균수(無菌樹)를 보유한 과원을 모수원(母樹園)으로 지정해서, 번식을 하는 경우에는 여기에서 접수를 채취하게 되었다. 그에 관련해서 이같은 이상은 사과의 고접병(高接病)으로서 소개되고 있다.

(3) 밤의 겹접

밤은 품종에 따라 극히 큰나무로 되며, 경제 품종으로 인기가 있는 은기(銀寄)종 같은 것은 수고(樹高)가 10m 정도까지 생장한다.

그러나 특히 밤의 주산지에서는 이와 같은 큰 나무로 성장하면 과실의 결실이 극히 적어서 가지나 잎만이 무성해지고 단위 면적에 대한 수량이 적어진다.

어린 밤나무의 동고병(桐枯病)에 대해서 중국밤이 저항성이 강하다는 점에서 밤대목으로 중국밤을 사용하는 시험을 했으나 밤 실생에 중국밤을 접목하고 이것을 중간 대목으로 해서 다시 밤을 접목했을 경우에 고접을 한 밤의 품종의 수세가 상당히 억제되어 결과(結果) 연령에 도달하는 것도 빠르고 더구나 해마다 많은 수량을 얻을 수 있고 밤을 과수원에서 집약 재배할 수 있다는 것을 알아내게 되었다. 이에 관련된 문제는 "밤 묘목의 만드는 방법"에서 기술하였다.

6. 과수의 중간 대목의 조사

앞서 설명한 바와 같이 중간 대목의 여하에 따라서 최후의 접수 품종의 발육, 결과(結果), 과실의 품질에 여러가지의 변화를 발생시키는 것으로 그러한 실례를 안다는 것은 중요한 일이다.

그러나 이러한 실례는 적은 재료로서 좀처럼 정확하게 알 수 있기란 매우 곤란하다. 또한 상당히 긴 세월을 경과하지 않고는 결론을 내릴 수가 없는 것이다.

그렇지만 서로 다른 장소에서 똑같은 성적을 나타내는 경우에는 대체로 확실성이 높은 것으로 생각되는데 이러한 실례는 평등한 환경 아래서 다수의 과목(果木)을 사용한 시험에 의해서만 비로소 명확하게 되는 것이므로 실제로는 어려운 일이다.

(1) 접수에 미치는 영향

대목이 접수에 여러가지 영향을 미치는 것과 마찬가지로 접수도 대목에 어떠한 영향을 미친다. 접목을 한 것은 접착부를 경계로 해서 상호간에 유전질(遺傳質)을 달리하고 있다.

따라서 서로 다른 유전질을 가진 하나의 접목체가 상호간에 독립된 무처리의 경우와는 상이한 변이(變異)를 대목 또는 접수에 나타내는 것은 당연하다고 생각된다.

접수는 땅 속의 대목 근군(根群)에 영향을 미쳐서 그 형태를 상당히 변화시키는데 이러한 일은 재배하는데 있어서 큰 이익을 초래하는 일이 많다.

서양모과에서 서양배를 접목하면, 서양배는 공대의 것보다도 왜화(倭化)한다. 한편 서양모과의 뿌리를 자근(自根)의 나무에 비교해 보면 조대(粗大) 및 심근성(深根性)을 나타내게 된다.

어느 학자는 대목을 달리한 포도의 뿌리에 조사했는데, 어느 것이든 2년생의 뒤바꾼 묘로 리페리아 자근과 리페리아에 갑주(甲州)를 접목한 것, 데라웨이에 갑주를 접목한 것의 뿌리의 수는 23:17:12로 되고, 뿌리의 전체의 길이에서는 90.9:81.7:66.0(mm)로 되어 있어서 접목에 있어서의 접수의 영향, 대목의 영향이 각각 명확하게 인정되었다. 또 근군 활동의 주기(週期)와 새뿌리의 발생량도 일정하지가 않았다.

군천자, 구보(久保)감의 실생을 사용하고, 여기에 부유(富有), 평핵무(平核無)를 접목해서 4년생 과수의 지상부 및 뿌리 부분을 비교했으나, 군천자 대목의 부유(富有)와 평핵무의 지상부는 449.0g:2,942.5g, 뿌리 부분은 296.0g:1,795.5g로 되고, 구보감 실생대목과 부유와 구보감 실생대목과 평핵무의 지상부는 502.9g :2,626.5g로 되고, 뿌리 부분은 658.5g:2,087.9g로 되어 현격한 차를 나타냈다.

부유(富有)는 군천자하고는 불친화이기 때문에 지상부나 지하부가 다함께 발육이 불량한 것은 수긍이 가지만, 구보감 실생을 대목으로 해도 평핵무를 접목한 것보다는 현저하게 발육이 불량한 것을 알수 있다.

[주] 접목에 의해서 전염되는 사과의 기형과병(奇形果病).
사과의 산지에서 오래전부터 국광, 인도, 딜리셔스 계통, 홍옥 등에 이상한 녹이 쓰는 질병이 발견되고 있으며 이 질병은 접목에 의해서 전염된다.

따라서 이러한 보독수(保毒樹)에 잘못 고접했을 경우에는 고접 품종의 과실이 기형으로 된다. 또는 건전한 과수에 병든 가지를 고접하면 나무 전체가 기형과병에 침해된다.

기형과병의 병징은 품종에 따라서 어느 정도 다르지만 동일한 형의 질병에서 한번 이 병에 침해를 당했던 과수는 그 질병이 낳질 않으며, 더구나 이것은 접목에 의해서 명확하게 전염된다는 것이 인정되고 있다.

① 국광의 병징

6월 하순~7월 상순 경 과실의 꼭지 부위 또는 과실표면에 걸쳐서 불규칙하게 물이 배어서 얼룩이 진 것같은 반점(斑點)이 나타나고, 차차로 큰 반점은 콜크화되어 쇠녹의 형태를 띠고, 그 부분의 비대 성장이 방해되므로 과실은 울퉁불퉁하게 되고 결국에는 녹이 쓴 부분에 균열이 생겨 심한 열과(裂果)가 되고 마는 것이다.

② 인도의 병징

국광의 경우처럼 심한 녹쓴 과실로는 되지 않으나 꼭지 부위에 녹이 생기고 외관을 손상하는 일이 극심하다. 열과로는 되지 않는 것 같다.

③ 딜리셔스 계통의 병징

딜리셔스, 스타킹 등에도 꼭지 부위에 쇠녹처럼 얼룩이 생기고 더구나 과실의 표면에 불규칙한 착색으로 흐린 부분 때로는 착색되지 않는 부분이 생기고 더구나 그 반점의 부분이 어느 정도 움푹 패인 것이 되고 만다.

④ 홍옥의 병징

녹같은 얼룩은 생기지 않으나 딜리셔스 계통의 경우처럼 착색이 흐린 반점이 생기고 과실의 표면이 약간 울퉁불퉁해진다.

그러나 골덴딜리셔스, 아오리, 아사히 등에서는 이같은 이상은 전혀 생기지 않는다.

지방에 따라서 확인된 접목으로 인해서 전염되는 이상과(異常果)의 병징은 다른 지방의 경우와 약간 달라서 피해가 가벼운 경우에는 과실 표면의 일부가 약간 울퉁불퉁해지는 정도이고, 과실이 비대해지면 회복되고 말지만, 그 정도가 심한 것은 과실의 표면 전체가 불규칙하게 비틀어지고 과실의 표면의 울퉁불퉁해진 부분이 부분적으로 콜크화되어 그 부분이 발육 불량으로 인해서 기형이 되고 그 중에는 열과되는 것도 있다.

그런데 만주에서도 접목으로 전염되는 기형과가 발견되어 이것은 만주 청과병이라고 호칭하고 있다.

국광은 꼭지 부위로부터 다섯줄의 규칙적인 방사형태의 녹이 생겨서 과실의 발육이 나빠지고 나중에는 균열이 생기게 된다.

딜리셔스에서는 녹이 생기는 일이 적고 과면에 작은 요철(凹凸)이 생겨서 착색되지 않는 부분이 생기게 된다. 인도에서는 과면의 요철은 인정되지 않으나 꼭지부위 전면에 녹이 생긴다.

그러나 이와 같은 이상은 홍옥, 골덴딜리셔스, 아사히, 아오리 등에서는 인정되지 않는다고 한다.

(2) 발생의 원인

이와 같은 기형과병이 어째서 발생하는가에 대해서는 상세하게 규명되어 있지 않다.

어느 지방에서는 골덴딜리셔스를 고접으로 했더니 국광에 발생했다는 예가 많다는 것이다. 또 한 곳에서는 십수 개소의 과수원에서 아오리나 국광에 그 발생을 확인되었으나 어떻게 해서 발생되었는가는 전혀 알려져 있지 않다.

중국배인 홍리(紅梨)의 가까운 거리에 있는 과수에 발생하는 예도 있다고 한다. 다만 이 질병은 그 병든 나무의 가지를 접수로 사용해서 다른 것에 고접을 하면, 그 고접을 한 나무는 병든 나무가 되어 과수 전체가 기형과병으로 변하고 만다.

또는 병든 나무에 다른 건전한 접수를 접목해도 그 접수에서 이루어진 가지에 맺은 과실은 기형과병으로 변해 버리고 만다. 일종의 바이러스병이라고 생각된다.

(3) 방제법

한번 이 병에 침해된 것은 회복되지 않는다. 그래서 이 질병에 걸리면 골덴딜리셔스 혹은 아사히처럼 과실에 질병이 발생하지 않는 품종을 고접해서 갱신하는 것도 하나의 수단이나, 과수를 파내서 제거하는 것이 제일 안전하다.

보통의 경우에는 병든 나무가 있어도 그 부근의 나무가 이 질병에 걸리고 마는 일은 드문 것 같다. 다만 고접을 하는 경우에는 접수는 반드시 건전한 과수에서 얻도록 하고 또한 병든 나무에 고접을 하지 않도록 하는 일이 중요하다.

7. 접목의 종류

접목의 종류는 그 시기와 장소, 위치, 방법 등에 따라 명칭을 달리하고 있다. 휴면기간 중에 대목을 파올려서 접목을 할 때는 양접(揚接)이라 하고 한편 대목이 심어져 있는 상태에서 접목을 할 때는 거접(居接)이라고 한다.

양접은 작업이 용이하고 접목시 뿌리상태를 점검할 수 있는 반면에 뿌리의 활착과 접수의 유착이 동시에 이루어지므로 재생력이나 활착력이 왕성한 복숭아, 배, 사과, 장미, 모란, 섬잣나무, 반송 등에 이용되고, 거접은 심어진 상태에서 뿌리쪽 10㎝ 이하 부분만 남기고 그 이상은 잘라버리고 접목을 하는 것으로 접목이 용이하지 않은 감나무, 밤나무, 호도나무, 벚나무, 동백, 단풍 등에 널리 이용된다.

또한 접목시기에는 봄철에 겨울눈이 트기전 까지 하는 접목을 휴면기접 또는 춘접이라고 하고 여름과 초가을 사이 대목의 생육기간에 눈(芽)을 따서 아접(芽接)으로 발육기접 또는 하접이라 한다.

(1) 가지접(枝接)

절접(깎기접), 할접(짜개접), 합접(부름접), 안접(안장접), 호접(마주접) 등이 있다.

(2) 뿌리접(根接)

근접(뿌리접), 근두접이 있다.

(3) 눈접(芽接)

T자 눈접, 삭아접(깎기눈접), 환상눈접 등이 있다.

(4) 종자접(種子接)과 유대접(幼台接)

근래에는 대립종자인 밤, 호도, 가래, 은행나무 등의 종자를 발아시켜 새싹이 3~5㎝ 정도 자랐을 때 이를 자르고 잘라진 부분에 종자 내부에 접도(接刀)를 삽입하여 접(接) 자리를 만들고 여기에 접수를 깎아 삽입하면 캘루스가 형성되어 삽입된 접수가 생장을 시작하는데 이를 종자접목이라 한다.

생장이 시작된 묘는 줄기와 뿌리가 형성되어 위와 아래로 분기 (分岐)하는데 그 분기점을 접도로 세로로 쪼개고(할절 割切) 여기에 접수를 접착시키는 방법이다.

이와 같이 어린 새싹 대목에 접목을 하면 접수의 생장이 좋고 결합이 잘 되므로 널리 이용되게 되었는데 어린 대목에 접목하는 것을 유대접목이라고 한다.

8. 접목의 시기

호접(呼接-마주접)의 시기는 봄에는 대목의 눈이 움직이기 시작 할 때를 보통 적기라고 하고 있다. 이것은 뿌리가 한창 양수분(養水分)을 흡수하고 있다는 증거이며, 대목의 눈이 움직이기 시작하면 가능한 한 빨리 접목하는 것이 좋다.

시기가 진전되면 대목의 조건은 좋아지지만 저장되어 있는 접수의 눈도 움직이기 시작하기 때문이다.

대목의 눈이 움직이고, 아직 접수의 눈이 움직이지 않는 동안에 접목하는 일이 중요하다. 이런 주의는 대목의 맹아(萌芽)가 늦은 밤, 감, 감귤 등에서는 더욱 중요한 일이 된다.

호도는 자연 그대로는 눈트기 시기가 매우 늦어 5월 하순이 된다. 그 무렵에는 접수의 눈도 움직이기 시작해서 접목이 매우 불리하다. 그렇다고 해서 4월에도 일찍이 접목을 하면 수액의 유동이 둔하므로 활착하는 비율이 떨어지게 된다.

겨울에 온상에다 대목을 넣어 인공적으로 맹아를 촉진하고, 여기에다 접목을 해 높은 활착율을 얻은 일은 활용할 만한 방법이다.

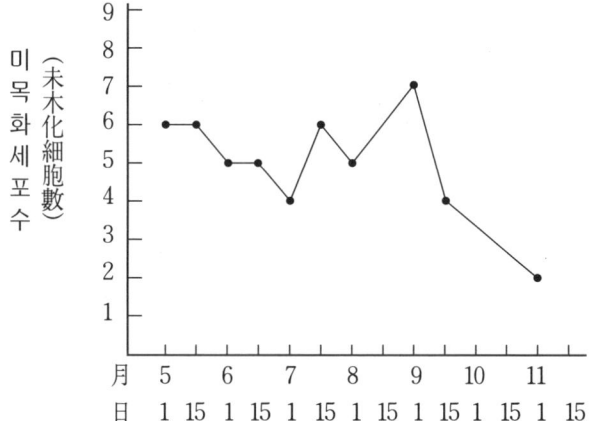

[그림 1-2] 배의 새 가지에 있어서 형성층 활동의 계절적 변화

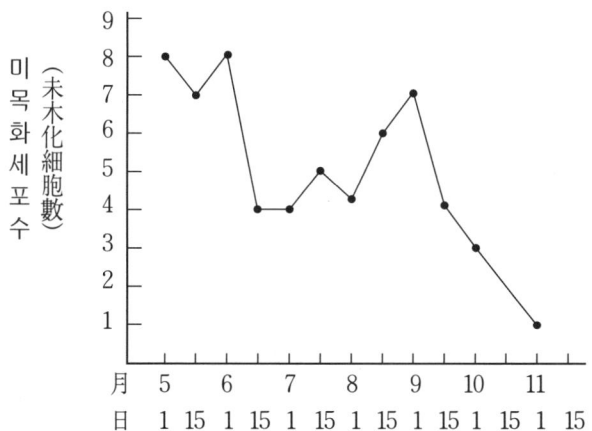

[그림 1-3] 복숭아의 새 가지에 있어서 형성층 활동의 계절적 변화

다음에 눈접인 추접(秋接)의 시기인데 이것은 본년생(本年生)의 가지 부분의 눈이 완전히 충실하고 수액의 유동도 왕성한 시기를 선택하면 좋은데 보통 복숭아같은 것은 7월부터, 밤은 9월 중순까지가

적기라고 알려져 있으나 해에 따라서 기상조건이 약간 다르므로 너무 일찍 하는 것 보다는 8월 하순경에 실시하는 것이 안전하다.

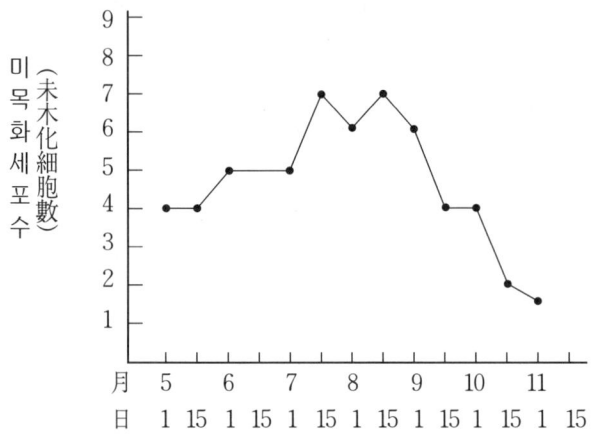

[그림 1-4] 감의 새 가지에 있어서 형성층 활동의 계절적 변화

아래 도표에 나타낸 것처럼 가을의 접목에는 8월 하순~9월 상순경을 선택하는 것이 좋은 성적을 얻을 수 있다.

[표 1-2] 각종 낙엽 과수의 형성층의 활동 주기

종 류	춘 계(春季)		추 계(秋季)	
	극대기	극소기	극대기	극소기
감	5월 상순	7월 상순	9월 상순	9월 하순 이후
복숭아	6월 〃	7월 〃	9월 〃	9월 〃
배	5월 〃	7월 〃	8월 하순~9월 상순	10월 상순 이후
포도	6월 〃	7월 〃	8월 상순	9월 〃

9. 녹지접(綠枝接)

녹지접이란 신장된 만큼의 새 가지에 똑같이 신장된 만큼의 새 가지를 접목해서 시술부를 건조시키지 않도록 비닐 또는 폴리에 칠렌으로 덮어 씌우는 것만으로 성공할 수 있는 간단한 접목이다.

접목 친화성이 있는 수종이면 과수뿐만 아니라 어떠한 수종이라도 응용(應用)되는데 과수에서는 품종 갱신을 앞당기기 위한 경우에 잘 응용된다.

(1) 대목(台木)

녹지접의 대목으로서는 당년생의 실생묘목 이외에 2년 이상의 낙엽수 묘목이면 이른 봄에 지면(地面) 가까이까지 잘라서 지면 가까이로부터 맹출(萌出)되는 새 가지를 사용한다. 성목으로 고접을 하는 경우에는 본년생의 새 가지를 사용한다.

　[대목준비]

대목은 보통 실생묘가 좋으며, 대목의 구비조건은 근군 발달이 잘 되고 수세가 강하며, 재배지역의 풍토에 적응하는 것이 좋다. 또한 친화성이 높으며 접수의 특성을 발휘할 수 있고 병충해에 저항성이 강하며 접목규격에 알맞은 것(굵기가 0.5~2cm 정도)이어야 한다.

대목의 크기는 뿌리턱에서 3~5cm 정도가 알맞으며 접수의 길이는 5~10cm, 잘려지는 면은 2~3cm 정도가 알맞다.

(2) 접수(接穗)

접수는 금년에 신장된 새 가지를 접목의 시점(時點)에서 채취한

다. 그러나 시들든가 상하지 않도록 주의하면 며칠간 두었다 하든
가 수송을 해도 지장이 없다.

새 가지는 신장(伸長)이 막 끝난 것이 적당하나 신장 중일 것
같으면 선단부분을 제거하면 된다. 보통 눈이 세 개 정도로 해서
절단하여 접수로 사용한다.

접수의 잎은 동백나무 같은 것은 잎을 제거하지 않고 접목하는
편이 좋다고 하지만 낙엽 과수인 사과, 복숭아 등에서는 눈만 남
기고 잎을 제거해 놓는다.

(3) 접목하는 방법

접목의 시기는 장마가 끝날 무렵이 좋다. 7월 상순이 일반적으
로 적당한 시기가 된다. 대목이 되는 새 가지는 발생점에서 몇 cm
위로 올라간 곳을 자르고 절단부의 중앙부를 세로 1.5cm의 깊이로
접목칼로 쪼개놓는다.

이때 갈라진 곳의 하단이 마디나 눈의 위치에 걸리도록 하는 편
이 활착이 좋다. 접수는 그 기부(基部)를 2cm 정도 좌우측에서 쐐
기 모양으로 깎는다.

다음에 접수의 쐐기형의 부분을 대목의 갈라진 틈새에 꽂아 넣
고 형성층(形成層)을 맞추는데 할접(割接) 방법으로 시술한다. 이
때 접수의 삭면(削面)이 대목의 삭면보다 몇 mm 위로 나오도록 해
놓는다.

어떤 접목이건 대목과 접수의 형성층을 맞게 결합시켜 바람이나
물이 들어가지 않게 단단히 묶어 주어야 한다.

접목 후 노출된 부분은 밀납이나 파라핀을 입혀 주면 활착이 좋
으며 물이 닿지 않게 관리하면 일반적인 주의는 별로 문제되는 일
이 적다.

다음으로 접목을 한 부분이 움직이지 않도록 비닐 테이프로 묶고 접수의 상단 절구(切口) 및 시술부위 비닐로 묶은 부분에 밀랍을 발라 놓는다. 할접 대신으로 절접(切接)을 실시해도 좋다.

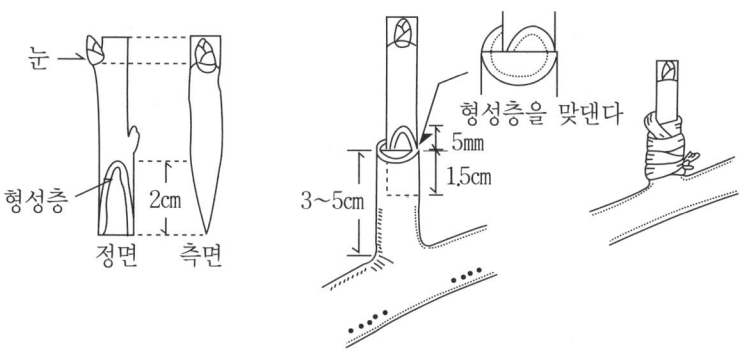

[그림 1-5] 할접법에 의한 고접

① 깎기접(切接)

〈대목〉

㉠ 지상에서 5~6cm 부위를 자른다.

〈접수〉

㉠ 접수는 5~6cm(눈 2~3개) 정도로 자른다.

ⓛ 접붙일 쪽의 끝을 약간
   깎는다.

ⓒ 접붙일 면을 3~4cm 정도
   수직으로 깎아 내린다.

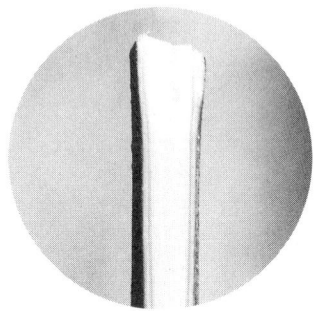

ⓛ 끝 눈쪽 아랫부분에 바르게
   3cm 정도 깎아 낸다.

ⓒ 접수의 뒷면을 경사지게
   깎는다.

〈접목 후의 관리〉

ⓐ 대목의 부름켜와 접수의 부름켜
   (껍질부위)가 서로 맞닿도록 결합
   시킨다.

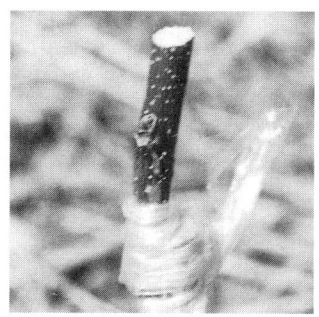

ⓛ 비닐끈으로 접목 부위
   를 감아주고 접수끝에
   는 도포제 또는 밀랍을
   발라둔다.

ⓒ 접목 활착된 상태

② 눈접(芽接)

〈대목〉

　ⓐ 지상 5～6㎝ 부위에 껍질
　　을 2.5㎝ 정도 가로로 칼
　　금을 낸다.

　ⓛ 칼금의 중앙부에서 세로
　　로 2.5㎝ 정도 칼금을 내
　　어 'T' 자형으로 만든다.

〈접눈〉

ㄱ 접눈의 윗쪽 1㎝ 정도 되
  는 곳에 가로로 칼금을
  낸다.

ㄴ 접눈 아래 1.5㎝ 정도 되
  는 곳에서 목질부가 약간
  붙을 정도로 칼을 넣어
  접눈을 떼어낸다. 이때
  눈이 빠지면 접목이 되지
  않는다.

〈접목〉

ㄱ

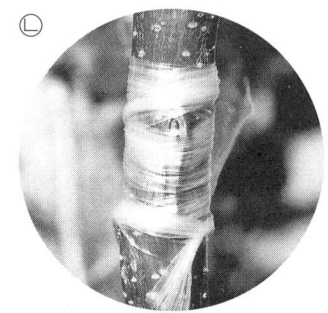
ㄴ

ㄱ 대목에 칼금을 낸 'T'자의 세로금과 접눈의 상부를 잘 맞추
  어 서로의 형성층이 잘 결합되도록 한다.

ㄴ 비닐로 눈을 제외하고 시술부위를 감아 공기와 물이 들어가
  지 않게 한다.

〈접목 후의 관리〉

다음해 이른봄에 비닐을 풀어주고 눈윗쪽 1㎝ 부위에서 절단한다.

③ 기타 접목방법

〈한나무에 여러 품종의 과실이 달리게 하는 고접방법〉

수분수(授粉樹)를 심을 수 있는 여유가 없는 경우나 화분에 재배했을 때 한 나무에 수분용의 다른 품종을 접목하면 관상 가치도 높일 수 있을 뿐만 아니라 한나무에서 두가지 품종의 맛을 볼 수 있어 실용화해 볼만한 방법이다.

○ 배나무 고접

○ 고접된 배나무의 결실상태

○ 사과나무 고접

(4) 접목 후 활착

① 대목과 접수를 선택할 때 양자 사이에 친화성이 있어야 한다.

② 형성층의 세포분열이 왕성한 가지를 선택하고 껍질이 잘 벗겨지는 것이 좋다.

③ 대목과 접수는 조제 즉시 신선한 상태일수록 활착이 잘 된다.

④ 대목과 접수는 가능한 한 동질 또는 동족, 즉 같은 품종일수록 접목이 잘 된다.

⑤ 적기에 실시하여야 하며 정확하고 신속하게 하여야 한다.

⑥ 접목 후에는 캘루스 형성이 잘 되도록 약간 고온다습한 상태에서 관리할 때 접목이 잘 된다.

⑦ 호르몬(IAA나 NAA 등)을 처리하면 활착률이 높아지기도 하는데 농도를 알맞게 하고 호르몬제의 효과가 없는 식물에는 처리를 안 하는 것이 좋다.

(5) 접목 후의 관리

녹지접 활착의 양부(良否)는 접목조작의 기술은 물론이지만 그 후의 관리의 적부(適否)가 영향을 미친다. 특히 온도의 유지에 주의를 요한다.

묘목인 경우는 포기 사이에 충분한 관수를 하고 묘상일 것 같으면 상면(床面) 위에 해가림을 만들어 준다. 고접에서는 앞서 말한 밀랍의 도포(塗布)를 게을리 해서는 안된다.

묘상의 해가림으로는 발이나 차광망이 이용되지만 5월은 발 한 장, 6월은 두장, 7~8월은 석장으로 겹치게 하는 것이 좋다. 한여름에는 관수를 중단시키는 일이 없도록 하고 해가림을 계속한다.

고접 나무라도 관수와 멀칭 등 습도의 유지에 주의한다.

활착은 2~3주 정도에 이루어지는데 접수는 변색하지 않고 있다가 발아하기 시작하므로 이 새 가지는 강풍으로 부러지지 않도록 지주(支柱)를 세워 둔다.

또한 작업 부분의 비닐 테이프는 9월에 들어가면 제거해 놓는다. 9월은 가지가 굵어지는 시기이므로 비닐을 제거해 놓지 않으면 가운데가 조여져서 그후의 발육이 나빠진다.

접목 후 해가림과 방풍 설비를 해 주고 적당한 습도를 유지시켜 활착을 좋게 하며 접목부위에 물이 닿지 않게 해야 한다.

접목 후 약 2개월이 지나면 묶은 끈을 잘라 주어야 하는데 늦게 해 주거나 안해주면 접착부위가 잘록하게 되거나 벌레집이 될 우려가 있다.

생육이 시작되면 적당한 시기에 이식해 준다.

① 대목을 비스듬히 자른다.

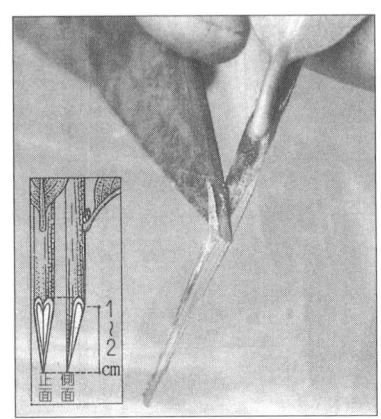

③ 접수를 쐐기꼴로 깎는다.

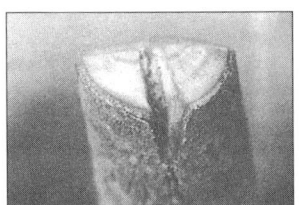

② 반대편을 쐐기꼴로
파낸다.

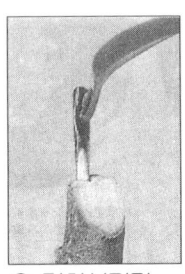

④ 결합시킨다.

⑤ 비닐로 결속한
후 습도 보충
을 위해 유리
병을 덮어 놓
는다.

형성층

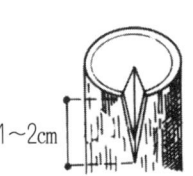

1~2cm

절구를 삼각형으로
되게 쐐기꼴로
파낸다.

[그림 1-6] 동백가지접

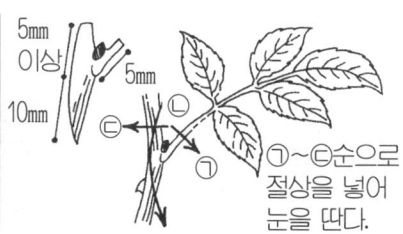

5mm
이상
10mm
5mm

ⓒ ⓛ
ⓖ

ⓖ~ⓒ순으로
절상을 넣어
눈을 딴다.

① 우량 품종의 눈을 딴다.　　　〈접아 따는 법〉

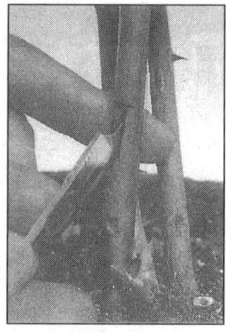
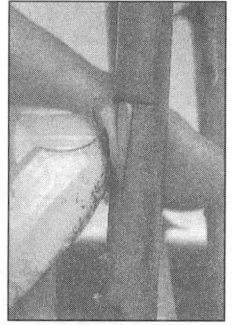

② 접아로 쓰일 가지 ③ 대목에 T자 절상을 ④ 절상을 따라 껍질
　　　　　　　　　　넣는다.　　　　　을 연다.

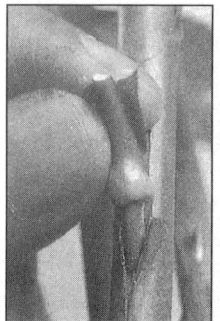
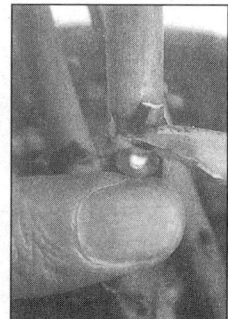

⑤ 접아를 가볍게 밀 ⑥ 접아의 윗부분을 ⑦ 비닐로 결속한다.
　어 넣는다.　　　　대목에 맞추어 자
　　　　　　　　　른다.

[그림 1-기 장미눈접

① 줄기 아랫부분에 가지를
  접하고자 하는 수목

② 가지 중에 웃
   자란 가지를
   고른다.

③ 접하고자 하
   는 부분까지
   유인해 본다.

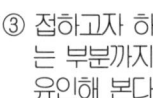

④ 접붙이고자
   하는 방향을
   선정한다.

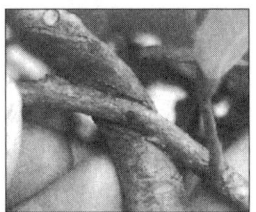

⑦ 결합한다.

⑤ 예리한 조각
   도로 골을
   파낸다.

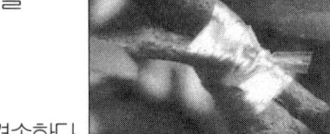

⑧ 결속한다.

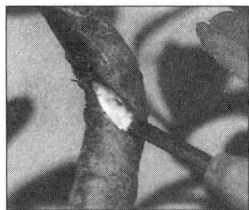

⑥ 대목에 닿을
   접수부분을
   조제한다.

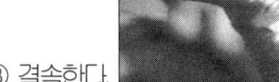

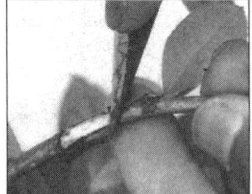

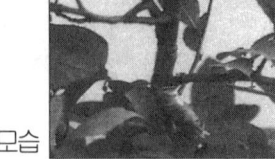

⑨ 완성된 모습

[그림 1-8] 수목마주접

① 정상접

구의 아랫부분을 1/3
정도 잘라 버린다.

금화관

② 역접
구를 반정도
로 자른다.
뿌리를 위로
향한다.

아랫부분을
접수로 쓴다.

좌측은 하부 우측은
상부로 접한 상태

③ 분할접 접수의 골을 따라
여러 개로 분할한다.

백용환(황반)

④ 실생접

구의 상부를
접수로 쓴다.

실생묘 하부를
1/3~1/4 정도
자른다.

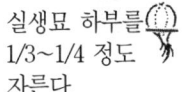

실생묘를 접한지
1년 후의 상태

접수로 육성한 실생묘

[그림 1-9] 선인장 접목

10. 접목 활착에 미치는 각종 처리 방법의 영향

　대목에 접수를 결합시켜 그것이 드디어 활착을 하는 것은 결국 양자의 형성층 세포가 서로 활동을 해서 새로운 세포의 증식에 의한 새로운 조직의 생성에 의하는 것이므로 접목 전후에 있어서의 대목과 접수의 생리상태는 활착율에 현저한 영향을 미치는 것이다.

　접목시에 접수는 대목에 접목되어 비로서 활동을 개시하는 것과 같은 상태로 저장되어 있지 않으면 안된다. 보통 3~5℃의 온도로 유지되는 것이 필요하다.

　한편 대목은 왕성하게 양수분을 흡수하는 일이 바람직하다. 봄의 절접(切接) 시기에는 전국적으로 강우량도 적당해서 토양이 건조한 일이 적으므로 약간 건조한 기미가 있을 때는 접목 1~2일 전에 대목에 충분한 관수를 해 놓는 것이 좋다.

　또 물에 소량의 요소(물 18 l 에 요소 50g)를 녹여서 사용하면 좋다. 눈접의 시기는 8월 하순~9월 중순이기 때문에 토지가 건조하기 쉬우므로 특히 그런 조치가 중요하다.

　대목이나 접수의 절단면(切斷面)에 접랍(接蠟)이나 도포제를 바르는 것은 그 단면으로부터 수분의 증산을 막고 접목활착을 잘 되게 하는 것인데 호도의 접목에서 접수나 대목의 양쪽에 수술 후에 석회 도포를 시행해서 표피로부터의 수분의 증산을 억제하고, 다시 햇빛을 반사시켜 수온(樹溫)을 내리게 해서 100%에 가까운 접목 활착의 성적을 거두고 있다.

　또한 여러가지 종류의 식물 호르몬제를 접목 수술시에 처리하는 시험도 발표되고 있으나 식물 호르몬의 종류에 따라서 반응도 다르고 효과가 있는 것과 없는 것도 있고 과수의 종류, 혹은 동일 종류의 것이라도 식물체의 생리상태에 의해서 농도가 틀리게 된다는 사실이 생겨 포도의 접목에서는 처리된 수부(穗部)로부터 뿌리가 돋아나 그대로 방치해 두면 뿌리가 길게 뻗어서 중요한 대목의 뿌리 발달이 방해되는 것도 있어서 현재로는 식물 호르몬제의 적극적인 이용은 조심스럽게 시행되고 있다.

[제2장 과수의 고접(高接) 갱신]

새로운 나무나 오래된 나무라도 접목을 하면 품종의 갱신은 가능하다.

그러나 경제성으로 보면 모든 접목갱신이 반드시 이득이 된다고는 할 수 없다.

특히 종래에 행하여져 온 고접에 의한 갱신법에서는 큰 가지를 자르고 접목을 하기 위해 많은 잎을 제거하게 되고 또 그 잎의 재생도 가지를 낮은 위치까지 잘라내기 때문에 2~3년 동안은 수세를 회복하기 위한 엽면적(葉面積)을 확보하기는 곤란하다.

이로 인해 고접 이전에 엽면적에 의해 생육하던 뿌리군(根群)은 엽면적의 손실로 양분의 공급원(供給源)이 없어지게 되므로 해마다 뿌리가 일부 고사하여 지상·지하부의 균형을 잡게 된다.

이러한 현상이 수년간 경과함에 따라 대목부(台木部) 또는 주간(主幹)에 수지병(樹脂病)까지 발생하여 그 나무의 수령을 짧게하는 원인이 되고, 이득을 생각했던 접목갱신은 다른 나무 전체의 개식을 요하게 되는 경우도 있다.

그러므로 접목 자체는 어떻게 하던 지상부의 엽면적을 다소간에 일시적으로 적게 해야 한다는 점에 대해 충분한 배려(配慮)가 있어야 한다.

예를 들면 수령이 많은 가지나, 잎의 재생력이 약한 나무 또는 재배지 토양이 대단히 건조한 경우, 또는 반대로 과습으로 나무의 생육이 좋지 않은 경우 등에서는 원칙(原則)으로 접목에 의한 품종이나 계통 갱신은 하지 않는 것이 좋다.

또 그 나무가 어린 나무라도 볕에 타거나 수지병(樹脂病,) 하늘 소같은 해충의 피해 등을 받고 있는 경우에는 그 피해 부분의 손질을 교접(橋接)에 의해 처치(處置)하지 않으면 안된다.

물론 피해 부분에 대해서는 그 부분을 칼로 자르고, 유합제를 도포(塗布)해야 한다.

교접(橋接)은 배접(腹接)의 요령과 같으나 사용하는 접수(接穗)의 우량계통으로 충실한 여름 가지(夏枝)가 좋고 접목한 후에는 수피(樹皮)로부터의 수분 증발을 막는 의미에서 전체에 비닐테이프를 감아 둘 필요가 있다.

상록수(常綠樹)인 감귤의 접목 갱신을 하는 경우의 제일 중요한 것은 접목 후의 잎의 발생을 어떻게 하면 왕성하게 하느냐 하는 것이다.

그리고 접목에 의한 갱신은 개식(改植)에 지나지 않는다는 생각은 버리지 않으면 안된다.

그때의 상황에 따라 접목갱신이냐 개식갱신(改植更新)이냐를 결정지어야 한다.

(1) 배접법(腹接法)

불량계의 성목(成木)을 우량계에 접붙힐 때에 종래에는 거의 고접법(高接法)에 의해 왔던 것이다.

그러나 고접은 굵은 가지를 도중에서 자르고 그곳에 접목을 하는 것이므로 강한 전정(剪定)을 하였을 때와 같은 결과가 되어 나무를 쇠약하게 만들 때가 있다.

또 접목을 성공하지 않았을 경우 재차 접목을 한다는 것은 극히 곤란하므로 고접을 하였을 때는 어떻게 하든지 활착을 시키지 않으면 안된다는 결론이 된다.

따라서 고접을 대신하여 배접법(腹接法)이 널리 활용되게 되었다.

더욱이 이 배접법은 접목하는 가지에 대체적으로 한군데 정도로 하였던 것이나 고접법과 달리 태지(太枝)를 자를 필요도 없으므로 안전한 접목법으로 많이 행하여지고 있다.

그러나 가지 하나에 많은 수(數)를 접목하므로 단기간에 나무 전체를 목적한 계통으로 바꾸어 버린다는 이득이 있다.

배접의 적기(適期)는 4월 상순부터 5월 중순과 9월 중순부터 10월 상순의 2회이다.

이외에 3월 하순 또는 여름의 더운 시기라도 활착율은 약간 낮은 것 같으나 성공할 수 있다.

이 중에서도 제일 활착이 가장 좋은 시기는 4월~5월이라 할 수 있다.

① 새로운 배접법

배접의 새로운 방법이라 하면 접가지 1개에 될 수 있는 한 많은 접구(接口)를 만들어 단기에 계통갱신을 완료시키는 것이다.

주지(主枝)의 전체에 접목이 가능하지만 가지의 끝부분인 접구(接口)는 그 직경이 약 3cm 정도의 곳을 선택하면 좋다.

그러나 전적엽(全摘葉)을 하는 경우에는 끝부분이 시들어 버리는 위험이 있으므로 끝부분의 접구 위치는 정확히 최선단(最先端)에서 약 3cm 정도 내려온 곳이 이상적이다.

각 가지 위의 접구의 간격은 특별히 정해진 것은 아니나 25~35cm 정도면 좋다.

접구의 수가 많은 이유는 빨리 계통갱신을 하기 위해서이지만 배접한 다음해 봄에는 접아(接芽) 이외의 가지는 원칙으로 제거하고 새로 접목한 계통의 가지와 잎만을 남기게 되므로 그때까지 접목에 의한 넓은 엽면적을 확보하지 않으면 안된다.

배접을 할 때 발아를 조장하기 위해 나무 전체의 잎을 적제(摘除)하는 방법, 나무를 가지 단위로 2~3년 계획으로 전엽(全葉)을 적제(摘除)하는 방법, 또는 배접을 하는 부분만을 적엽(摘葉)하는 방법 등 대체적으로 3가지 방법이 있다.

나무 전체를 적엽(摘葉)이나, 가지의 단축을 하여 1년 동안에 계통갱신을 하는 방법은 매우 적극적인 방법으로 노령수(老令樹)나 쇠약한 나무 등에서는 발아가 다소 양호하더라도 그후의 생육이 뒤떨어져 수년 후에는 나무 자체에 장애가 생겨 수령을 현저하게 짧게 할 위험성이 있다.

그러나 수세(樹勢)가 양호(良好)한 경우나 어린 나무에 대한 갱신인 경우는 극히 효과적인 방법이라 할 수 있다.

그러나 더욱 안전한 방법은 한 그루의 나무를 2~3년 계획으로 가지 단위로 순차적으로 갱신하여 가는 방법으로 여기에서는 배접을 개시(開始)하여도 급속한 엽면적의 감소를 최소한으로 방지할 수 있다.

그러나 사례(事例)에서도 알 수 있는 것 같이 한 그루의 나무 중에서 한쪽의 가지를 그대로 남기고 또 한쪽의 가지를 강하게 많이 단축하여도 자른 부분에서는 기대한 만큼의 발아는 볼 수 없다.

다시 말해서 한쪽에 착엽(着葉)이 많은 가지가 남아있으면 또 한쪽을 단축하여도 생각한 대로 발아하지 않는다.

그러므로 1년에 한나무 전체에 배접을 붙힌 것에 비해 계획적으로 연수(年數)를 걸려 배접한 것은 어떻든 그 발아력(發芽力)은 뒤진다고 생각해도 좋을 것이다.

② 대목과 접수의 조제 방법

접목에 사용하는 접도(3종류), 전정가위, 비닐테이프는 작업전까지 완전 점검을 끝낸다. 접목의 활착을 좌우시키는 요인에는 시기(時期), 기상(氣象), 대목(台木) 등이 있다.

그러나 칼이 잘 드는 것과 잘 들지 않는 것도 활착에 큰 영향을 좌우하게 한다. 우선 대목(台木)을 자르는 요령(要領)은 칼 전체를 충분히 사용하여 자르는 것이 중요하다.

접목과 대목이 활착하려면 양쪽의 형성층(形成層)과 형성층이 합치하여야 한다. 형성층은 목질부(木質部)와 인피부(靭皮部)와의 경계(境界)에 있다.

그러므로 접수이든 대목이든 수피부(樹皮部)만 자르면 형성층은 나타나지 않는다.

우선 대목의 경우에는 칼로 천천히 자르고 '탁'하고 목질부(木質部)에 닿은 곳에서 칼을 떼는 것이 중요하다.

형성층의 부분은 연한 색상을 띠고 있으므로 자르는 면(面)을 보면 다른 부분과 구별할 수 있다.

자르는 길이는 3~4cm로 좋으나 초심자(初心者)는 처음의 칼 각도(角度)가 깊으므로 2cm 정도 자른 곳에서 칼이 목질부에 들어가고 만다.

처음의 칼각도를 여러 번 접목을 하도록 하여 경험적으로 습득하는 것이 좋다.

접수를 자르는 방법도 이론은 대목의 경우와 같다. 대목과 닿는 면은 자른 선단에 형성층이 약간 나타날 정도로 자르고 외면은 35도 정도로 깎는다. 이때 한번 자른 면을 재차 잘라 교정을 하면 깎은 면에 요철(凹凸)이 생기기 때문에 활착에 영향이 미친다. 반드시 한번에 잘라 꼭 맞도록 숙련하는 것이 필요하다. 접수조제와 대목조제 순서는 어느 쪽이든 관계없지만 처음에 너무 많은 접수를 잘라놓으면 그 접수가 마르게 되므로 활착은 불량하게 된다. 접수는 일회에 5개 정도 깎아 마르지 않도록 입에 물고 대목을 깎도록 한다.

접수의 삽입은 최후 1~2mm 정도에서 접수의 힘으로 밀어 넣도록 하면 대목에 잘 밀착한다. 접수의 삽입이 끝나면 비닐테이프를 감는데 아래에서 올려 감는다. 이에 테이프를 너무 힘을 주어 감으면 그 탄력성이 없어져 늘어지기 쉽다. 테이프는 항상 가볍게 당기는 상태에서 감는 것이 이상적이다. 접수와 대목의 분기각도가 클 때에 상부를 테이프로 세게 감으면 접수가 움직이기 때문에 나뭇가지를 버팀목으로 대목과 접수 사이에 끼우는 것도 좋다.

③ 접목 후의 관리

배접을 한 후 약 20일 정도가 되면 접수(接穗)가 발아하기 시작한다.

접수는 비닐테이프로 밀봉(密封)된 상태이므로 발아와 동시에 칼로 싹의 위 테이프에 구멍을 내지 않으면 안된다.

이 작업에는 상당한 노력이 필요하나 그렇다고 테이프를 끄르거나 또는 늦추면 애써 활착하고 있는 접수를 고사(枯死)시키는 원인도 되므로 절대로 그런 일은 하지 말아야 한다.

비닐테이프를 제거하여도 되는 시기는 여름이며 모르는 중에 발생한 부정아(不定芽)와 접아(接芽)와의 구별은 발생하여 일수(日數)가 경과하면 거의 알 수 없어지므로 제거하여 놓은 테이프는 표시를 하기 위해 접수(接穗)의 밑부분에 감아두면 편리하다.

활착한 접수에서의 봄가지(春穗), 여름가지(夏穗)는 상당히 왕성한 것이 발생한다.

그러나 그대로 방임(放任)해 두면 길이만 길어지고 그에 비해 잎은 적다. 조금이라도 잎을 확보하는 의미에서 신엽(新葉)의 12~15엽(葉) 째에서 적심(摘心)을 하여 가지를 분지(分枝)시켜야 한다.

(2) 고접법(高接法)

고접은 배접과는 달리 나무의 단축(短縮) 위치가 상당히 낮아져 있다.

그러므로 잎을 남기는 비율은 배접에 비해 훨씬 적으므로 노령수 등은 이 방법은 대수술이므로 애써 갱신을 목적으로 한 이 방법이 오히려 수명(樹命)을 짧게 하는 예가 적지 않다.

그러나 10년 정도된 어린나무를 계통갱신하는 경우에는 대개 고접이 효과를 발휘하나 이때에도 배접과 같이 고접의 하부(下部)에 5~7군데 정도 배접에 의한 갱신책을 이용하는 것이 좋다.

어느 것이든 배접보다 좋은 이점(利點)은 별로 없어 최근에는 고접에 의한 계통갱신은 거의 볼 수 없다.

1. 감의 고접 갱신

감은 일반적으로 품종 갱신의 속도가 느리다. 그 이유로서 감은 묘목(苗木)에서 결실(結實)할 때까지는 연수(年數)가 많이 걸리기 때문이다.

고접의 방법으로는 절접(切接)과 같은 방법으로 해도 좋으나 가지가 굵은 곳에서는 대목을 넣기가 힘들다.

그러므로 국부적(局部的)으로 수피(樹皮)를 벗기고 접수를 삽입하는 방법인 박접(剝接)이 좋다.

(1) 박접방법(剝接方法)

① 대목의 선택과 접목부위(接木部位)

대목은 건전한 것이 아니면 안되나 갱신 위치는 접목조작(接木操作)의 편리를 생각하여 사람의 가슴 아랫부분으로 한다.

접목의 위치는 주간부(主幹部), 주지(主枝) 어느 것이고 좋으나 특히 주지(主枝)를 택하였을 때는 서 있는 가지를 이용하는 것이 좋다.

주간(主幹) 또는 주지(主枝)를 절단한 후 단면을 잘 관찰하여 굵기에 따라 접목 수(數)를 결정한다.

이때 연륜(年輪)을 참고하고 비대(肥大)한 쪽으로 중심을 두고 가지의 주위(周圍)를 살펴보고 5cm 간격으로 하나씩 접목한다.

하나의 대목에 이와 같이 많은 접목을 하는 이유는 절단면의 절구(切口)의 유합조직을 돕기 위한 것으로 1년 후에는 필요없는 가지는 계획적으로 제거한다.

② 대목을 자르는 법

고접의 위치가 결정되면 그 위치보다 약간 높게 가지를 잘라 버린다. 큰 가지일수록 톱에 의한 열상(裂傷)을 받기 쉬우므로 두번 자르도록 한다.

다음으로 절단면을 보아 중심부로부터 목질부(木質部)에 걸쳐 변색한 반점이 있나 없나를 확인한다. 만일 갈색의 반점이 있으면 과거 어떠한 원인으로 뿌리에 장해가 있었던 것으로 추측된다. 다음에 형성층을 확인하고 예리한 칼로 가장자리를 가볍게 깎아 둔다.

③ 접수의 선택과 자르는 방법

접수의 선택과 자르는 방법은 일반의 절접(切接)의 방법과 같으나 다만 다른 점은 대목의 절구면적(切口面積)이 크므로 접수는 약간 굵은 것을 사용하는 것이 좋다.

그러나 굵은 접수를 사용하면 기부(基部)의 싹이 대단히 적어 발아가 늦어지므로 될 수 있는대로 싹이 큰 부분을 이용한다.

[주] 수목 끝부분에 접붙이면 새싹은 빨리 발아하나, 기부(基部)의 싹이 적고 또 굳어져 발아가 늦어진다. 충실한 가지라면 정아(頂芽)를 접목하면 그 해에 꽃이 피고 그대로 결실하는 경우도 있다.

결과모지정아(結果母枝頂芽)를 고접을 한 경우에는 그 해에 꽃이 피는 일이 있다. 개화기가 늦어지므로 대개는 낙과(落果)하나 수분(授粉)을 하면 결실하는 경우도 있다.

그러나 결과부(結果部)를 빨리 만들지 않으면 안되므로 적어도 2~3년은 과실이 달리지 않게 하는 것이 좋다.

④ 대목 접목부의 껍질 벗기는 방법

대목에 접수를 삽입하려면 접수의 굵기에 따라 단면부터 두 개가 평행되게 자르고 넣는 선(線)을 만든다.

이때의 깊이는 목질부에 닿을 정도가 좋다.

자르고 넣는 선(線)을 만들었으면 조심스럽게 껍질(皮)을 벗긴다. 껍질을 벗길 때의 주의점은 형성층과의 경계가 완전히 벗겨졌는가 아닌가이다.

목질부에 조금이라도 박편(薄片)이 남은 것 같으면 수분의 흡수가 충분하지 않은 증거이므로 조금 아래로 내려가면 좋다.

대목의 껍질을 벗기는 경우에 수령(樹齡)이 많은 나무는 표피

(表皮)가 두꺼워 그대로 벗기면 부러질 위험이 있으므로 사전에 그 부분의 표피만을 엷게 삭제(削除)하여 껍질의 부러지는 것을 막으면 좋다.

⑵ 접목 후의 관리

접수를 삽입한 후 접수와 대목이 접착하도록 비닐테이프로 묶고 다시 건조를 방지하기 위해 멀칭을 하여 둔다. 멀칭은 헌 짚이나 또는 비닐 주머니 등을 이용하여 접목부을 두르고 그 속에 천사 (川砂) 또는 유기물의 함량이 적은 흙을 넣어 보호한다.

접목 후 3~4일이면 활착 여부를 판정할 수 있는데 접수 싹의 상태를 잘 관찰하여 광택이 있고 싹의 부푸름이 증가하는 것 같으면 활착된 증거이다.

그러나 광택이 없어지면 실패한 것으로 보아도 좋다.

접수가 활착하면 새싹의 맹발(萌發)은 급속히 진행된다.

동시에 대목부(台木部)에서의 새싹의 발생도 많으므로 대아(台 芽)는 될 수 있는대로 빨리 적제(摘除)하는 것이 좋다.

신소발생(新梢發生)을 보아 멀칭을 제거하는 경우도 있으나 멀 칭은 그대로 두는 것이 좋다. 이것은 지간해충(枝幹害蟲)인 감나무 심식나방 등을 예방하는데 효과적이기 때문이다.

5월은 돌풍이 불기 쉬운 시기이므로 바람에 의한 절해(折害)를 방지하기 위해 지주(支柱)를 세워둔다.

또 탄저병이 많이 발생하는 지역에서는 신소(新梢)에 피해를 받지 않도록 지네브 또는 다이센을 철저히 살포할 필요가 있다.

2. 사과의 고접 갱신

(1) 일거갱신방법(一擧更新方法)

일거갱신법은 접목본수(接木本數)를 많이 하여 정아수(頂芽數)를 증가시켜 조기(早期)에 꽃눈을 붙여 결실시키는 것이 목적이다.

[표 1-3] 품종 갱신 방법

갱신의 속도	갱 신 방 법	
	묘목에 의한 경우	고접 방법에 의한 경우
점진갱신 (漸進更新)	이미 심어진 품종의 나무 사이에 갱신 품종을 간식(間植)하여 갱신함.	심어진 품종 1그루 여러 곳에 눈접이나 절접으로 고접을 하여 중간 대품종의 생산을 보며 갱신함
일거갱신 (一擧更新 급속갱신)	오래된 품종을 간벌하고 한번에 갱신 품종을 심어 갱신함	오래된 품종의 성목 1그루 200~300개의 접목을 하고 2년 간에 갱신을 하고 생산함

접목을 실시(實施)함에 있어서는 갱신 계획과 준비가 필요하다.

① 갱신수(更新樹)의 준비
  ㉠ 시비(施肥)는 1년 전부터 하지 않는다.
  ㉡ 무리하게 결과량(結果量)을 늘리거나 심한 전정(剪定)은 하지 말고, 수체영양(數體榮養)을 높여 준다.
  ㉢ 가지의 자람과 잎의 색깔 과실의 발육정도 등을 잘 관찰하여 갱신수에 적합한가를 조사해 둔다(문우병(紋羽病), 부란병, 하늘소의 해(害)).
  ㉣ 과실에 생기는 전염성(傳染性) 기형과병(奇形果病 바이러스)은 갱신 품종에 전염하므로 갱신수로는 적당치 않다.

◎ 고접 갱신에 의해 나무 수형을 바꾸거나 나무의 높이를 낮출 수 있다. 전해부터 적당한 가지를 남기거나 벗겨진 굵은 가지에는 톱으로 상처를 주어 새로운 가지를 발생시켜 접목을 할 수 있도록 해 둔다.

　　ⓗ 대목의 종류를 확인해 둔다.

　　ⓢ 줄기에 공동(空洞)이 되어 있는 고령수는 갱신하지 않는다.

　　◎ 고접병(高接病)의 발생에 대치하여 실생묘(實生苗)를 준비해 둔다.

② 접수(接穗)의 준비

　　㉠ 품종, 계통이 확실한 것을 선택한다.

　　㉡ 고접병, 바이러스 감염이 없는 접수를 확보한다.

　　㉢ 1그루당의 접목 본수(本數) 계산을 다음과 같이 계산한다.

$$1그루\ 접목본수 = \frac{1갱신수,\ 정아수 \times 20 - 25\%}{4(1그루\ 길이\ 15cm의\ 눈수)}$$

　　㉣ 수목가지 1kg에서, 접수 길이 15cm 부사 등의 접수는 가는 가지로 80~90개, 굵은 가지로서는 60개 정도 얻는다.

　　㉤ 1일(8시간) 1인당 평균 200~250본 접목할 수 있다.

　고접 갱신에서 무엇보다 무서운 것은 고접병(高接病)이다. 접수는 고접병 바이러스가 없는 것이어야 한다.

　그 중에서 환엽 해당을 침해하는 바이러스는 둥근 잎 해당을 고사(枯死) 시킨다. 이 바이러스를 보유하고 있지 않은 나무는 환엽 해당을 대목으로 한 갱신수로 사용할 수 있다.

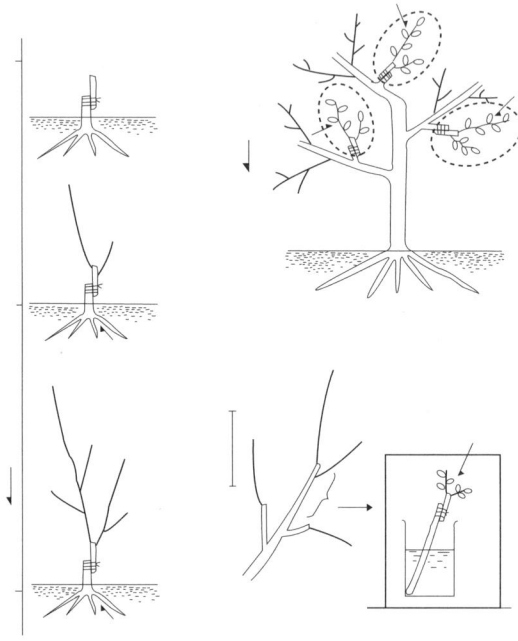

[그림 1-10] 고접갱신

[주] ·검정을 하려는 가지 ·환엽해당 →표는 검정부위

A. 환엽해당에 검정하려는 가지를 절접하여 묘목을 만드는 요령으로
   기른다. 그해의 가을이나 2년째 가을에 환엽해당 대목에 생기는 네
   크로시스나 피테인크(高接病症狀)로 판정한다.

B. 접수로 하려는 품종이 둥근 잎 해당 이외의 대목이면 균이 없는 둥
   근 잎 해당을 고접으로 하여 자라난 가지의 백네크로시스나 립네크
   로시스로 균의 유무를 판정한다.

C. 급히 갱신할 접수를 필요로 할 때는 휴면(休眠)한 2년된 가지에 둥
   근 잎 해당의 가지를 접하여 20℃의 실내온도로 가온(加溫)하여 자
   라난 환엽 해당의 눈(芽)에 대해 립네크로시스를 보아 균의 유무를
   판정한다.

그러나 갱신수의 대목이 아그배나무일 때는 환엽 해당을 고사시키는 보독접수(保毒接穗)을 고접으로 하여도 고접병은 발생하지 않는다.

즉 저항성이 있기 때문이다. 그러나 그 접수 중에 아그배나무를 고사시키는 바이러스가 잠재하고 있으면 고접병 증상이 나타난다.

이때 접수(接穗)는 삼엽해당에 대해서도 균의 유무를 확인하지 않으면 안된다.

고접병 바이러스에 의한 피해에 대처하는 일은 실생대목(實生台木)에 접목시키는 이외의 방법은 없다.

사과의 대목으로서 환엽 해당은 우수한 성질을 가지고 있다.

이 대목 이용은 장래에도 생산에 유리하다고 생각된다. 또 갱신 대상수(對象樹)는 이 대목이 많은 현상이기도 하다.

전정시기가 되면 접수를 채취(採取)한다. 모수(母樹)는 다른 나무보다 먼저 전정하여 접수를 자르면 다른 품종이나 보독(保毒)인 것과 혼합되지 않는다.

채취한 접수는 건조방지를 위해 비닐로 포장을 한다.

추울 때라면 야외의 그늘에 두어도 좋으나 장기간은 적당치 않다. 될 수 있는대로 냉장고에 넣어 두는 것이 좋다.

접목시기가 되면 수목의 가지의 굵기나 길이 등을 맞추어 1~2일간 접목할 정도로 접수를 조정한다.

수일분(數日分)의 접수를 잘게 잘라 놓으면 절구(切口)로부터 목재부후균(木材腐朽菌)이 들어가거나 마르거나 하여 캘루스의 형성이 좋지 않아 활착율이 저하된다.

③ 갱신수의 전정방법(剪定方法)

1그루 갱신품종과 정아수(頂芽數)를 증가시켜 더욱 빨리 꽃이 피고 열매가 맺게 하는 것이 일거갱신의 목적이다. 그러기 위해서는 꽃눈이 맺기 쉬운 가지에 접목을 하여야 한다.

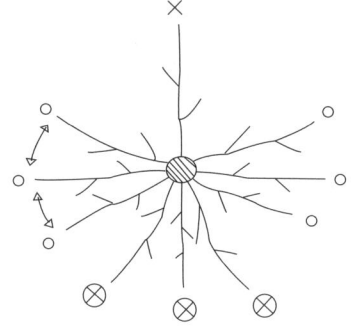

[주] ⊗ 표는 꽃눈은 생기나 갱신한 가지의 수명이 짧고 좋은 과실을 얻지 못한다.
X 표는 접목 위치가 적당치 않고 꽃눈도 생기기 힘들고 다른 가지의 생장에 방해가 된다.
○ 표는 갱신에 적당한 가지

[그림 1-11] 접목과 위치

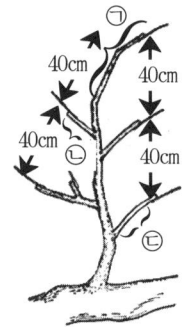

[그림 1-12] 전정전의 가지

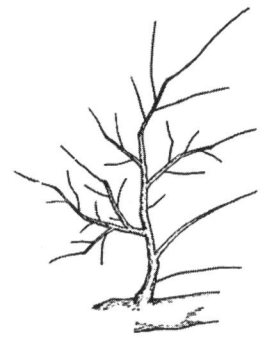

[그림 1-13] 전정후의 가지

[주] ㉠ 위로 향한 강한 가지는 중간대를 길게
㉡ 아래로 향한 중간대는 짧게
㉢ 기부(基部)의 가지로 염지(捻枝) 유인에 의해 사용할 수 있는 가지인 경우는 중간대를 길게 한다. 접목 위치는 가지의 배지형(配枝形)을 기본으로 하여 40cm 간격으로 하면 좋다.

보통 전정에서는 조화된 가지에 좋은 꽃눈을 남겨두고 내년에도 조화된 가지에 꽃눈이 생기도록 톱이나 가위로 가지를 정리한다.

고접의 경우도 마찬가지로 생각하면 된다. 가지의 단면(斷面)을 생각하면 접목할 위치는 수평이나 상하 30도 정도로 경사진 가지가 좋다.

성숙한 가지에서의 접목 위치는 강한 가지는 중간대(中間台)를 길게 하고, 약하고 아래로 늘어진 가지는 짧게 잘라 접목한다. 이 작업에 의해 접수에서 자라나는 가지의 생장을 같이 할 수 있다.

④ 접목 시기와 접목 방법

1그루의 접목 본수가 많으므로 일찍부터 접목 작업을 한다.

접목시기는 각각 그 지방에서 홍옥(紅玉)의 만개일(滿開日)부터 50~60일의 기간을 생각하여 작업을 시작하면 좋다.

개화이후(開花以後)라도 활착은 하나, 가지의 생장이나 꽃눈의 착생(着生)이 나쁘다.

일찍 접목한 접수에서의 가지는 잘 생장하고, 그 후에 하는 적심(摘心), 염지(捻枝) 등 꽃눈을 생기게 하는 처리에 적합하게 될 수 있다.

접수의 길이는 15㎝ 정도가 좋다. 이 길이는 손에 쥐기 쉽고 칼을 사용할 때에도 힘이 주어져 접합부(接合部)를 깎기가 쉽다.

접목 방법은 일반적인 절접법이면 좋다.

접수는 길게 하여 폴리에틸렌 필름의 봉지를 씌우므로 바람의 저항이 있고 또 눈이 올 때도 있으므로 대목과 접수의 접합부는 3㎝ 정도로 길게 합쳐 둔다.

접목 후 폴리에틸렌 봉지를 씌우되 가늘고 긴 것이 좋다. 공기를 불어 넣어 부풀려서 씌운다.

아래로 향한 폴리에틸렌 봉지에는 빗물이 고여 가지의 생장에 적합치 않다.

아래로 늘어진 폴리에틸렌에는 칼로 작은 구멍을 뚫어 빗물이 고이지 않도록 해야 한다.

발아하여 새로운 가지의 생장이 보이면 봉지를 벗긴다. 접수는 자체의 영양으로 싹이 자라는 시기가 있으므로 빨리 폴리에틸렌 봉지를 벗기면 활착율이 저하한다.

봉지 속의 물방울은 잎에 붙어 있다가 낮에 햇볕이 강할 때는 잎을 태우게 된다.

⑵ 빨리 꽃눈을 맺게하는 기술

① 눈 따버리기와 도장한 가지 자르기

발아기가 지나면 중간대의 잠아(潛芽)가 생장한다. 그대로 방치하면 접수의 활착을 방해하고 가지도 자라지 않는다.

2~3㎝ 자랐을 때 굵은 가지를 고무장갑 등으로 문지르면 간단하게 제아(除芽)할 수 있다.

9월 경의 눈따기는 접수의 생장에 방해되는 것은 제아하나, 볕에 타는 것을 방지하기 위해서나 접수의 꽃눈을 맺게 하는 가지는 방향을 생각하여 남겨 둔다.

② 염지(捻枝), 유인(誘引) 바로잡기

고접 일거 갱신에서 무엇보다 중요한 작업의 한 방법으로서 일반적으로 접목 작업은 하여도 이 작업은 하지 않는 경우가 많다.

가지를 비틀어 구부리는 염지는 '탁' 소리가 날 정도가 좋으며 유인은 대나무 가지 또는 비닐끈으로 가지를 구부린다.

염지(捻枝)는 큰 가지를 몇 번이고 흔들어 아래로 내리거나 간격을 넓히는 기술이다.

처음 해는 접목부위(接木部位)의 유합은 불완전하여 부러지기 쉬우므로 주의하여 염지(念枝) 유인을 한다.

가지의 교정을 하면 전정은 가볍게 끝나고 좋은 꽃눈이 맺는다.

대체로 접수 끝의 눈(芽)보다는 두번째 눈 정도, 특히 위로 향한 싹은 직립(直立)하여 왕성한 성장을 한다.

이러한 가지에는 일찍이 염지나 유인을 해서 바로 잡는 것이 좋으며 일거 갱신수에는 적화(摘花) 또는 봉지 씌우기 등 수확의 작업은 없으나, 유인염지(誘引捻枝)는 하나 하나 과실에 손을 대는 작업과 같이 생각하고 실시한다.

이 작업도 6월 한달에 일부 끝내고 그 후도 끊임없이 계속하여 가지의 방향을 잡아 준다.

따라서 일거 갱신에서는 가지의 생장이 좋아진다.

그러므로 한 개의 접수에서 자라는 발육이 좋은 가지는 다른 가지에 꽃눈을 맺게 하는 경제적인 가지로서 이용하면 좋다.

이 가지는 겨울의 전정시에는 제거한다. 이들 염지 유인작업은 새로 나온 가지 끝의 본엽(本葉)이 10매 정도가 되면 그 시기에 한다.

③ 적심처리(摘心處理)

접목 후의 접수에서 자란 가지의 엽수는 5월 하순에는 5~7매, 6월 하순에는 9~10매, 7월 하순에는 24매 정도가 된다.

이 9~10매 정도를 겨냥하여 새가지의 끝을 집어주면 옆에 있는 싹이 자라나 정아수(頂芽數)가 많아져 꽃눈이 많이 붙는다.

이 시기가 너무 빨라도 안되고 늦어도 목적을 이루지 못한다.

④ 환상박피(環狀剝皮)

주간(主幹)이나 주지(主枝)에 환상박피나 박피역접(剝皮逆接)을 하면 수세(樹勢)가 억제되어 꽃눈이 맺기 쉽게 된다.

굵은 주간(主幹)에는 1㎝ 폭으로 주지(主枝)에는 4~5㎜ 폭으로 박피하고 마르지 않도록 비닐테이프를 감는다.

이 작업은 빠를수록 효과가 있는데 박피폭(剝皮幅)이 정도를 넘으면 수세(樹勢)를 약하게 하며 좁으면 경우에는 효과가 없다.

처리시기는 6월 하순이나 7월 상순경이다.

⑤ B-9 산포(散布)

6월 중순 또는 하순에 B-9의 1,000배액을 살포하면 꽃눈의 착생(着生)이 좋다. 이때 염지, 유인작업으로 가지의 세력을 누르면 효과가 더욱 높다.

대개 꽃눈이 맺기 쉬운 품종의 갱신한 가지에 이용된다.

⑥ 절피처리(切皮處理)

접목부위의 아랫부분에 칼로 돌아가며 껍질을 벗기는 처리로 환상 박피의 가벼운 작업이다.

위로 향한 힘센 가지는 2~3번의 강한 처리를 하지 않으면 효과가 없고 아래로 늘어진 가지에서는 효과가 높다.

처리시기는 6월 하순~7월 상순이다. 처리 부위(部位)는 조직의 발달이 좋은 부분에서는 약간 강하게 하고 일찍 처리하는 것이 좋다.

이상 각 처리법에 대해 설명하였으나 한 가지 처리로는 그 효과가 적다.

유인, 염지(捻枝) 등의 기초적인 가지의 기술적인 처리 이외에 적심을 하고 B-9를 살포한다든지 환상박피 등을 한다든가 하여 중복처리를 하면 꽃눈 착생(着生)의 효과가 좋다.

유인, 염지하여 적심, 박피처리는 정아수(頂芽數)의 증가와 꽃눈 착생을 도움으로써 실용적이고 경제적으로 유리하다.

꽃눈이 생기는 나무는 영양적으로 약해지는 상태이다.

일거 갱신의 접수는 다 잘리운 갱신수(更新數)에 1~1.5kg 밖에 접하여져 있지 않다. 이 가지에서 나온 새 잎으로 동화축적(同化 畜積)을 하고 있는 셈이다.

적심, 박피 등의 처리는 나무 자체를 상하지 않도록 수세(樹勢) 에 따라 하도록 한다.

(3) 일거 갱신수의 관리

① 가지나 줄기의 햇볕에 타는 것의 방지

다 잘리워진 갱신수의 가지나 줄기는 강한 햇볕에 타게 된다. 이 방지에는 석회도제(石灰塗劑)나 거적, 차광망 등을 이용한다.

석회도말제는 먼저 5 l 의 물로 2kg의 생석회를 소화시켜 석회유 (石灰乳)를 만든다.

여기에 10 l 의 물을 추가하여 식염(食鹽) 300g, 공업용 수용성 본드 1kg을 넣어 휘젓는다.

이것을 솔로 줄기나 가지에 바른다. 이 조제량(調劑量)이 있으 면 성목(成木) 4~5본의 가느다란 부분까지 바를 수 있고, 굵은 가 지만이라면 10본 이상 바를 수 있다.

② 갱신수 1년째의 전정

유인(誘引), 염지(捻枝) 등으로 가지가 교정되어 있으면 전정은 용이하다.

접목이 된 가지는 꽃을 피워 열매가 맺어 수확한 후에는 전제 (剪除)한다.

나무 모양에만 치우쳐 힘써 접목된 가지를 지나치게 전제하지 않도록 한다. 끝만 가볍게 전정하여 가지를 침착하게 만드는 것이 중요하다.

③ 갱신수 2년째의 관리

중간대의 눈 없애기, 유인(誘引), 염지(捻枝)는 중요한 작업으로서 지상부와 지하부의 생육 균형도 2년째에 조화되어야 하는데 고접 갱신수에서는 3년째에는 나무가 약해져 결과(結果)하지 않는다.

이것을 방지하기 위해서는 2년째의 결과량(結果量)의 조절과 동시에 엽면적(葉面積)을 증가시키는 연구가 중요하다.

④ 성숙한 가지의 기부(基部)에 갱신 가지

일거 갱신은 성숙한 가지의 갱신이다. 해를 거듭할수록 성숙한 가지의 갱신시기가 다가온다.

원래의 굵은 가지는 중간대이고 거기에서 나온 가지는 이용할수 없고 그 가지에 갱신 품종을 접목하지 않으면 성숙한 가지의 갱신은 할 수 없다.

또한 그 앞을 생각하면 현재의 주지(主枝)와는 다른 방향에 갱신 품종과 같은 굵은 가지를 만들지 않으면 완전히 갱신되었다고는 할 수 없다.

그래서 이와 같은 가지의 기부(基部)에는 접목을 하고 성숙한 가지에서의 생산이 줄지 않도록 기부(基部)의 가지를 기르지 않으면 안된다.

(4) 박피(剝皮) 역접법(逆接法)

이 방법은 계획적 밀식재배수(密植栽培樹), 간벌예정수(間伐豫定樹)나 고접 일거갱신수에 가지의 생장을 누르고 수세(樹勢)를 조화시키고 꽃눈을 생기게 하여 생산을 계속하기 위해서 하는 일종의 환상박피(環狀剝皮)이다.

처리하는 나무는 5~6년 이상, 줄기의 둘레 20cm 이상의 수세왕성(樹勢旺盛)한 나무에 처리한다.

줄기가 굵을 때는 주지(主枝)나 굵은 가지에 처리하여도 좋다.

처리시기는 7월 중순부터 하순의 꽃눈 분화기 직후가 좋다. 처리 폭은 4~5cm로 처리하는 가지는 반들반들한 부분을 선택한다.

3. 배의 고접 갱신

고접 갱신의 방법은 아래와 같이 분류할 수 있으나 갱신 품종의 절제방법(切除方法)에 의해 일거 갱신과 점차갱신(漸次更新)으로 나누어진다.

일거갱신은 갱신 품종을 한 번에 잘라버리고 접목하는 방법으로 품종의 가치가 급격히 저하하였을 때 또 갱신을 단기간에 완료하려는 경우에 한다.

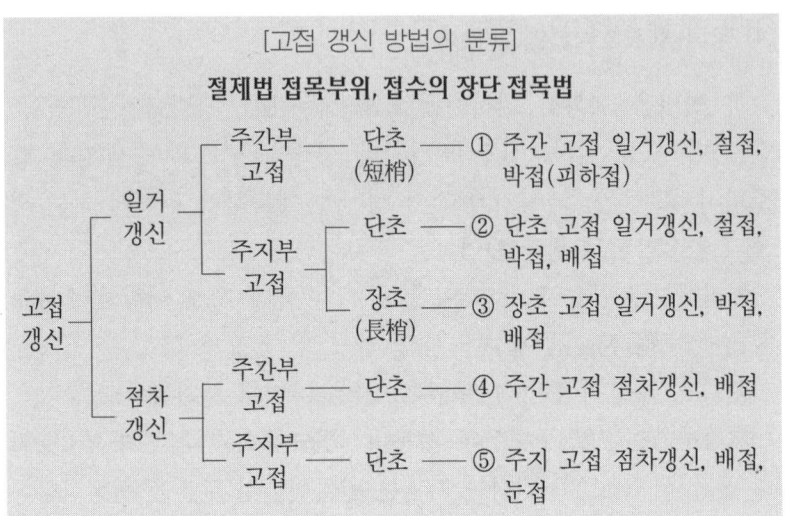

[고접 갱신 방법의 분류]

절제법 접목부위, 접수의 장단 접목법

- 고접 갱신
  - 일거 갱신
    - 주간부 고접 — 단초(短梢) — ① 주간 고접 일거갱신, 절접, 박접(피하접)
    - 주지부 고접
      - 단초 — ② 단초 고접 일거갱신, 절접, 박접, 배접
      - 장초(長梢) — ③ 장초 고접 일거갱신, 박접, 배접
  - 점차 갱신
    - 주간부 고접 — 단초 — ④ 주간 고접 점차갱신, 배접
    - 주지부 고접 — 단초 — ⑤ 주지 고접 점차갱신, 배접, 눈접

　점차 갱신은 고접 품종의 확대를 보아가며 갱신수를 축소하는 방법으로 감수(減收)에 의한 경제 부담은 적은 반면 나무 전체의 갱신이 끝날 때까지 시일(時日)이 걸리는 결점이 있다.

　점차갱신 다같이 접목부위에 따라 주간고접갱신(主幹高接更新)과 주지고접갱신(主枝高接更新)으로 나뉘어진다.

　주간 고접 갱신은 주간부(主幹部) 또는 주지기부(主枝基部)를 남기고 접목하는 방법으로 주지를 전부 갱신하므로 어린 나무와 같은 관리가 필요하다.

　주지 고접 갱신은 수관(樹冠)의 조직인 주지 전체를 남기고 접목하므로 갱신에 의한 수관(樹冠)의 확대는 빠르다.

　그러나 접목부 이외의 곳에서 직접아주지(直接亞主枝), 측지(側枝)는 자를 수 없으므로 필요한 곳에는 접목하여 둔다.

　고접 갱신의 방법은 수목의 장단에 따라 나누어진다.

　장초 고접 갱신(長梢高接更新)은 1m 전후의 수목을 고접하고 단초(短梢) 고접 갱신은 2~3눈(芽) 굵기의 접수을 접목하는 방법이다.

(1) 일거 갱신의 방법

① 주간 고접 일거 갱신법

예전부터 많이 이용하고 있는 방법으로 주간부(主幹部)를 1m 정도 남기고 갱신 품종을 절제(切除)하고 주간부에 3~7본의 접수(1~3눈)를 절접 또는 박접(剝接)하는 방법이다.

이 방법은 주간부의 큰 성목(成木)의 경우 한쪽에만 접목하고 접수의 수가 적어 절구(切口)의 유합이 나쁘므로 갱신수의 주간부가 썩기 쉽다.

특히 노목(老木)에 많으므로 접수를 많이 하고 절구가 유합된 후에 점차 접수를 정리하고 주지(主枝)를 3~4본으로 한다.

더욱 갱신수를 절제(切除)할 경우 주지기부(主枝基部)를 남기느냐 하는 다른 갱신법도 검토한다.

이 경우에 주의할 것은 3~5년생의 갱신에는 좋은 방법이나 성목(成木)에서는 재부(材部)의 썩음을 적게 하기 위해 줄기 둘레 5㎝마다 접수 하나를 접목하여 둔다.

활착한 접수는 대단히 생육이 좋으므로 빨리 지주(支柱)를 받혀 주지(主枝)의 형성(形成)을 도모한다.

② 단초 고접 일거 갱신법

한 번에 갱신하므로 1년째는 수확이 전혀 없으므로 2~3년째에 수량(收量)을 기대할 수 있다.

갱신수는 아주지(亞主枝), 측지(側枝)의 기부(基部) 약 10~20㎝ 정도를 남기고 주지 선단부는 가느다란 부분만을 잘라 버린다.

잘라 버린 곳마다 2~3개의 접수를 박접하고 접목수가 적은 경우는 주지에 배접을 하여 둔다.

접목의 시기는 배의 개화기가 적기로, 빠르면 수피(樹皮)가 벗겨지지 않으므로 잘 벗겨질 때를 기다려 실시한다.

접수의 생육은 주간 고접 일거갱신 방법과 같고 왕성하게 신장하므로 빨리 새싹을 유인하는 것이 중요하다.

③ 장초 고접 일거 갱신법

단초 고접 일거갱신과 같은 요령으로 갱신수를 자르고 1.0~1.5m의 접수를 각 기부에 박접한다.

고접 갱신 방법에서는 수관(樹冠)의 확대가 빠르고 갱신 2년째부터 상당한 수량(收量)을 올릴 수 있다.

그러나 고접 작업에 노력(勞力)이 드는 것과, 다량의 접수가 필요하고 도장(徒長)한 가지의 접수가 용이하게 얻어지는 것이 특징이다.

④ 접목 준비와 접목 방법

㉠ **접수의 채취와 저장**

접수는 도장(徒長)한 가지를 이용하므로 채취하는 나무는 추기 방제(秋期防除)를 철저히 하여 흑성병(黑星病)이 감염되는 일을 줄여야 한다.

접수의 필요량은 10년생의 경우 약 20본 정도의 도장한 가지가 필요하다.

접수는 겯 꽃눈의 착생이 적고 길고, 도장한 가지의 접수가 활착 후의 생육도 좋다.

또 배접용에 연필 굵기보다 큰 접수도 30본 정도 준비한다. 접수 채취는 휴면이 끝나는 직전이 좋다. 중부지방에서는 2월 중순부터 하순에 걸쳐 채취한다.

채취한 접수는 길이별로 간추려 약 30~40본씩 묶어 비닐로 밀봉한다.

　다량 저장의 경우는 지역별로 필요량을 정리하여 5℃ 전후의 냉장고에 저장하는 것이 안전하다.

㉯ 접목시기(接木時期)

　접목은 박접(피하접)으로 하므로 갱신수의 수액(樹液)의 유동이 왕성할 때에 실시한다.

　접목적기(接木適期)는 개화기에 해당하므로 인공수분(人工受粉) 등의 작업을 고려하며 보통 5월 상순까지 끝내도록 계획한다.

㉰ 갱신수의 절제방법(切除方法)

　단초 고접 일거갱신과 같은 요령으로 잘라 버리고 그 기부(基部)에 도장(徒長)한 가지의 접수를 고접한다.

　이 경우에는 접수를 지주의 철선에 직접 유인하므로 잘라 버린 각 기부의 방향은 접수의 방향과 일치하는 방향으로 잘라 둔다.

　각 기부의 방향이 나쁘면 접수의 유인이 잘 되지 않고 고접도 되지 않는다.

㉱ 중간대목(갱신수)과 접수를 자르는 법

　중간 대목(갱신수)을 잘라내는 경우는 접수를 지주의 철선에 얹어 중간 대목과 접수가 더욱 접합(接合)하기 쉬운 곳을 정하여 접수를 깎은 넓이에 맞추어 이열병행(二列竝行)으로 상처를 낸다.

　대목, 접수 다같이 묘목양성인 경우는 좀 길게 잘라내고 접수를 잘라낼 때는 목질부를 칼로 깎지 않도록 주의한다.

㉲ 대목과 접수 묶어 주기

　접수를 전부 접목 부위에 집어 넣었으면 비닐 테이프로 접목부를 묶어준다. 비닐은 두께 0.05㎜의 무지(無地)의 것이 달라 붙지 않고 묶기 쉽다.

비닐 테이프는 넓이 5㎝, 길이 1m 정도의 것을 고접용으로 만들어 사용하면 편리하다.

묶은 후 접수의 끝부분과 묶어준 곳에 도포제를 발라서 건조와 동고병(胴枯病) 등을 방지한다.

또한 접수는 힘껏 유인하여 고정하여 놓는다.

② 보조 고접(補助高接)

도장한 가지의 접수는 주지(主枝)의 끝 아주지(亞主枝) 측지(側枝)의 기부에만 접목할 수 있다.

따라서 접수의 수가 적은 경우 또는 접목부위가 절절하지 않을 경우는 배접 또는 한눈배접(一芽腹接)을 한 나무 당 10개소 정도 하여 놓는다.

(2) 점차 갱신의 방법

① 주간 고접 점차 갱신법

갱신수를 한 번에 잘라 버리지 않고 주간부(主幹部) 또는 주지 기부(主枝基部)에 2~3눈(芽)의 접수를 배접하고 고접 품종이 확대함에 따라 갱신 품종을 차차 축소 정리하여 4~5년에 갱신을 완료한다.

갱신에 의한 수량(數量)의 감수(減收)는 일거 갱신에 비해 적으나 수관(樹冠) 전체의 갱신에는 시일(時日)을 요한다. 그러나 접수는 적어도 된다.

이 방법에서 주의할 것은 고접 품종의 확대에 따라 갱신품종을 적극적으로 잘라 버리는 것과 고접 품종은 갱신 부위에 잘 정지(整枝)하고 배접한 곳에서 절제(切除)하기 쉽도록 하여 놓는다.

(2) 주지고접 점차 갱신법

주지(主枝)의 20~30개소에 고접하고 고접 품종의 확대에 따라 아주지(亞主枝), 측지(側枝)를 수차갱신(遂次更新)하는 방법이다.

이 방법은 주간 고접 점차 갱신법에 비해 수관(樹冠)의 확대는 빠르나 고접에 노력(勞力)이 드는 것과 반드시 아주지(亞主枝)를 잘라버릴 위치에 접목하여 놓는다는 것이다.

접목 방법은 배접, 한눈배접(一芽腹接), 눈접(芽接)의 요령으로 한다.

따라서 수령(樹齡)에 따라 어떠한 요령으로 접목할까를 정하여 둔다.

10년생 전후의 나무라면 어떠한 방법이라도 좋으나 노목(老木)인 경우는 수피(樹皮)도 두껍고 거칠어져 있으므로 배접이 적당하다.

배접을 한 주변은 측지(側枝)를 사전에 잘라 버리고 접수에 광선이 충분히 닿도록 하여 둔다.

고접 1년째의 생육은 주지분기부(主枝分岐部)에서 1m 정도의 곳에 접목한 접수는 잘 생장하나 주지(主枝) 끝에 접목한 것일수록 생육이 부진하다.

따라서 갱신 2~3년째에 아주지(亞主枝)와 측지(側枝)를 빨리 잘라 버리는 것이 좋다.

(3) 고접 품종 갱신의 실제

① 품종 갱신의 계획

품종 갱신은 각자의 과수원과 산지에 따라 다르나 단지 신품종의 가격이 높다는 것으로 갱신을 계획하여서는 안된다.

갱신에 임하여서는 각 산지의 실태에 따라 계획을 세우고 그에 따라 실시한다.

특히 고접을 하는 품종은 수요의 동향에 적합하게 하고 또한 품종으로서의 재배성도 충분히 검토하여 품질이 좋고 재배가 용이한 것을 선택하도록 하는 것이 중요하다.

② 과수원의 품종 구성

각 과수원마다 품종 구성은 일정하지 않으므로 우선 상품 가치가 저하된 잡품종(雜品種)부터 갱신한다.

갱신에 있어서는 수분(受粉) 관계나 품종의 배열 등을 고려하여 산지로서 양적(量的)으로 통합되도록 생산 계획을 세워 규칙을 바르게 하여 실시한다.

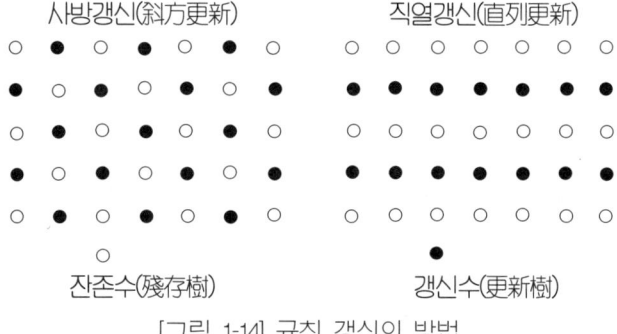

[그림 1-14] 규칙 갱신의 방법

③ 중간대목과 접수

품종 갱신에 있어 주의할 것은 배썩음 반점병에 대해 접수나 갱신수의 보독(保毒)의 유무를 검정하여 음성인 것을 확인하여 두는 것이 중요하다.

갱신을 계획한 경우에는 우선 내년에 갱신예정의 품종에 검정용 접수를 고접하여 보독(保毒)의 유무를 확인하고 그 갱신을 실시한다.

④ 접수의 확보

고접의 방법에 따라 접수의 필요량도 달라진다고 보아야 하며 고접용의 접수는 연필보다 굵고 꽃눈이 적은 1년생 가지를 이용한다.

접수는 배썩음 반점병의 균이 없는 품종 중에 건강한 것에서 채취한다.

⑤ 고접 갱신의 시기

고접 갱신수는 동기전정(冬期剪定)의 시기에 미리 나뭇가지를 축소하여 놓는다.

접목의 시기는 배의 개화시기(開花時期)~종기(終期)에 걸쳐서가 적기이다. 중부지방에서는 4월 상순~5월 상순의 온난(溫暖)한 날을 택하여 실시한다.

⑥ 갱신수의 관리

각자의 갱신방법에 따라 다르다. 각 방법마다 중간 대목에서 도장한 가지가 발생하므로 빨리 싹을 제거한다.

묶어 준 비닐테이프는 깎지벌레의 월동 장소가 되므로 낙엽 후에 풀어 버린다.

갱신 1년째는 전정을 가볍게 하고 유인에 의해 수관(樹冠)의 확대를 도모하여 결과량(結果量)이 많아지도록 한다.

또 갱신수의 절구(切口) 유합을 돕기 위해 접수의 정리와 점차 갱신수의 중간 대목의 정리를 적절히 한다.

(4) 박피역접법(剝皮逆接法)

이 방법은 꽃눈이 적은 품종에 대해 곁꽃눈이나 단과지(短果枝)의 착생을 돕기 위하여 한다.

① 처리수의 계획

꽃눈의 착생이 적은 신수(新水), 행수(幸水)로 계획하는 것이 가장 적절한 방법이며 처리할 경우는 식재방법(植栽方法)에도 관계하나 75본을 심었을 때는 제일차간벌수(第一次間伐樹)에 처리한다.

처리 1년째에는 새 가지의 생육도 처리에 의한 신장억제(伸長抑制)는 인정할 수 없으나 2년째에는 뿌리의 발달 가지의 신장(伸長)도 억제되므로 영구수(永久樹)에는 처리하지 않는 것이 좋다.

처리하는 수령(樹令)은 2~3년생의 유목(幼木)에 실시하는 것이 가장 효과적인 것으로 나타나고 있다.

② 처리시기

4~7월 사이에서는 6월 처리가 꽃눈의 착생이 인정되고 있다. 중부 지방에서는 6월 중순경이 좋다.

③ 처리요령

처리하는 부위는 주간부(主幹部)의 중앙에 원주(圓周)의 1할 정도를 남기고 칼로 자른다.

주간부(主幹部)의 표피를 예리한 칼로 잘 벗긴 다음 거기에 따라서 벗긴 표피는 상·하를 바꾸어 원래대로 맞추어 넣고 비닐 테이프로 처리부를 묶어 준다.

비닐 테이프는 처리 후 1개월이면 완전히 제거하여 버린다.

4. 복숭아 고접 갱신

복숭아는 어린 나무의 수세(樹勢)가 대단히 왕성하여 결과수령 (結果樹齡)에 달하는 것은 포도와 같이 과수류(果樹類) 중에서는 무엇보다 빠른 종류의 하나이다.

일면 다른 과수류에 비해 경제 수령이 제일 짧아 15~20년이 한 도이다.

또 품종의 변천도 심하여 10년을 넘지 못하고 과거의 품종이 된 것도 적지 않다.

이것은 결과수령에 달하기가 빠르고 경제 수령이 짧음에도 불구 하고 고접에 의한 품종 갱신을 많이 하고 있기 때문이다.

또 어린 나무 때에 과실(果實)이 품종의 특성을 나타내는 것이 늦는 점에도 있다.

(1) 고접에 관련하는 복숭아 나무의 특성

복숭아는 나무를 둘러싸고 있느 환경조건에 예민하게 반응하여 불량 환경에 처하면 급작스럽게 수세가 쇠약한다.

절구(切口)의 유합조직의 형성은 대단히 나쁘고 큰 절구(切口) 를 만들면 그것이 원인이 되어 수세를 약하게 만든다.

또 주간(主幹), 주지(主枝), 아주지(亞主枝) 등의 굵은 가지에 복 숭아 명나방이 가해하면 볕에 타기도 쉽다는 것을 주의하지 않으 면 안된다. 따라서 복숭아의 고접 갱신은 안이한 생각으로 시도하 면 안된다. 지금까지 복숭아의 고접 갱신을 한 것은 다음과 같은 경우이다.

구입하여 정식(定植)한 묘목에 다른 품종이 혼합하여 있는 경우 심어놓은 어떤 품종을 집단적으로 신품종으로 바꾸어야 할 경우와 또한 어떤 품종을 도입시작(導入試作)을 할 경우에 그 지역에 서의 적부(適否)를 빨리 알려고 혼합하여 번식용의 접수를 그 토 양에서 확보하는 경우 등을 들 수 있다.

(2) 고접 갱신의 실제

① 접목방법

눈접(芽接)과 절접이 있고, 또 하추접(夏秋接)과 춘접(春接)의 두 계절에 할 수 있다.

눈접은 삭접법(削接法)으로 여름과 가을에 하지만 봄에도 이용 할 수 있다.

절접은 봄에 하는 경우가 많고 주로 배접법에 의해서 행하여지 며 눈접용(芽接用)의 접수는 충실한 새 가지를 택하여 수목을 채 취한 다음 곧 엽병(葉柄)과 일부의 엽신(葉身)을 남기고 잎을 따 버린다.

채수(採穗)는 접목 직전이 가장 좋고 저장하지 않은 것이 좋다.

2~3일 보관할 경우는 젖은 신문지에 말아 서늘한 곳에 두고 접 수를 건조하지 않게 한다.

접목용의 접아는 나무의 중앙부의 충실한 눈을 사용하고 기부 (基部)의 눈이 적은 것이나 상부의 불충실한 부분의 눈은 사용하 지 않는다.

봄의 눈접인 경우는 잎눈(葉芽)이 많은 충실한 가지를 이용하나 채수(採穗)는 접목 직전이 좋고 싹이 약간 트기 시작한 것도 비교 적 잘 활착한다.

② 접목의 위치

일거 갱신법은 무리로 주간(主幹), 주지(主枝), 아주지(亞主枝)

등에 한정하여 이들의 가지를 근거로 하여 갱신한다.

심어 놓은 지 2년째까지는 주간(主幹)에 눈접을 하여 주지(主枝)부터 근본적으로 갱신하는 것이 좋다.

3년 후는 주지(主枝), 아주지(亞主枝) 등의 분기부(分岐部) 근처에 접목하여 주지와 아주지(亞主枝) 등을 갱신한다.

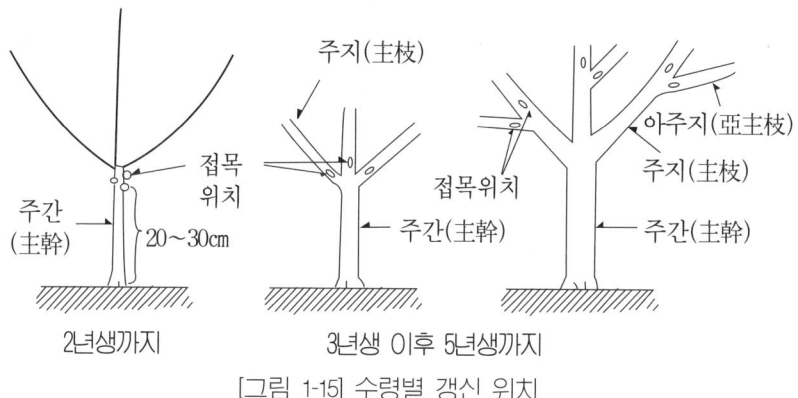

[그림 1-15] 수령별 갱신 위치

갱신수령(更新樹令)은 어린 나무일수록 좋고 5년생 정도가 가장 적당하다.

접목 부위의 가지는 2~3년생까지이고 오래된 가지는 활착이 잘 되지 않고 활착되더라도 그후의 생장이 좋지 않다.

③ 눈접방법

접목용의 눈은 눈의 약 1cm의 위치부터 비스듬히 목질부가 약간 깎일 정도로 눈의 상부 0.5cm 내외까지 잘라 그 부분을 가지와 직각으로 수피의 부분만을 자른다.

순형(楯形)으로 잘린 눈의 양측(兩側)을 누르고 활(弓)을 그리는 것같이 하여 목질부를 가지에 남기고 껍질만의 순형(楯形)의 눈을 뗀다.

대목에는 눈을 삽입하여 비닐 테이프 등으로 묶고 끝낸다.

여름과 가을의 눈접 시기는 6~10월이지만 접수의 눈이 충실하고 대목의 수액유동(樹液流動)이 좋고 비대(肥大)가 왕성한 시기를 택한다.

8월 상순~9월 중순의 범위로 비가 충분히 온 4~5일 후가 좋다.

봄의 눈접은 기온이 높아진 3월 하순 이후 4월 중순경에 하나 눈의 활동이 시작하는 시기이기도 하여 채수(採穗)부터 접목까지의 작업은 빨리 하여야 한다.

눈접 후의 활착 판정은 10일 전후에 확실시 되므로 활착하지 않은 경우에는 재차 접목을 한다.

활착의 판정은 엽병(葉柄)의 변색과 탈락에 의하며 따라서 노랗게 변색하면 활착한 것이고 흑갈색인 경우는 활착하지 않은 것이다.

활착하면 다음 봄까지는 묶어준 비닐 테이프를 세로로 갈라서 접목 부분이 꼭 묶여지지 않도록 한다.

④ 절접 방법

2월 하순부터 3월 상순에 채취한 접수는 비닐 등에 싸서 서늘한 장소에 보존하거나 5℃ 내외로 냉장하여 둔다.

접목적기는 눈접과 같은 시기로 배접법에 따르나 눈접이 조작(操作)이 간단하고 활착이 좋으므로 절접은 이용하지 않는다.

⑤ 접목 후의 관리

고접 갱신 후 무엇보다 중요한 문제는 대목품종의 굵은 가지의 정리와 접목갱신 품종의 가지의 생장(生長)이다.

주간(主幹)에 접목한 2년생까지의 것은 갱신이 용이하고 생장에 혼란없이 접목한 다음 봄에는 대목주지(台木主枝)를 정리할 수 있다.

주지(主枝), 아주지(亞主枝)에 접목한 3년생 이후의 경우는 수년이 걸려야 대목품종의 주지(主枝)를 정리한다.

아래 그림은 대목 2년생의 경우에 접목갱신 요령을 나타낸 것이다.

지상 20~30cm의 주간(主幹) 위에 접목한 경우는 다음 봄에 대목주지(台木主枝)를 30cm 내외로 짧게 자르고 접목한 눈의 순조로운 생장을 도모한다.

잘라서 맞춘 대목(台木)의 주지(主枝)에서는 발육이 좋은 건강한가지가 나오나 특히 강한 새 가지는 눈 따주기를 하여 몇 개의 새 가지만을 남긴다.

대목주지가 죽지 않도록 하고 이 가지는 비대하지 않게 할 것이며 또 주간(主幹)에 접목한 갱신용의 눈은 발

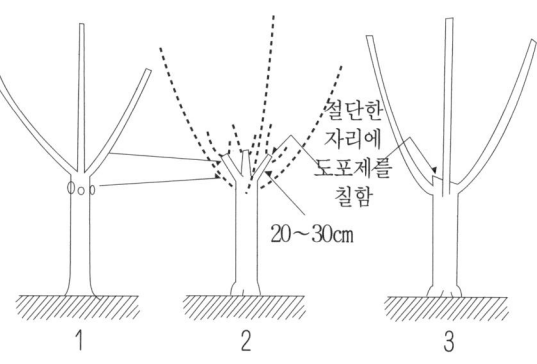

절단한 자리에 도포제를 칠함

20~30cm

[그림 1-16] 대목 2년생의 갱신요령

아 성장과 같이 받침대를 세워 강풍에 의한 절손(折損)을 방지하는 것이 중요한 일이며 또 새 가지의 생장을 도모한다.

2년째의 봄에는 대목의 주지(主枝, 전년 봄에 20~30cm로 자른 것)를 기부로 잘라내어 갱신을 완료한다.

대목주지는 윗면 전체가 약간 경사지에 잘라 절구(切口)에 빗물이 고이지 않도록 반드시 절구보호제(切口保護劑)를 충분히 바르고 유합 조직을 빨리 형성시킨다.

절구(切口)가 주지(主枝) 사이에 끼이게 되는 이 방법에서는 그 후에도 계속하여 보호제를 발라 절구에서의 주간(主幹)의 썩음을

방지한다.

또 해충 특히 복숭아 명나방 등의 침입을 방지함에 특히 유의하고 대목이 3년 이후의 갱신에서는 접목한 다음해에 접목 부분 근처에 있는 힘센 큰 가지를 제거 또는 짧게 잘라 갱신한 가지에 양분 유통을 돕는다.

접목부 근처에 강한 측지(側枝)가 있으면 갱신용의 새 가지의 생장을 현저하게 저해하고 광선부족이 더해지면 때로는 고사(枯死)하는 경우도 있다.

접목부에 양수분(養水分)의 유동(流動)이 잘 되고 자라난 새 가지에 충분한 광선을 받을 수 있도록 만들어 주어야 한다.

접목 부분의 해충의 가해를 방지하면 1년에 1~2m나 자라 상당히 건장한 주지, 아주지(亞主枝)가 된다.

그 굵기는 대목의 주지나 아주지의 굵기에는 미치지 못한다.

2년째는 갱신용의 주지, 아주지를 목적으로 하는 정지(整枝)의 모양이 되도록 동계전정(冬季剪定)을 하여 이 가지의 생장에 방해가 되는 측지(側枝)의 정리(整理)는 제거 또는 짧게 잘라 버린다.

그리하여 갱신한 가지의 순조로운 생장을 조장하며 대목의 주지, 아주지가 비대해지지 않도록 한다.

이러한 관리로 갱신한 가지는 살도 찌고 접목부에서 대목의 주지, 아주지의 굵기와 거의 같은 정도로 비대하여진다.

이 시기가 되어 대목의 주지와 아주지를 자르면 결과부(結果部)의 대부분은 갱신용 품종으로 바뀌어진다.

주의할 것은 앞서 말한 것같이 지상부와 지하부의 균형을 최소한으로 줄이기 위해 대목의 가지 정리를 하는 것이다.

대목의 주지의 정리를 급히 서두르면 몇 해 후에는 갱신한 가지의 세력이 약해진다. 또 너무 늦어도 좋지 않다.

갱신 품종의 생장 확대에 맞추어 대목의 주지(主枝)를 양자의 균형을 잡아가며 정리한다.

주지, 아주지의 갱신의 최종 단계에는 대목의 굵기와 갱신한 가지의 굵기가 거의 같아진다.

그후 1년을 그대로 두면 갱신한 가지의 굵기가 대목의 굵기보다 굵어져 대목을 접목부에서 정리한 경우 절구(切口)의 크기가 갱신한 가지의 굵음에 비례하여 적게 되어 이상적인 모양의 갱신이 가능하다.

갱신 중의 갱신한 가지에는 과실(果實)의 과중한 부담을 피하고 갱신 종료 후에도 1~2년간은 지상부와 지하부의 균형을 맞추도록 하며 묘목부터 양성한 경우보다 약간 적은 착과량(着果量)으로 한다.

[제3장 삽목 번식법]

1. 삽목의 이해와 장단점

　가지, 잎, 뿌리 등의 일부를 모수(母樹)로부터 절취하여 이것을 흙에다 꽂아서 발근을 시켜 독립된 개체를 얻는 번식 수단을 삽목이라고 호칭하는데 꽂는 재료에 따라서 각각 가지 꺾꽂이법, 잎 꺾꽂이법, 뿌리 꺾꽂이법이라고 부르는 것이 적당하다.

　과수에서는 가지 꺾꽂이법과 뿌리 꺾꽂이법이 많이 이용되고 포도, 무화과나무는 가지 꺾꽂이로 묘를 증식하는 대표적인 과수이며 대추나 감은 뿌리로 새 가지를 재생시키기가 용이하므로 때로는 뿌리 꺾꽂이로 새로운 개체를 얻는 일도 있다.

　삽목 번식의 장점은 모수와 동일 유전인자를 가지는 새로운 개체를 얻을 수가 있고 또 일시에 다수의 개체를 얻을 수가 있고, 실생으로 번식한 것에 비해서 개화나 결실이 빠르다는 것에 있는데 단점으로는 실생 식물에 비해서 천근(淺根)이 되어 나무의 수명이 짧다는 것과 모든 과수가 삽목이 가능하다는 것이 아니고 현재로는 수종의 것에만 한정되어 있다는 것이다.

　한편, 어미식물의 일부분을 절취하여 발근에 알맞은 상태에 두어 부정근과 부정아를 형성시켜 새로운 개체를 만드는 것이므로 일반 관엽식물의 대부분은 이 방법으로 번식할 수 있다.

　삽목은 가지, 잎, 뿌리 등의 일부를 어미나무에서 잘라 이것을 삽목상에 꽂아 발근시키는 방법으로 포도, 키위 등 덩굴성 과수에서 주로 사용하고 있다.

① 포도를 전정할 때 1년생 가지를 2~3눈을 두고 자른다.

② 눈은 맨 윗쪽 1개만 남기고 아래쪽 눈은 깎아버린다.

③ 준비된 삽목상이나 또는 땅에 윗눈이 다소 나오게 비스듬히 꽂은 다음 볏짚 등을 덮어 건조를 막는다.

④ 3월에 삽목을 하면 여름동안 자라 10월이면 줄기와 뿌리가 자라 묘목이 완성된다.

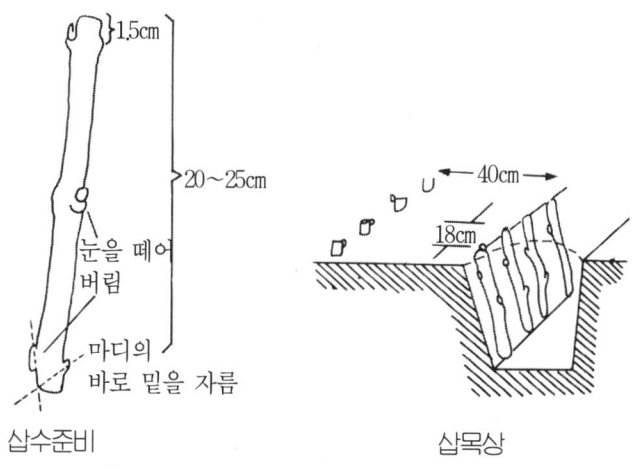

[그림 1-17] 포도의 삽목 방법

2. 삽목의 발근(發根)

(1) 발근의 상태

삽목에 발근하는 모양에는 두가지가 있으며 그 하나는 마디 및 마디 사이로부터의 발근이다. 이 경우의 발근은 뿌리의 원(源)이 되는 것(근원체 혹은 뿌리의 시원체라고 말함)이 가지의 조직내에 존재하여 이것이 발달해서 뿌리가 생기는 것이다.

삽목을 하기 전부터 가지의 조직내에 근원체를 저장하고 있는 것(예: 까치밥, 서양모과)과 처음에는 근원체를 가지고 있지 않으나 삽목을 하고 부터 생기는 것(예: 포도) 등이 있다.

사과는 가지의 내부에 근원체를 가지고 있으면서도 보통은 좀처럼 발근하지 않는다.

만 1년을 경과해서 완전히 목질화된 가지에서는 사과의 근원체는 분열 기능을 정지하고 환경의 변화에 대해서 감수성을 가지지 않는다고 한다.

발육 중인 새 가지에서는 근원체의 분열 기능은 정지하지 않고 삽목 또는 압조(壓條)에 의해서 발근하는

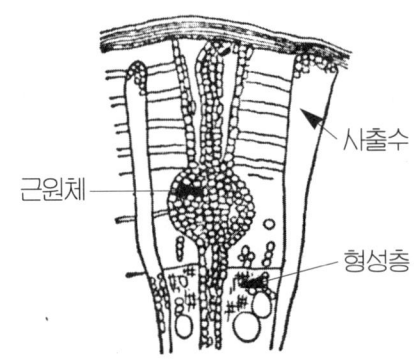

시출수

근원체

형성층

[그림 1-18] 포도의 삽목에서 볼 수 있는 근원체

것이지만, 호르몬처리 또는 새 가지의 기부에 황화 처리를 하지 않으면 근원체의 발육은 좋지 않으며, 따라서 좀처럼 삽목으로 발근을 할 수 없는 것이다.

또 하나의 발근의 상태는 삽수(插穗)의 기부 단면의 주위로부터의 발근인데 이것을 유상근(癒傷根)이라고도 말한다.

이 발근은 식물이 가지는 재생력(再生力)에 의하는 것으로 극성(極性)에 지배되는 것이라고 말해지고 있는데 꼭대기에서는 눈이 새가지로 생장하고, 하부에서는 뿌리를 발생한다.

여러가지 실험에 의해서 발근에 필요한 물질이 단면 기부에 집적(集積)되어 발근되는 것이라고 생각되고 있다. 상구(傷口) 기부에는 유상조직(癒傷組織 캘루스)이 잘 생기는 것이지만, 캘루스가 생기

는 것과 발근의 난이(難易)와는 달리 관계가 없다. 캘루스가 생기는 환경 조건과 발근의 그것과는 전혀 반대의 쪽에 있다.

발근 작용에 밀접한 관계를 가지는 환경요소로는 토양 중의 산소(통기)와 수분 및 온도이다. 산소의 존재는 토양의 수분상태에 의해서 현저한 영향을 받아 토양 수분이 많으면 산소의 함량은 그만큼 적어진다.

과수에는 각자 뿌리의 발육에 적당한 토양수분 및 산소 함량이 있기 마련인데 토양수분과 산소가 적당히 있는 것이 바람직하며 온도는 일반적으로 20℃ 정도가 발근을 촉진시킨다.

(2) 삽수의 상태와 발근 작용

삽수의 저장 양분의 다소는 발근의 난이(難易) 및 발근량과 밀접한 관계가 있다. 발근하기 쉬운 과수에서는 탄수화물의 축적이 많은 가지가 발근이 우수하다.

그러나 탄수화물의 함량만으로는 해결되지 않는 문제이며, 질소나 그 밖의 무기성분의 함량도 고려해 두지 않으면 안된다. 단지 C/N율의 관계에서 보면 수령이 경과된 것일수록 C/N의 값은 높아져서 소위 말하는 충실된 형을 띠고 있는 것이지만, 삽목에는 연수가 경과된 가지는 발근율이 나쁜 것이 통례인데, 일반적으로는 1년생 가지가 2년생 가지보다, 2년생 가지는 3년생 가지보다 발근이 좋은 것이다.

어린 가지에는 탄수화물이나 질소 외에 잎에서 만들어지는 발근 호르몬이 존재하는 것이라고 생각되고 있다.

그러나 같은 연령에서 또는 동일한 나무로부터의 삽수라면 풍부한 일조(日照)를 받은 충실한 가지가 삽목으로서 발근이 좋은 것이다. 삽수를 삽목상에다 꽂기 전에 묽은 설탕물에 담갔다가 삽목을 하면 발근 성적이 좋다고 하는 일은 이런 일을 확인하는 것이다.

(3) 호르몬과 삽목 발근

삽수가 발근하는데는 탄수화물이나 질소화합물처럼 그 삽수에 함유되어 있는 영양물질의 양적(量的) 관계도 크게 영향을 미치는 것인데 그것보다도 중요한 일을 하고 있는 것은 비교적 소량의 호르몬 물질인 것 같다.

생장 호르몬은 잎이나 눈에서 형성되어 줄기나 꽃가루에도 함유되어 있다. 잎, 눈, 줄기, 꽃가루를 갈아서 그 즙액에다 삽수를 담갔다가 꽂으면 처리된 삽수로부터 무처리의 것에 비해서 발근율이 현저하게 많아진다. 이것은 생장 호르몬이 발근에 깊은 관계를 가지고 있다는 것을 나타내는 것이다.

실제로 생장 호르몬의 일종인 헤테로옥신으로 처리된 삽수의 발근은 무처리의 것보다 발근수도 뿌리의 생장도 좋았으며 모든 면에서 실효를 거둘 수 있었다. 또한 후기 생육도

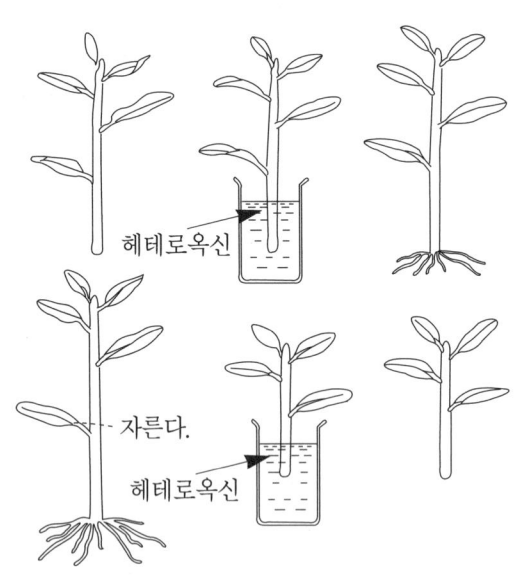

[그림 1-19] 헤테로옥신에 뿌리가 내리지 않는 경우

무처리 것보다 성장도 빨랐다.

그러나 뿌리의 형성에 관계하고 있는 호르몬 물질은 생장 호르몬뿐이 아니고 다른 호르몬 물질이 몇 개 관계하고 있다고 생각되고 있다.

쿠퍼(Cooper) 씨가 레몬을 재료로 해서 흥미있는 실험(1935, 1936)을 하였는데 그것은 앞서 기술한 발근에는 하나뿐이 아닌 호르몬 물질의 존재를 가르쳐 주고 있다.

즉 레몬의 잎이 붙어 있는 삽수를 헤테로옥신으로 처리하면 발근이 현저하다. 그러나 이 발근된 부분을 절제(切除)해서 재차 헤테로옥신으로 처리하면 이번에는 거의 뿌리가 내리지 않는다.

이런 경우 헤테로옥신이 항상 발근 호르몬인 것 같으면 제2회의 처리라도 반드시 발근을 얻게 되는 것이다. 이것으로 발근에 관계되는 호르몬 물질을 절대로 하나가 아니라는 것을 알 수 있다.

이러한 발근에 관여하는 호르몬 물질을 리조카린(Rhizokaline)이라고 호칭하고 있으나 싸이토카이닌(Cytokinnin)이라고 생각되고 있다. 최근에 효모(酵母) 등의 생장 호르몬인 바이오틴(Biotin)도 발근에 상당한 영향을 준다는 것이 알려지고 있다.

(4) 호르몬 물질의 응용

이상과 같은 사실에 의해서 이들 호르몬 물질을 삽목에 응용해서 지금까지 삽목 발근이 어렵다고 생각한 종류의 식물이나 또 다른 품종의 삽목 발근이 성공하는 것이 아닌가 생각되어 각종의 합성 생장 호르몬제가 실험으로 제공되었으나, 어떤 호르몬제에서는 성공을 했어도 다른 것에서는 성공을 하지 못했든가 희석농도라든가 식물체의 영양상태(생화학적 조건) 여하로 발근하지 않든가 하고 있다.

이것은 발근 물질인 리조카린이 절대로 단일한 것이 아니고 복잡한 것이어서 어떤 경우에는 하나의 생장 호르몬제를 첨가하면 발근이 용이해지는 경우도 있고 다른 경우에는 그 물질만으로는 안된다는 것을 나타내고 있다.

사용하는 시기에 대해서도 조사하지 않으면 안된다. 그러한 일로 해서 현재 호르몬 물질 첨가에 의한 삽목 발근의 촉진은 일반적으로 많은 연구가 진행되고 있는 실정이다.

(5) 깊이 꽂이에 의한 복숭아 가지의 발근

삽목 번식에서는 미스트법(mist propagation)이 개발되고서 부터 종래 발근이 곤란했던 식물이라도 용이하게 발근시킬 수가 있게 되었다.

개개의 식물에 대해서의 상세한 자료가 수집되고 한편으로 발근에 대한 생리학적인 고찰이 완성된 것 같으면 현재 삽목이 곤란하다고 되어 있는 것도 쉽사리 발근시킬 수가 있지 않을까 생각된다. 그 예로서 여기에 복숭아의 깊이 꽂이에 의한 발근에 대해서 기술해 놓는다.

과실을 채수하는 것이 목적인 복숭아의 성목(成木)에서 채취한 가지의 삽목은 발근이 대단히 어려우며 종래 삽목 번식은 거의 불가능한 것으로 생각되고 있었다.

그러나 과연 복숭아는 발근하지 않는 것일까? 삽수의 상태, 삽목상(床)의 환경 조건을 고려하면 발근되지 않을까?

이러한 생각에서 복숭아 및 수종의 삽목이 곤란한 과수에 대해서는 긴가지의 깊이 꽂이 의한 발근 상태를 고찰해 왔으나 복숭아의 삽목은 상당히 발근했기 때문에 그 내용을 기술하는 바이다.

[재 료]

식재의 13년생 복숭아 영홍(玲紅) 및 좌오평(佐五平)의 본년생의 발육지(發育枝) 중에 도장(徒長) 기미가 있는 가지를 10월 22일 채취해서 삽수했다.

[방 법]

삽목상(床)은 폭 1m, 깊이 60㎝로 파내려가서 만들고 삽목상 아래부분에는 깊이 10㎝에 산모래의 심토(점토, ph7)을 세분(細分)해서 고르게 깔고 여기에다 삽목을 하면서 나무 부분을 잘 밟아 주고 다시 그 위에다 잘게 부순 심토(心土)를 30㎝만 복토했다.

이렇게 해서 삽목이 된 상지면(床地面)은 포장(圃場)의 지표면으로부터 아래 그림과 같이 30㎝ 정도 낮아지게 만들었다. 대조구(對照區)는 보통의 삽목 상(床)에 15㎝의 깊이로 삽목을 했다.

[표 1-4] 심층 삽목에 사용한 재료

삽 수 품종	구 별	삽수의 연령	삽 수 길 이	삽수의 중량	삽수의 절구경	비고
영 홍	깊이꽂이구	1년기	70㎝	27~46g	8.5~11.0㎜	도장지
	대 조 구	〃	25	25~5.5	4.0~5.0	
좌오평	깊이꽂이구	〃	70	26~45	8.5~11.0	도장지
	대 조 구	〃	25	4~7	4.0~6.0	

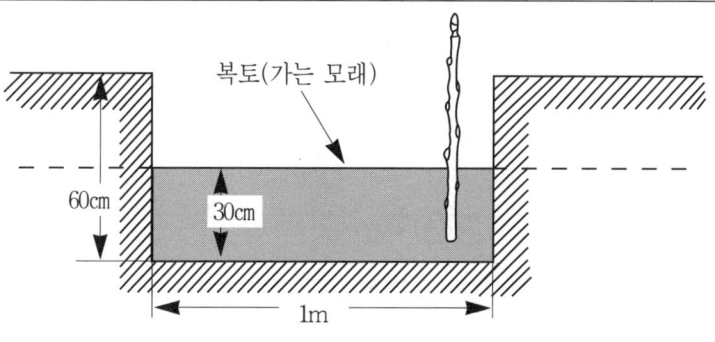

복토(가는 모래)

60㎝

30㎝

1m

[그림 1-20] 깊이 꽂이에 사용한 삽목상

[실험성적]

삽목 후에는 자연 그대로 방치하고 관수(灌水), 시비(施肥)를 일체 시행하지 않았으며 영흥은 5월 14일, 좌오평은 6월 10일에 파냈다.

별도로 근상(根箱 ; 상자의 한쪽을 유리로 덮은 것)에다 삽목을 한 복숭아가 3월 하순에 발근하고 있는 것을 확인하였으나 삽목 상의 재료를 파내는 일은 늦추었다. 파냈을 때의 삽목의 발근 상태는 다음 표와 같았다.

[표 1-5] 복숭아의 삽목의 활착 발근 성적

삽수 품종	구 별	삽목날짜	파낸날짜	삽목의 본수	고사 본수	캘루스만의 형성	활착 발근한것	동비율
영 흥	깊이꽂이구	1993. 10. 22	1994. 5. 14	20	2	3	15	75%
	대 조 구	〃	〃	20	20	9	0	0
좌오평	깊이꽂이구	〃	1994. 6. 10	20	11	0	9	45
	대 조 구	〃	〃	20	19	0	1	5

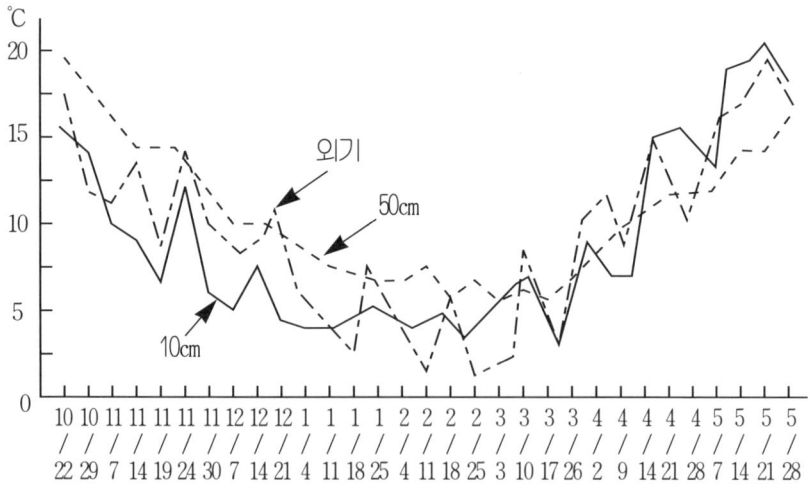

[그림 1-21] 복숭아의 삽목 기간 중의 지온과 외기 온도

2월 하순에 시행했던 봄철 삽목에서는 복숭아는 긴 가지를 꽂아도 전혀 발근을 하지 않고, 이듬해의 가을철 삽목에서 상당한 활착 발근을 본 것은 봄철의 발아하기까지의 기간의 길이가 관계되는 일이 크다고 생각된다.

즉, 복숭아는 발근하기까지 상당한 시일을 요하는 것으로 봄에 삽목한 것은 가령 깊이꽂이를 한 것이라도 삽목을 한 다음 머지않아 기온이 상승하고 개화 전엽(展葉)하는 상황으로 되기 때문에 가지의 저장물질이 소모되어 발근하지 않고 시들어서 말라 죽고 마나 가을꽂이에서는 비교적 발근하는데 형편이 좋은 지온상태 아래 오랜 기간 방치되어 있기 때문에 발근되는 것이라고 생각된다.

또한 가지내에 함유되는 발근 물질의 시기적인 이동 또는 삽수의 길이에 대해서는 다시 상세한 실험을 필요로 하는 것이나 여하튼 복숭아는 성목의 가지라도 삽목에 의한 발근은 가능한 것이다.

3. 삽목상(插木床)

과수 및 그 대목의 삽목 번식은 보통 땅에서 시행한다. 포도, 무화과나무처럼 발근이 용이한 것은 보통의 밭에 이랑을 만들어 삽목을 하는데, 번식 용지(用地)는 과건 · 과습이 되지 않을 정도로 알맞은 습도를 가지든가 또는 관수의 편리가 좋은 건강지(양지 바르고 통풍이 잘 되는 무병지)여야 하는 일이 중요한 조건이다. 토질은 수분의 유지가 좋은 점질 양토가 좋다.

[삽목상]

① 노지 삽목상

노지에서 삽목을 할 수 있는 식물의 번식에 사용되는 것으로 일반식물은 지면높이 정도에서 10cm 이내의 높이에 설치하는데 삽목상 폭은 1.2m 정도로 한다.

길이는 삽목하는 수량에 따라 길게 할 수 있는데 차광망을 설치하여 그늘을 만들어 주면 발근효과가 높아지는데 시설내 보다 통기성이 좋으며 온도조절이 쉬운 이점이 있어 관상수목 번식에 많이 이용되고 있다.

② 온실삽상

온실 안에 일부 또는 전부를 삽상으로 만들어 번식하는 방법으로 주년삽목이 가능하며, 삽상 밑에는 전열선 또는 난방시설을 하여 온도를 조절할 수 있도록 하는 시설인데 구미에서 많이 이용되고 있는 방법이지만 근래 우리나라에서도 시설 원예에 도입되고 있는 실정이다.

③ 그 외 삽상

노지나 시설내에서도 그냥 삽상을 만드는 것보다는 분(pot)이나 상자(box)에 삽목을 하기도 하며 여러 종류를 한 곳에 삽목할 때나 소규모 삽목을 할 때 많이 이용되어 취미재배나 특히 소규모 영리재배에 많이 이용된다.

4. 삽목 시기와 종류

과수 및 그 대목 중에 삽목이 가능한 것으로 낙엽성 식물(포도, 무화과와 같은 것)과 상록성 식물(올리브)이 있다.

낙엽성 식물의 휴면지 삽목으로 시기는 따뜻한 지방에서는 늦가을의 전정(剪定) 직후부터 봄 발아 전에 걸쳐서 알맞은 시기이나, 추운 지방에서는 강설도 있고 해서 봄의 발아하기 전에 한정되지만 앞서 말한 바와 같이 노지라도 깊이 꽂이 또는 방한 장치를 설치하면 가을부터 시작할 수가 있다.

일반적으로 봄철 삽목보다는 가을철 삽목이 발근이 좋다. 선택 기간 중에 양분의 함유량은 보통 낙엽 직후에 가장 많은 것이므로 삽수의 채수는 일찍이 시행하고 저장에 주의해서 그 발아를 억제해 놓는 것이 중요하다.

(1) 삽목시기

식물의 삽목시기는 발근 후 영양생장에 들어가는 시기를 택하는 것이 이상적이다. 아열대, 열대지방이 원산지인 식물은 6~8월 사이 온대지방이 원산지인 식물은 5~6월, 9월경이 좋으며 온실이나 실내에서 재배하는 식물은 4~5월에 삽목하는 것이 좋다. 온도를 20℃ 전후로 항상 유지만 할 수 있다면 연중 가능하나 개화시기는 피하는 것이 좋다.

또 열대지방이 원산지인 식물도 고온기(25℃ 이상)에서는 발근율이 떨어지고 30℃ 이상에서는 부패가 많다.

(2) 실내식물 삽목 종류

① 엽삽(잎꽂이)

비교적 번식 방법은 간단한데 어미가 되기까지 오랜시간이 걸리며 반입식물은 반입이 소실되는 결점이 있다. 보통 4월부터 9월 사이에 시설내에서 하는데 알맞은 온도만 주어진다면 주년 삽목이 가능하다.

㉮ 엽병삽(잎자루 꽂이)

잎자루를 붙여서 삽목하는 방법으로 글록시니아, 페페로미아, 핀지큘라, 칼란코에, 세인트포리아, 스토렙토카퍼스, 구근베고니아, 아키메네스 등에 쓰인다.

㉯ 분절삽(잎조각 꽂이)

잎의 맥을 전달하여 삽목하는 방법으로 산세베리아, 렉스베고니아, 공작선인장, 게발선인장 등에 쓰인다.

㉰ 전엽삽(잎꽂이)

잎을 삽상 위에 편평하게 올려놓고 중앙부와 잎가에 모래를 살짝 덮어주면 잎끝에서 조그만 식물체가 생성되어 번식하는 방법으로 다육식물 무리가 있다.

㉱ 엽아삽(잎눈꽂이)

잎 겨드랑이에서 나오는 새로 자란 엽아를 따서 삽목하는 방법으로 국화, 다리아, 수국, 철쭉, 고무나무, 부우겐빌레아, 무궁화, 동백, 만병초, 식나무, 차나무, 아페란드라, 베고니아류 등에 쓰인다.

② 경삽(줄기꽂이)

가지나 줄기를 잘라서 삽목하는 방법이다.

㉮ 일절삽(한마디 꽂이)

완전한 잎이 한 개가 붙어있는 상태로 잘라 삽목하는 방법으로 고무나무, 쉐플레라 등에 쓰인다.

㉯ 다절삽(여러마디 꽂이)

일반적인 경삽이 여기에 속하며 삽수의 숙도에 따라 숙지삽목, 반숙지삽목, 녹지삽목으로 나눈다.

③ 근삽(뿌리 꽂이)

뿌리를 잘라(10㎝ 정도) 삽목하여 번식시키는 방법으로 국화, 작약, 능소화, 대나무, 아디안텀, 윳카, 숙근플록스 등에 쓰인다.

④ 특수 삽목

선인장, 다육식물의 삽목방법이나 분재삽목(제자리 삽목), 그 외에 접목을 해서 활착시킨 것을 다시 접목하는 접삽(접목삽목)법도 있다.

⑤ 숙지 삽목하는 식물

개나리, 플라타나스, 포도, 무화과, 포플라, 쥐똥나무, 등나무, 버드나무, 모과, 편백, 향나무, 올리브, 전나무, 소나무, 삼나무류 등

⑥ 반숙지 삽목하는 식물

동백, 사철, 진달래, 호랑가시나무, 올리브, 귤, 밀감, 가시나무, 녹나무, 장미, 배롱나무, 수국, 부용, 팔손이, 매화, 남천, 유도화, 목단, 석류, 아왜나무, 은행, 명자나무(산당화) 등

① 건강한 잎을 삽수로 쓴다.

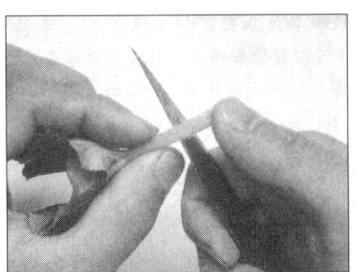
② 잎자루를 칼로 다듬는다.

③ 삽수로 조제한 잎

④ 질석에 꽂는다.

⑤ 비닐포트에 삽목한 모습

⑥ 충분한 물주기를 한다.

[그림 1-22] 베고니아 엽병삽 방법

① 삽수로 쓰일 줄기
(햇줄기로 건강하다)

② 마디마디 삽수로 조제
한다(끝줄기는 2~3마디
남긴다)

③ 물에 1시간 정도 담가
유즙을 제거한다.

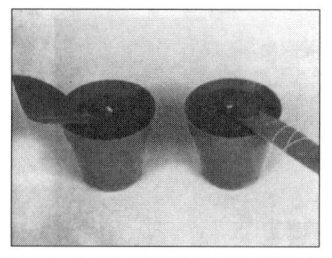

④ 3치분에 깨끗한 산모래를 넣고
심되 잎을 접거나 반으로 잘라
증산작용을 억제한다.

모래 7
부엽 3
왕모래 2~3cm
배수망

[그림 1-23] 고무나무 일아삽

① 균형을 잃고 자라는
가지를 솎아낸다.

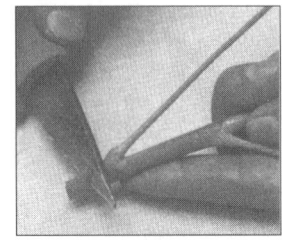

② 2마디씩 잘라 삽수를
조제한다.

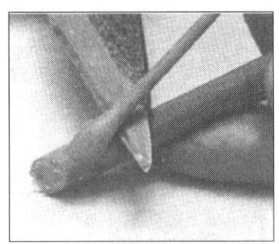

③ 아랫잎을 따버린다.

④ 수태로 감싸준다.

큰잎은 반으로
줄인다.

새로 돋아나올 눈

3치분

발근되는 부분

젖은 수태

화분 조각

[그림 1-24] 쉐플레라 경삽

① 봄철에 자란 가지를 삽수로 쓴다(왼쪽·우량, 오른쪽·불량).

③ 완성된 삽수는 1시간 정도 물에 담가 둔다.

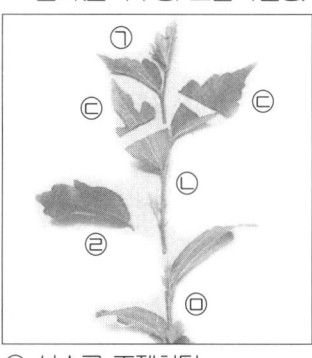

② 삽수를 조제한다.
㉠ 가지선단:불량 ㉡ 가지중앙:우량
㉢ 잎을 줄인다. ㉣ 아랫잎을 제거
한다. ㉤ 가지하단:우량

④ 절단면이 상처가 나지 않게
하며 깨끗한 모래에 꽂는다.

⑤ 품종을 정확히 부착하고
충분한 물주기를 한다.

잎이 닿지 않게
간격 유지

비닐을 봉한다.

비닐봉지

철사

평분

모래

왕모래

1마디 정도
묻는다.

배수망

[그림 1-25] 히비스커스 경삽

5. 삽수의 선택

과수 및 그 대목의 삽수로는 대부분 1년생의 가지를 사용하는데 올리브, 무화과 등에서는 2년생 이상의 가지를 사용해도 잘 활착 발근한다.

상록성 식물에서는 긴 가지를 절단해서 삽수로 하지 않고, 길이가 10㎝ 정도로 된 충실한 가지를 그대로 삽수하는 것이 좋다.

또 가지는 새 가지의 생육이 일시적으로 정지해서 제2차의 생육이 아직 시작되지 않는 것이 좋은데 그 시기는 장마시기이다. 삽수의 채수는 삽목하기 직전에 시행하는 일은 상록(常綠)이기 때문이다.

낙엽성 식물에서는 휴면기 꽂이가 가장 안전하지만 전년생의 가지 중에서 마디 사이가 짧고 충실된 것이 좋으며 낙엽 후에 가능한 한 빨리 채수해서 저장해 놓는다.

(1) 삽수조제

삽수는 식물의 종류와 부위, 시기에 따라서 다르나 일반적인 삽수의 선택요령은 다음과 같다.

    ㉠ 모체식물이 탄수화물을 많이 함유한 것에서 채취한 삽수가 발근이 잘 된다.

    ㉡ 햇볕이 잘 드는 곳에서 채취한 삽수가 음지에서 채취한 것보다 발근이 잘 된다.

    ㉢ 모체식물의 가지 끝부분(정상부) 생장점이 많은 부분에서 채취한 삽수가 발근이 잘 된다.

    ㉣ 어린 나무에 채취한 삽수가 묵은 나무에서 채취한 삽수보다 발근이 잘 된다.

⑩ 꽃눈이 달린 나무에서 채취한 삽수보다는 꽃눈이 없는 나무에서 채취한 삽수가 발근이 잘 된다.

(2) 삽목 용토

삽목 용토는 삽수 상태나 환경 등에 따라 약간의 차이는 있으나 일반적인 방법을 보면 다음과 같다.

2~3mm 굵기의 퍼라이트, 피트모스, 질석(버미큐라이트)을 가지고 삽목 용토를 만드는 것이 가장 이상적이며, 오랜 재배 실험의 결과에 의해서 삽목하고자 하는 식물에 따라 비율을 달리하여 삽목 용토로 만드는데 일반적으로 잎이 큰 식물은 피트모스를 많이, 작은 식물은 퍼라이트를 많이 섞는 것이 좋으며, 열대·아열대 지방이 원산지인 식물은 질석과 피트모스의 양을 많이, 온대·냉대 지방일수록 퍼라이트의 함량을 늘린다.

또 선인장 다육식물의 삽목 용토는 100% 산모래만으로 삽목 용토를 만들 때 발근율이 높아진다.

그외에 특수한 식물의 삽목 용토는 양란류는 삽목할 때 피트모스와 오스만다루트를 섞어서 사용한다.

한가지 공통된 점은 어느 것이나 병균 해충이 없고 영양분이 없으며, 통기성·보수력·배수력이 좋은 용토가 좋은 삽목 용토이다.

6. 삽수의 취급

상록성 식물은 삽수를 채수하면 물이 담긴 물통에 담가서 절대로 위조(萎凋)시켜서는 안된다. 그대로 물통에다 넣은 채로 삽목을 하는 장소까지 운반해서 그 곳에서 삽수를 조제하며 꽂는 것이다. 멀리서 삽수를 운반하는 경우에는 비닐천이나 이끼를 아래 그림과 같이 사용하는 것이 좋다.

낙엽성 식물의 여름삽목(장마철 꽂이)에서는 상록수와 똑같이 취급을 하나 휴면기 삽목에서는 삽수의 저장만 좋으면 특별히 귀찮은 일은 하지 않고 삽목상에 삽수를 운반해서 역시 그 자리에서 조제하여 꽂는 것이다.

낙엽성 식물의 휴면기 삽목에서는 삽수를 긴 가지째로 저장해 놓았던 것이므로 이것을 적당한 길이로 절단하지 않으면 안된다. 가지의 기부와 선단부는 약간 전제(剪除)해서 중간 부분을 꽂는 것이 좋다.

기부는 절구로부터 상처가 들어가 있는 일이 많으며, 선단부는 일반적으로 눈의 충실이 결핍되어 있기 때문이다.

삽수의 길이는 삽목상의 건습(乾濕)하는 정도에 따라서 정한다. 습기가 많은 토양이면 짧아야 좋고 건조하기 쉬운 토양이면 길게 하는 것이 좋으나 보통 15~20cm를 절단해서 균일하게 한다.

삽수의 하단을 마디에서 조금 떨어지게 해서 절단하는 것이 좋다. 우선 전정 가위로 소요되는 길이로 절단한 다음 예리한 칼로 그 하단부를 비스듬히 또는 쐐기형으로 깎아 절단면을 크게 해서 물이 잘 흡수하도록 해 준다.

삽수의 절구를 소독해서 꽂는 일은 보통 행하여지지 않으나 과망강산칼리(KMnO₄)의 0.1~1% 정도의 희석용액

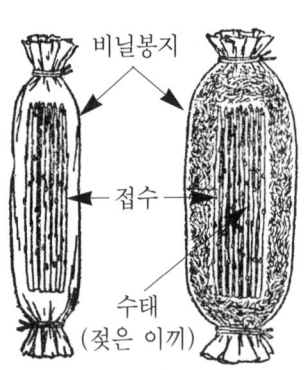

[그림 1-26] 비닐로 포장한 접수

에 1주야 정도 담그는 일은 소독의 효과를 얻을 뿐만 아니라 발근력을 현저히 왕성하게 해 준다는 것이 알려져 있다.

그밖에 서당(庶糖), 포도당의 4~5%에서 10% 정도의 농도의 용액에 1주야 침적시키는 것도 좋다. 더욱이 이러한 당용액(糖溶液)에 요소를 극소량 첨가하면 여름 삽목의 경우에 좋은 결과를 얻는다.

7. 호르몬 이외의 처리와 삽목의 발근

호르몬제를 처리하지 않고 삽목의 발근을 꾀하는 일은 가능하다. 잠재하고 있는 발근 물질의 활동을 왕성하게 할 수 있는 자극을 부여하는 일이다.

포도의 삽목에 여러가지 종류의 화학약품 특히 망강의 화합물을 희석시킨 용액에 1주야 처리해서 그 발근 작용이 촉진되었다고 하는 일이 옛날에 발표되고 있으나 어느 학자가 블랙 햄부르그의 단아(單芽) 삽목에 과망강산 칼리($KMnO_4$)를 사용했으나 아무런 발근 촉진의 효과를 인정하지 못 했다고 말하고 있다.

또한 같은 품종의 단아 삽목에서 6% 서당액에 60시간 침지(浸漬)한 것은 56% 발근하고, 이 당액에다 초산칼리(KNO_3)를 반반씩 첨가한 것은 43%의 발근, 단지 물에다만 침적한 것은 37%의 발근을 나타냈다고 발표하고 있다.

일반적으로 설탕 용액이 삽목에 잘 사용되고 있는데 설탕용액은 뿌리로부터는 흡수되지 않지만 가지로부터는 흡수가 된다.

포도당을 흡수시킨 경우에는 발근을 촉진시킬 뿐만 아니라 가지나 잎에는 엽록소가 한창 생성되어 새 가지나 잎의 발육이 완성하게 되어서 근량(根量)도 증가한다는 일이 인정되고 있다.

온탕침법(溫湯浸法)이라고 해서 30~35℃, 온탕에 삽수를 침적시켜서 발근을 촉진시킨 실험 결과도 발표되어 있다.

온탕침법은 가지의 조직내에서 시행되는 분자간(分子間)의 호흡을 왕성하게 하고 에틸알코올, 아세톤, 아세트알데히드 등을 발생시키고 이것이 발근의 자극이 되는 것이라고 생각된다.

어느 학자는 온탕침법으로 블랙 햄브르그의 가지를 30~35℃의 온탕에 12시간 침적시켰을 때 단아 삽목으로 현저하게 발근이 빨라지고 또한 발근수도 많았다는 것을 발표했다.

온탕침법은 휴면기간 중에 시행하는 것이 유효하며 휴면이 끝난 다음에는 발근에는 효과가 없는 것이라고 슈-크러스씨는 발표하고 있다. 또 발근이 비교적 용이한 것은 30℃에서 12~14시간 발근이 곤란한 것은 22시간으로 확인되고 있다.

8. 여름 삽목에 있어서 가지의 기부(基部)

[황화와 발근 작용의 촉진]

사과의 가지에는 근원체를 갖추고 있으나 보통의 여름 삽목으로는 발근하지 않는다. 가드너(Gardner)씨는 새 가지의 기부 황화법을 시도해서 삽목 번식에 성공했다.

이 방법은 흑색의 두꺼운 종이로 직경 10cm, 길이 20~25cm의 봉지를 만들고 봄철 잎이 나오기 전에 가지의 정부(頂部) 9~12cm의 부분에다 씌운다. 그렇게 하면 새 가지는 처음부터 완전히 광선을 받지 않고 신장하는 신소하여 황화해서 연약한 발육을 한다.

무처리의 새 가지가 5~6엽 전개하는 무렵에 봉지를 벗기고, 황화하고 있는 새 가지의 기부 3~6cm의 부분에 검은 천을 감아서 햇빛이 닿지 않는 부분을 만든다. 다른 부분은 햇빛을 잘 받게 해서 가지나 잎을 경화(硬化)시킨다.

봉지를 벗기고 2주간 정도 경과하면 일단 황화되었던 가지 아래쪽 부위도 경화되고 녹화되어서 새 가지의 기부만이 황화를 계속한다.

이와 같이 처리한 새 가지를 채취하여 8월 중순에 삽목을 하면 아사히(旭)와 같은 품종은 100%의 발근을 나타낸다. 9~10월에 삽목을 한 것은 점차로 발근율이 줄어 들고, 휴면기를 끝내고 이듬해 봄에 삽목을 한 것은 다시 발근율이 좋아진다.

최초부터 완전히 녹화한 새 가지 기부를 나중에 검은 천으로 말아서 황화한 것은 발근하지 않는다. 또 황화된 가지의 봉지를 벗겨서 자연의 상태로 방치한 것도 역시 발근하지 않는다.

처음부터 가지에 근원체를 갖추고 있는 것은 황화에 의해서 그 발육이 조장되고, 근원체를 갖추고 있지 않는 것은 이것으로 인해서 근원체를 생성하는 것이며, 일광 차단은 근원체의 발육 및 그 신생(新生)에 중요한 작용을 미치는 것을 알 수 있다.

이 황화 처리법은 사과 이외의 식물에도 응용할 수 있으나 검은 천을 감아 놓은 다음에 새 가지가 비대 생장에서 처리부분이 조여져서 강풍때문에 부러지는 일이 있으므로 때때로 검은 천을 바꿔 감는 일이 중요하며 그때에 가지의 기부를 솜으로 감은 다음 검은 천으로 감는 것이 좋다.

우리나라에서도 이 방법으로 사과, 배 그 밖의 수종에서 삽목 발근을 실험했으나 발근에 성공하더라도 육묘적으로는 만족한 성과를 얻지 못했다. 이것은 삽목 시기가 8월 중순이라 삽목상(插木床)의 관리가 잘 되어 있지 않는 것이 중요한 원인이 있다고 생각된다.

[제4장 미스트 번식법]

일반으로 발근하기 힘든 수종의 삽목도 미스트 조건하에서는 발근이 잘 된다는 것을 알게 되었다.

미스트 번식이라고 하는 것은 유리 온실내의 번식상(繁殖床)에서 물과 습기를 포화상태의 안개 모양으로 부여해서 꺾꽂이 번식을 하는 방법이다.

상온(床溫)을 25℃로 하고 상토(床土)로는 운모(雲母 - Vermiculite)를 사용해서 복숭아(오구보), 매실(백가하), 자두(솔담), 앵도(나폴레온), 사과(스타킹), 배(죠지로), 밤(긴끼), 감(부유) 및 비파(실생)을 재료로 해서 새 가지에 황화처리법을 시행하고, 4월 중순에 황화 새 가지의 기부 3cm에 검은 테이프로 감아서 5월 중순 이후에 삽목을 했다.

대조구(對照區)는 20시간 물에 침적을 한 새 가지를, 옥신처리구는 IBA의 25, 50, 100ppm 용액에 20시간 침적한 새 가지를 사용하고 있다.

그 성적을 보면 복숭아에서는 6월 삽목이 100%의 발근 활착율로 표시하고 동월(同月)의 IBA 25ppm구는 93% 활착하고, 평균 발근 본수는 무처리구 6본, IBA 처리구 20본이며, 평균 뿌리의 길이는 각각 7cm, 56cm, 평균 뿌리의 무게는 생체중(生體重)의 157mg에 대하여 820mg, 건물량(乾物量)은 18mg에 대하여 87mg였다. 그에 관련해서 이 복숭아(오구보)는 7년생 나무로 여기서 삽목수를 채취한 것이다.

매실은 5월 21일 삽목을 해서 30%가 발근을 시작했으며, 자두는

6월 상순에 삽목을 해서 무처리구로 25% 발근했다. IBA 25ppm 처리구로 100%의 발근을 나타냈다. 또한 자두의 솔담은 10년생 나무에서 삽수를 이용하고 있다.

사과는 5월에 삽목을 해서 무처리구 10%, IBA 25ppm 처리구로 100% 발근을 나타냈다.

감은 무처리구, IBA 25ppm 처리구에서는 발근을 보지 못했으나 새 가지에 황화 처리해서 IBM 50ppm 처리구로 30%의 발근율을 나타냈다.

비파는 6월 삽목으로 하여 IBM 50ppm 처리구로 30%의 발근율을, IBM 100ppm 처리구로 100%의 활착을 나타냈다.

배는 똑같이 25ppm 처리구로 10%의 활착을 얻고 있으며, 앵도, 밤 등을 포함해서 이들의 종래 꺾꽂이로는 발근이 어렵다고 취급되었던 과수로 IBM 처리를 시행해서 미스트 삽목을 하면 삽목 발근이 가능하다는 것은 알게 되었다.

한편 어느 시험장에서는 종래 올리브는 많은 품종이 삽목이 곤란하다는 점에서 미스트 번식을 검토하여 비닐피복 온상을 사용해서 전열로 가온하고, 상토로는 사토 및 사양토를 사용해서 만추기(晩秋期)의 녹지 삽목을 시행하고 있다.

[표 1-6] 전열 온상에 의한 올리브 녹지삽의 발근율(%)
{품종 - 밋숀}

삽수의 구별	신단(끝가지)				절기(중간가지)			
절구처리의 구별	IBA처리		무처리		IBA처리		무처리	
삽목상의 구별	사토	사양토	사토	사양토	사토	사양토	사토	사양토
11월 상순 꽂이	11	16	43	20	28	21	15	32
11월 하순 꽂이	32	53	37	55	31	40	3	16
12월 상순 꽂이	33	49	40	37	9	12	20	4
12월 하순 꽂이	43	48	16	37	15	7	12	3

{품종 - 만사니로}

삽수의 구별	신단(끝가지)				절기(중간가지)			
절구처리의 구별	IBA처리		무처리		IBA처리		무처리	
삽목상의 구별	사토	사양토	사토	사양토	사토	사양토	사토	사양토
11월 상순 꽂이	20	16	27	35	8	3	13	15
11월 하순 꽂이	20	20	41	40	8	17	15	7
12월 상순 꽂이	19	39	13	41	4	1	14	4
12월 하순 꽂이	25	33	20	31	4	3	11	4

(주) IBA는 200ppm 23시간 절구 침적

그 성적에 의하면 상기표에 표시한 대로며 끝가지가 중간가지보다도 발근율이 좋고, 상토는 사토보다도 사양토가 적당하고 되어 있다. IBA처리는 200ppm 정도에서는 거의 효과가 없다.

상토에 관해서는 퍼라이트, 퍼라이트에 피트모스혼용 등도 적당한 것 같다.

더구나 호르몬제의 종류에서는 IAA, IBA는 발근율을 향상시키고, NAA는 약간 성적이 뒤떨어져 있다. 어느 것이든 농도는 1,000ppm 정도가 좋고 그 이상의 농도에서는 오히려 발근율을 저하시켰다.

미스트 번식의 장점은 미스트 조건하에서는 엽온(葉溫)의 상승을 저지하고 수분의 증산을 막고 절구로부터의 흡수를 풍부하게 해서 체내의 대사(代謝)에 도움이 되게 하는 한편 잎이 붙어 있으므로 잎의 광합성(光合成)을 시행하고 또 잎이 생장(生長) 호르몬 물질도 생성시켜서 이것이 발근물질에 관계하는 것이라고 생각되는 점에서 발근에는 유리한 방법이라고 말할 수 있을 것이다.

1. 기술면으로 본 미스트 번식의 특성

(1) 미스트 번식의 이론

삽수(插穗)가 충분하게 뿌리를 내리게 하려면 삽수가 갖고 있는 양분이나 호르몬 등의 내적조건과 온도, 습도, 광선, 수분 등의 외적 조건을 동시에 만족시켜 주지 않으면 안된다.

여기서 말하는 미스트 번식은 2개의 조건 중 외적조건을 인공적으로 조정하여 삽목(꺾꽂이)에 알맞은 환경을 만드는데 있다.

종래부터 행해지고 있는 삽목(꺾꽂이)은 식물체로부터의 수분 증발이 적은 장마철을 선택하거나 낙엽수는 잎이 없는 이른 봄에 삽목하거나 잎의 절반을 따는 등의 방법을 취하여 수분조건을 조정해 왔다.

또 햇볕은 차광하여 투과량을 1/2에서 1/3로 줄여서 잎의 온도·지온(地溫)·기온 등을 될 수 있는대로 낮게 유지하여 잎이 마르는 현상과 건조함을 방지해 왔다.

미스트를 이용한 삽목은 노즐로부터 가는 안개가 타이머 지시로 내뿜어져서 잎의 표면에 덮이게 된다.

물이 증발할 때에 빼앗기는 기화열(氣化熱)때문에 식물의 체온이 낮게 유지되므로 종래의 삽목처럼 햇볕을 가린 환경하에서 삽목할 필요가 없다.

삽수는 가지에 잎을 많이 붙이고 광선이 충분히 비치는 곳에서 삽목하면 동화양분이 많아져서 발근율(發根率)의 향상과 육묘기간을 단축하는 역할을 하게 되기 때문이다.

(2) 미스트의 이용효과

처음에는 미스트를 사용한 효과는 만능이어서 그것으로 어떤 종류의 식물도 발근할 수 있다고 과대평가해 왔다.

그러나 실제로 사용해 보니 당초의 기대와는 상당히 다른 점들이 나타났다.

예를 들면 다음과 같은 것이다.

① 삽목 적용 수종의 확대와 활착율의 향상

철쭉, 만병초, 산목련, 단풍나무, 참옥매화 등 종래부터 삽목이 어렵다고 말하는 종류를 발근시키는데는 성공한 것으로 발근 소요기간 그 후의 성장 등의 점에서 철쭉과 만병초, 단풍나무 등은 실생만큼 잘 이루어지지 못 했으며 간신히 산목련이 실용적으로 이용될 수 있는 정도였다.

② 삽목 적기의 확대와 치상일수(置床日數)의 단축

삽목 적기에 대해서는 대부분의 종류가 확대되었다.

예를 들면 8월 중순 밖엔 삽목 적기가 아니라고 말하던 목서가 5~6월에 매우 높은 활착율을 낸다든가 버즘나무같은 것은 삽수가 곧 시들어 버리는 어린 싹의 3월 삽목을 할 수 있다든가 봄에 싹 트기 직전이 적기라고 하는 향나무의 9월 삽목을 할 수 있는 등 예를 들려면 한이 없다.

삽목묘인 경우에는 화분용 묘와 달라서 몇년 동안 밭에서 양성하지 않으면 상품으로서 가치가 거의 없으므로 삽묘 적기가 넓다고 하여도 다음의 이식시기가 있어서 제약을 받게 된다.

발근 소요기간도 대부분의 종류가 단축되어 있으므로 해서 이것도 삽목 기간 문제와 마찬가지로 비록 뿌리가 내려도 적기가 아닌 경우 밭에 내다 심을 수가 없어서 부득이 자라게 내버려 두어야 하는 경우가 있다.

위의 문제는 육묘용 하우스와 가식용 하우스를 만들어 삽목 자리를 상자로 하면 해결할 수 있다.

③ 대형 삽수를 이용한 육묘기간의 단축

큰 삽수라도 기간이 걸리면 발근하게 되나 시설비에 많은 투자를 하고 있기 때문에 도입 당초에는 실험적으로 하는 사람도 있었으나 현재에는 거의 없고 작은 삽수를 많이 꽂아서 단위면적으로부터의 수량을 많게 하는 방향으로 변해가고 있다.

또 이런 방향으로 경영하고 있는 사람 중에 성공한 사람이 많다.

④ 물주기 등의 노력 절감과 활착율의 안정

도입할 당초에는 기계를 이용해서 노력 절감이라기 보다 오히려 관리를 방임해 두어서 많이 실패했으나 현재에는 사용법도 익숙해져 왔기 때문에 종래에 손으로 물을 주는데 비하여 노력을 줄이게 되었다.

차차 숙련되어감에 따라 활착 비율도 안정을 이루게 되었다.

2. 경영상으로 본 미스트 번식의 특성

(1) 시설투자

일반적인 통계로 계산해 보면 165㎡의 미스트실을 만들려면 다음과 같다.

온실 165㎡(전열·급배수·전기공사), 미스트 시설 165㎡ 분(오

토 미스트의 경우)

이것을 이용해서 연간 150,000 포기의 발근묘(1㎡당 300포기×3회×165㎡)를 얻을 수 있다고 한다.

온실의 내용(耐用) 연수를 10년, 미스트 시설(배관공사는 10년 이상이나 콘트로오라라든가 펌프의 수명이 5년 정도이기 때문에 평균해서 8년)을 8년으로 본다.

또 생산비 중 삽수 등 노지 삽목과 공통되는 것을 제외하고 용토 50㎡(냇모래), 전기대(전열대 포함), 삽목 노동력(하루 2,000포기×75명), 관리노력(15명)을 합하면 총 생산비를 구할 수 있고 이를 발근한 묘의 포기수로 나누면 한 포기당 생산비를 구할 수 있다.

따라서 미스트실을 이용해서 삽목하는 경우에는 삽수를 제외한 직접 생산비는 한 포기당으로 환산하면 얼마되지 않는 것이다.

노지에 심는 경우를 계산해 보면 시설은 사용하지 않으므로 상각비는 들지 않는다.

그러나 1년간에 세 번 되풀이해서 삽목할 수 없으므로 결국 500㎡의 꽂는 자리를 한 번에 만들지 않으면 안된다.

그래서 용토 50㎡(미스트와 같음), 햇볕 가리기 자재(한냉사 50㎡ 및 그 밖의 자재), 삽목노력(물주기 40명 그 밖에 20명) 이것을 합하면 뿌리가 내린 묘 한 포기당 생산비는 미스트의 경우와 거의 같게 된다.

따라서 노지에 삽목하면 미스트의 시설분 만큼 싸진다는 단순한 계산이 된다.

(2) 노력의 운영면으로 본 경우

위의 계산은 노동력이 충분하고 적기에 삽목한 경우의 시산(試算)을 말한다.

사철나무 등과 같이 비교적 삽목 적기의 폭이 넓은 종류이면 분산해서 삽목하는 것도 가능한 일이나 노지에 삽목하는 것은 삽수의 숙도(熟度)도 적당하고 삽목 후에도 적당한 비가 내림으로써 관리노력이 절감될 수 있는 시기를 선택하려고 하면 적기의 폭이 매우 좁아지며 넓은 면적의 삽목은 도저히 불가능한 것이다.

노력문제를 요약하면 미스트 삽목은 적기가 정해져 있지 않아 적은 인원으로 큰 면적을 삽목할 수 있으므로 전업에 알맞으며 또 노지 삽목은 외적 요인으로 인한 제약도 있어서 적기의 폭이 좁으므로 고용노력을 들이지 않는 한 자가노력으로 대규모 경영은 할 수 없다.

(3) 모본포(母本圃)와 묘목의 생육

한 시기에 다량의 삽수를 확보하기 위해서는 대규모의 면적을 갖지 않으면 안된다.

대충 계산하더라도 미스트 삽목이면 노지 삽목의 절반 이하로 그치게 된다. 다만 모본포라고 해서 삽수만을 취하여서는 경제적으로 맞지 않는 점이 많다.

기르면서 지나치게 자란 싹을 취할 수가 있는 철쭉이나, 왜철쭉은 별 문제로 하고 삽수를 취하면 나무 모습이 흐트러지는 가이즈까 향나무나 비파류와 같은 것은 큰 문제로 고려해야 할 것이다.

또 미스트를 이용해서 비교적 뿌리 내리기가 빠르고 활착율도 높은 왜철쭉을 예로 들어보면 노지에 꽂는 경우 6월에 꽂아서 다음해 봄 3월에 가식하게 되나 미스트를 이용하면 2월에 삽목하여 5월에 이식하고 6월에 꽂아서 9월~10월에 이식하고 10월에 삽목하면 3월에 이식하는 즉 1년에 2회 이식할 수가 있어서 잘 하면 약 1년 가까이 육묘기간을 단축할 수 있는데 노동력을 분산하는데에도 매우 알맞다.

　이와 같이 봄과 가을의 2회에 걸쳐서 밭에 내다 심는 것은 중부 이남의 따뜻한 지방에 한한 것이나 미스트를 이용하면 모본포에 대한 정식(定植) 노력의 분산에도 알맞은 것이다.

(4) 경영상으로 미스트는 필요한 것인가?

　위와 같이 미스트는 발근묘 한 포기에 대하여 근소한 상각비를 부담하지 않으면 안된다.

　그러나 앞으로 노동력 사정이 호전되지 않는다고 하면 적은 노동력으로 많은 묘목을 생산하기 위해서는 다소의 지출이 증가하더라도 미스트를 도입하지 않으면 전업으로 행하기 어렵다.

　위에서 말한 바와 같이 활착율의 향상과 안정을 기할 수 있고 발근한 것에서 차례로 본밭에 정식해 나가는 노지 삽목에 비하여 육성기간도 단축할 수 있으며 모본포 밭의 면적을 절약하는 문제에 있어서 이와 같은 것을 함께 고려하면 미스트는 필요한 시설이라고 할 수 있다.

3. 미스트를 잘 이용하려면

(1) 물주기

　실패하는 원인은 물을 지나치게 많이 줌으로써 일어나는 경우가 제일 많다.

　특히 여름의 높은 온도와 습도가 많은 날씨가 동시에 일어나는 경우에는 응애나 녹병이 많이 발생하여 피해가 현저하게 나타나기도 한다.

과습한 것을 방지하는데는 베드 또는 벤치 구조와 분무 간격 양쪽을 조정하지 않으면 안된다.

여름의 온도가 높은 시기를 전기엽(電氣葉)으로 조절하면 흙의 건조상태와 전기엽의 건조사이가 아무래도 일치하지 않고 전기엽을 분구(噴口)에 가까이 가져가서 분무시간을 짧게 해도 5분에 1회 정도의 비율로 분무시켜서 흙이 지나치게 습도가 많아지게 된다.

간격을 멀리하고 전기엽의 표면에 점토를 바르거나 가제를 감아 주던지 하여 건조를 방지하나 이와 반대로 한 번 분무하게 되면 장애물이 있기 때문에 쉽게 안개가 멈추지 않고 결국 다습하게 되어 버리는 현상이 많다.

타이머를 이용하면 간격은 쉽게 조절할 수 있으나 항상 분무량이 일정하여 분무량을 조절할 수가 없다.

분무량은 전기엽의 위치를 변하는 것으로 조정하며 간격은 타이머를 이용해서 조정하는 콘트로오라가 개발되어 대단히 알맞다.

기구는 전기엽의 지시회로에 우선하여 타이머가 있다. 분무량은 전기엽의 두 극 사이가 물로 연락되면 끊어지나 건조해도 타이머의 지시가 있을 때까지는 분무하지 않는다.

간격을 0분부터 60분까지 자유로이 콘트롤 할 수 있다. 또 타이머를 끊으면 전기엽만이 작용하게 된다.

가격은 보통의 전기엽보다 다소 비싸나 앞으로는 여름 관리가 편리하게 된다. 베드 또는 벤치의 구조도 지나치게 습도가 많으면 크게 관계된다.

어떤 경우에도 아랫부분에 물이 정체하지 않도록 크게 경사지게 하여 알맞은 돌을 넣거나 철망을 걸쳐서 직접 물이 아래로 떨어지게 한다.

물이 고여있는 층과 용토가 모관(毛管)으로 연속되지 않도록 만들어 준다.

여름 동안은 배수만 주의하면 되나 겨울에는 지온을 올려주는 노력을 하지 않으면 안된다.

철망을 걸친 위에 발포(發砲) 스치로폼 판을 깔고 가운데에는 높게 하여 전열선을 넣는다.

상자에 꽂으면 정체하는 물이 없고 뿌리가 내리면 시기를 보아서 조정하는 하우스로 운반할 수 있으므로 삽수의 이용률을 높일 수가 있어서 대단히 알맞다.

상자의 깊이는 비파, 향나무 등의 크게 자란 삽수를 사용하는 종류라도 깊이 3㎝ 정도의 진흙상자로 충분한 것이다.

(2) 용토 문제

보통 손으로 물을 주어 삽목하는 경우에는

① 배수가 좋을 것

② 보수력이 있을 것

③ 썩기 쉬운 유기물이나 비료분을 많이 함유하지 않을 것이
    조건이 된다.

그러나 미스트로 삽목하는 경우에는 항상 수분이 공급되어 아랫부분은 포화상태에 가까운 수분을 함유하게 되어 보수력이 있어야 한다는 것은 노지 삽목처럼 중요하지 않다.

배수가 좋을 것과 상당히 관련되나 수분이 충분히 공급되어 있는 상태라도 더욱이 공극(空隙)으로서 거친 공극이 많은 용토가 좋다.

위와 같은 시실에서 미스트 삽목에서 사용하는 용토는 아직 섬유질이 남아 있는 상태의 피이트가 알맞다.

이와 반대 조건에 가까운 적토(赤土)나 가는 알맹이(細粒 0.5mm 이하 정도)의 퍼라이드는 습도가 많아서 실패하는 예가 많다.

(3) 여름의 높은 온도에 대한 대책으로 삽수가 뿌리내리기 위한 가장 좋은 조건은 지온이 20℃, 기온은 이보다 2℃ 정도 낮은 것이 좋다고 알려져 있다.

따뜻한 지방에서는 발근하는 폭을 조금 넓혀서 임시로 15~20℃까지로 해 보아도 장마철이 끝날 무렵부터 9월 중순까지는 매일 30℃를 넘어 버리고 만다.

많은 투자를 해서 이루어진 미스트 하우스를 일년 내내 이용하려면 따뜻한 지방에서는 여름의 온도가 지나치게 높아지는 점이다.

삽수의 성숙도는 봄싹부터 여름싹이 튼튼해진 시기가 가장 알맞은 조건을 갖추고 있어야 하는데도 불구하고 온도조건이 조정되지 않는다.

분명히 미스트 장치를 완벽하게 일년 내내 이용할 수 있는 것은 500~700m의 높고 서늘한 지방 이외에서는 고려할 수가 없다.

고온 대책의 방법으로서 이상적인 것은 이제 말한 바와 같이 높고 서늘한 곳을 이용할 것이나 현실은 따뜻한 지방에 설치되어 있는 예가 많아서 이것을 고려하면 5월 중순경부터 9월 중순까지의 사이에는 먼저 지붕에 검은 한냉사나 차광망을 걸쳐서 광선의 양을 절반 이하로 줄인다.

하우스 안에서 가려 주는 것은 온도가 지나치게 올라가게 되므로 피해야 한다.

또한 하늘로 향한 창은 개방하고 옆에 있는 창문도 가능하면 열어 놓는다.

바람이 강한 경우에는 안개가 날려 흩어지는 것을 방지하도록 온실 주위(양 옆에서 30~50cm 띄움)에 한냉사를 세워서 바람을 막아 준다.

환풍용 선풍기도 어느 정도 효과가 나타난다.

소극적인 대책으로서 삽목 시기와 종류의 선택으로 회피하는 방법도 있다.

동백나무·사철나무 등과 같이 엽육(葉肉)이 두텁고 잎을 싸고 있는 조직이 단단한 종류는 잎에 물이 고이기 어려우므로 비교적 온도가 높은 시기에 꽂아도 시들지 않으므로 이러한 종류를 온도가 높은 시기에 꽂는다.

대부분의 종류가 6월의 빠른 시기에 꽂아 두면 7~8월의 고온기에는 비록 뿌리가 내리지 않았어도 물을 너무 많이 필요로 하지 않으므로 비교적 고온 장해를 입지 않는다.

(4) 삽목의 간격

시설에 경비가 많이 들었다고 해서 조밀하게 꽂는 예를 흔히 볼 수 있는데 그것은 실패의 원인이 되고 있다.

조밀하게 꽂으면 해가 일어나기 쉬운 종류와 비교적 해가 적은 종류가 있다.

해가 많은 종류로서는 잎에 물이 고이기 쉬운 것, 또 가는 잎이 엉켜지는 것, 털이 많은 것, 뿌리가 내리기까지 장기간을 요하는 것 등의 공통점이 있다.

공작단풍, 삼나무, 가이즈까 향나무 등은 그 대표적인 것이다.

해가 적은 종류로는 동백나무, 금매화(金梅花) 등과 같이 잎이 두텁고 물이 잎의 표면을 곧 흘러 내리는 것들이다.

(5) 꽂는 가지의 채취부위와 크기

미스트를 이용한 삽목으로 노지 삽목과 다른 종류는 그다지 많지 않다.

종래부터 말하여 온 것처럼 삼나무, 가이즈까 향나무류는 꼭대기 부분의 세력이 좋은 도장하는 가지보다도 가로 뻗은 가지나 다소 마디가 뭉친 느낌이 드는 가지를 밑부분에 1~2cm의 전해에 자란 갈색 부분을 붙여서 잘라낸 것이 가장 좋다.

또 버즘나무는 지금까지 활착되지 않는 3~4월의 새로운 어린 가지가 미스트 이용으로 완전히 활착하게 되었다.

앞으로 삽수를 만드는 방법으로는 종래에 말하여 오던 큰 가지로 육묘기간을 단축한다고 하는 생각은 버리고 작은 삽수를 사용해서 충분한 공간을 취하게 꽂아서 완전히 활착하게 한다.

이용 효율을 높이는 수단은 소형의 삽수를 이용하는 점에 있다는 것으로 생각하는 것이 좋다.

그 밖의 나무 종류에 대하여서는 종래의 삽수 조정 방법을 활용하되 다소 소형으로 만들 것에 유의하면 틀림없다.

(6) 분무 간격 문제

이것은 먼저 말한 습도 과다문제와도 관련되나 우리나라와 같이 일조가 강하고 온도가 높은 지방에서는 차광을 하지 않은 상태로 여름의 더위를 넘기는 것은 어려우므로 어느 정도 볕을 가려주고 분무 회수를 줄여서 습도 과다에 의한 피해를 억제하여야 한다.

미스트에 있어서의 시험성적을 갖고 있지 않으므로 어디까지나 추측의 범위를 벗어나지 못하나 노지 삽목의 시험으로 좋은 성적과 생육지 조건과 삽수의 발근과의 사이에는 관계가 있어서 수분이 많은 곳에서 잘 자라는 치자나무·버드나무·사철나무 등은 수분만 있으면 뿌리가 잘 내린다는 사실은 미스트에 꽂는 경우에도 마찬가지이다.

위에서 들은 바와 같은 종류는 항상 습기가 있어도 뿌리가 내리나 만병초 등은 캘루스가 만들어지기 시작하는 때부터는 수분을 제한하지 않으면 뿌리가 내리지 않는다.

분무 간격은 삽목한 당시 2~3주간은 낮동안에 30분에 1회 15초, 저녁에는 45분에 1회 10초 정도를 여름의 표준으로 하고 봄과 가을은 여름보다 간격을 10~15분 멀리해서 분무시간도 5~10초로 짧게 한다.

겨울은 한 시간에 1회 10초 정도의 분무로도 된다.

이후에는 간격을 멀리해서 뿌리 수를 늘리고 가는 뿌리가 발생하도록 촉진한다.

또 이식기가 가까워지면 하루에 2~3회의 분무로 바꾸어 다소 시드는 정도로 관리한다.

하나의 지표로서 상토의 표면에 녹색의 수초가 발생해서 자라게 되면 완전히 물이 과다하며 뿌리가 내린 것도 마르게 되므로 주의를 요한다.

(7) 호르몬제 이용과 지온

미스트 삽목의 묘목은 노지에서 오랜 기간에 걸쳐 뿌리가 내린 것과 달라서 뿌리가 굵고 수가 적은 경우가 많다.

호르몬제에 대하여서는 각 지방의 시험장에서 시험이 행하여져서 홑옥매, 꼬리삼나무, 공작비파, 삼나무, 가이즈까 향나무 등으로 좋은 결과를 거두고 있는 경우가 많다.

종래에 호르몬제는 NAA를 원료로 사용한 것이 대부분이었으나 근간에 실용되고 있는 옥시베른은 원료가 IBA로 0.1%에서 3%까지 농도를 가진 것이 있다.

탈크로 증량해 있는 분제(粉劑)가 사용하기 쉽고 꽃나무나 정원수인 경우에는 0.5%나 1%의 농도가 대부분의 종류에 맞다.

자른 부분에 그대로 분제를 발라도 좋으나 적토(赤土)를 물에 반죽해서 죽 모양으로 하고 거기에 분제를 넣고 잘 섞어서 자른 부분에 바른다.

비록 호르몬 처리를 해도 뿌리가 내리지 않는 종류가 발근한다고 하는 사실은 노지 삽목과 마찬가지로 볼 수가 없다.

겨울에는 지온이 확보되도록 15㎡에 1kW 정도로 전열가온(電熱加溫)을 실시하는 것이 좋다.

또 파이프 배관에 의한 지중 난방도 미스트인 때에는 효과가 있다.

홀랜드에서는 밀폐하고 삽목할 때 40℃의 따뜻한 물을 벤치 바로 아래를 통해서 지온을 높이고 있다.

(8) 양분과 미스트 문제

외국에서의 보고 예에 의하면 100ppm의 질소를 미스트한 결과 성적이 좋다고 하는 경우와 효과가 없다고 하는 경우를 볼 수 있다.

잎에 항상 물이 묻기 때문에 양분이 용해되거나 빼앗겨서 발근이 지연되거나 이식 후의 생육이 나빠지는 등의 현상이 나타날 것도 생각할 수 있다.

따라서 이들을 비료로 보충하는 것도 하나의 방법임에 틀림없으나 지금까지의 결과로 말하면 호르몬제를 잘 이용하고 지온을 조절하여 뿌리가 내릴 때까지의 기간을 단축시켜 될 수 있는대로 빨리 본밭에 이식하여 비배하는 것이 보다 실용적 이용 가치가 있는 것이다.

(9) 병해 방제 문제

미스트 실에서 발생하는 것은 응애나 녹병으로 아침에 보면 잎과 잎 사이나 썩은 꽃 등에 거미집 모양으로 줄이 걸쳐있다.

방제법은 다음과 같다.

① 용토를 반복해서 사용하는 경우에는 클롤로피크린이나 증기로 반드시 소독한다.

② 삽수는 다이센 400배액으로 2~3회 소독한 어미포기에서 채취한다.

③ 광선이 내부까지 들어갈 수 있도록 얕게 꽂는다. 잎에 물이 고이기 쉬운 삼나무, 둥근 향나무류는 주의를 요한다.

④ 꽃봉오리는 반드시 제거하고 꽂는다.

⑤ 낙엽이나 피해입은 삽수는 일찍 제거한다.

⑥ 발생하면 해당약제를 1~2일에 1회씩 살포한다. 미스트를 중지하고 마르게 하여 오후에 준다. 건조하면 또 미스트를 한다.

⑦ 환기해서 내부를 건조하게 한다. 1~2일 정도 미스트를 중지하고 물을 손으로 주고 될 수 있는대로 잎이나 용토가 마르게 한다.

4. 간단한 미스트 시설

삽목하는 묘상은 아래 위 공간을 아주 작은 묘상으로 미스트 하우스 안을 입체적으로 이용할 수 있다.

공간을 유효하게 이용할 뿐만 아니라 여러 종류의 식물을 취급하는 경우에는 수분이나 일조 등의 요구도가 각기 다르므로 동일한 조건하에서는 뿌리가 내리는 때에는 적당하거나 부적당한 것이 생기게 된다.

또한 같은 종류라도 시기나 발근 단계에 따라 필요조건이 달라지게 된다. 삽목 묘상을 2계단으로 하면 상단은 일조가 좋으나 마르기 쉽고 하단은 이와 반대로 된다.

그래서 삽수가 연약한 것, 잎이 큰 것, 가지나 잎이 많은 것 등은 하단에 둔다.

때로는 하단에 두고 발근하기 시작한 후 상단에 옮기면 과습하지 않고 뿌리도 잘 자란다.

시들기 어려운 나무 종류는 처음부터 상단에 둔다.

뿌리가 내리기 어려운 나무 종류는 하단에 두고 아래에 열을 더해 주면 좋다.

[미스트 번식시설]

제5장 묘목번식과 호르몬 물질

1. 뿌리의 형성과 호르몬

식물의 뿌리가 어떻게 해서 형성되고 생장하는가 하는 문제는 뿌리 형성물질이 잎에서 만들어져 기부(基部)의 쪽으로 이동해서 발근시킨다는 것으로 알게 되었다. 식물의 눈이나 잎을 따버리면 발근이 늦어지지만 여기에 다른 식물의 잎에서 추출(抽出)한 액을 처리하면 현저하게 발근이 촉진된다는 것이 실증되었다.

포도의 삽목 전의 삽수(揷穗)의 성분과 삽목 후의 성분을 비교해 보면 탄수화물, 전분과 같은 저장 양분이 적어져 있다. 최근에 와서 C/N율만으로 발근을 논하는 연구는 적고, 전분 함량과 같은 탄수화물의 절대량이 크다는 것이 조건이라고 하는 연구가 많다. 실제의 삽목에서도 일반적으로 삽수의 영양상태가 좋은 겨울에 채취해서 봄에 삽목을 하고 있다.

전분과 같은 저장 양분이 삽수에 풍부하게 있다는 것은 발근에 바람직한 일로 한 개의 가지에서 보면 선단 쪽보다 기부 쪽에 전분이 많다.

그러나 발근력은 저장양분도 영향을 미치지만 그것보다도 더욱 중요한 역할을 하고 있는 다른 발근 물질이 있다.

그 하나는 호르몬상(狀) 물질이 있으며 이것은 주로 잎(葉)이나 눈(芽)에서 생성되어 기부로 이동해서 근원체를 만드는 것이라고 생각된다.

섬잣나무의 삽목에서 섬잣나무의 8월 삽목은 많은 발근을 보았으나 삽수를 채취해서 즉시 잎을 전부 따버리고 삽목을 한 것은 뿌리가 거의 나오지 않는다.

잎을 붙였던 시간이 길면 길수록 발근도 빠르고 뿌리의 수도 많아진다. 이러한 일은 잎 속에 발근 물질이 생겨 삽수로 이동되어 있다는 것을 표시하고 있는 것이다.

발근 물질은 아직 그 전부가 명확하게 되어 있지 않으나 지금까지 알려진 것 중의 하나에 식물 생장 호르몬인 오옥신이 있다.

발근시에 오옥신의 활성(活性)을 높이기 위해 β-인돌 초산(IAA), β-인돌 낙산(IBA), α-나프타린 초산(NAA) 등과 같은 합성의 생장 호르몬으로 처리한 삽수의 발근은 무처리를 한 것보다도 발근수도 뿌리의 생장도 우수하다는 점에서, 이들의 생장 호르몬이 뿌리의 형성을 유기(誘起)하는 하나의 요인(要因)일 것이라고 생각되고 있다.

그러나 뿌리의 형성에 관여하고 있는 호르몬상 물질은 생장 호르몬 뿐만 아니라 그 밖에도 있다.

뿌리의 형성에 관여하는 호르몬 유사 물질제를 리조카린(Rhizocaline)이라고 이름을 붙였으며 리조카린은 자엽(子葉) 혹은 잎에서 생성하여 기부로 하강해서 호르몬 작용을 강화하고 발근 작용을 촉진하는 것이라고 추리하고 있으나 그 본체는 아직 알려져 있지 않다.

이와 같이 뿌리의 형성에는 여러가지의 물질이 관여하고 있으며 더구나 그들은 어떤 농도 범위에서 농도에 비례하여 발근수가 증가하지만, 단독으로 일을 하는 것이 아니고 상호간에 관계를 맺고 있다.

2. 발근(發根) 저해물질(沮害物質)

삽수는 전년생의 가지나 묵은 가지보다도 발근이 잘 되는 당년생의 가지를 사용한다. 이것은 묵은 가지는 발근 물질의 생성이 부족하거나 또는 과망강산 칼리, 초산은 석회나 온탕(溫湯)처리 등으로 제거할 수가 있는 페놀계 물질이나 유기산(有機酸) 등의 발근 저해물질의 집적(集積)이라고도 생각된다.

또한 탄닌이 발근 불량의 원인이 되는지는 명확하지 않으나 전분의 함량이 높고 탄닌 함량이 적은 수종은 발근이 용이하고 반대로 전분의 함량이 낮고 탄닌 함량이 높은 것은 발근 불량하다는 것과 황화처리된 가지의 황화부는 탄닌 함량이 적다는 것도 인정되고 있으므로 발근 저해 작용에 대해서는 금후 생화학적인 면으로부터의 연구가 필요하다.

3. 생장 호르몬 처리

생장 호르몬으로 발근을 촉진시키는 일을 시작한 것은 난초의 화분괴(花粉塊)를 으깨어서 그 속에 함유되어 있는 호르몬을 물 또는 온탕으로 추출하고 삽수의 절구에 바르기도 하고, 라노린 연고에 섞어서 도포하여 삽목을 한데서 인데 그 결과, 캘루스의 형성이 좋아졌다.

IAA(β-인돌 초산, 헤테로 오옥신)를 라노린 연고에 섞어서 삽수에다 도포해서 삽목을 한 결과 효과가 있었다는 것이 알려진 다음부터 삽목 번식에 생장 호르몬을 이용하는 연구가 많아졌다.

생장 호르몬의 처리에서 삽목의 활착율이 현저하게 높아져서 보통으로는 삽목이 어렵든가 거의 불가능이라고 취급되었던 것도 가능하게 되기도 하고 또는 삽목의 시기가 한정되어 있었던 것도, 그 시기 이외에도 가능하게 되어 이용효과가 크다.

삽목의 발근에 효과가 인정되고 있는 생장 호르몬제로는 다음과 같은 것이 있다.

① β - 인돌 초산(IAA, 헤테로 오옥신)

② β - 인돌 낙산(IBA)

③ α - 나프타린 초산(NAA)

④ α - 나프타린 아세트 아미드(NAD)

⑤ 2, 4, 5 - 트리클로루페노옥시플러피온산(2, 4, 5-TP)

이들의 생장 호르몬 중에서 처음에는 IAA (β - 인돌초산, 헤테로 오옥신)가 많이 사용되었으나, 지금은 NAA(α - 나프타린 초산), IBA(α - 인돌 낙산)가 많이 이용되고 있다.

4. 처리하는 방법

① 침적법

생장 호르몬의 수용액에 접수의 기부 2cm 정도를 일정시간 침적하는 방법으로 제일 유효한 방법이다.

수용액의 농도는 식물의 종류 침적하는 시간에 따라 달라지지만 NAA(α - 나프타린 초산), IAA(β - 인돌초산)에서는 50~100mg/ l 의 용액에 24시간 침적시키는 것이 보통이다.

IBA(β - 인돌 낙산)은 25~50mg/ l 정도가 좋다. 생장 호르몬은 일반적으로 물에 용해되기 힘드므로 수용액으로 하려면 미리 소량의 알코올에 용해시켜 놓았다가 물로 일정 용도의 수용액으로 만든다.

그러나 시판되고 있는 것은 보통 나트륨염 등으로 만들어서 물에 잘 녹도록 해 놓았으므로 우선 소량의 물로 용해시킨 다음에 일정한 농도로 희석시키면 된다.

② 탈크 처리 및 농후액 처리

분말 탈크에 생장 호르몬을 섞어(섞는 비율은 처리하는 식물의 종류, 탈크 분말의 크기로 가감하는데, 대체로 1-20mg/g), 삽수의 기부를 물에 침적시켜서 습기가 있게 하고 탈크 분말을 절구(切口)에 잘 부착시켜서 삽목을 한다.

그 외에 생장 호르몬의 농후 수용액(1,000∼4,000mg/l, 50% 알코올 용액)에 삽수의 기부를 5∼6초 동안 침적시켜서 삽목을 하는 방법도 시도(試圖)되고 있는데 알코올의 첨가는 발근 작용을 높이지만 이것은 생장 호르몬을 식물체 안으로의 침투성을 증가시키기 때문이라고 인정되고 있다.

5. 생장 호르몬 이외의 처리

1∼2%의 서당, 포도당의 수용액은 수시간부터 24시간 정도의 침적은 식물 종류에 따라서 발근을 촉진한다. 당액(糖液)으로 처리할 때는 그릇은 특별히 깨끗한 것을 사용하고 잡균이 침입하지 못하도록 주의할 필요가 있다.

또한 절구에 붙어 있는 당액은 물로 씻어 낸 다음 삽목을 하는 편이 안전하다. 당액의 단독 처리는 생장 호르몬의 처리 효과에는 미치지 못하기 때문에 생장 호르몬과 혼합 처리를 하는 편이 결과가 좋다.

그 위에 삽수에 발근 저해 물질이 있어서 발근이 나쁜 것은 저해물질이 적은 어린 나무의 친목(親木)이나 맹아지(萌芽枝)를 삽수로 사용함과 동시에 저해물질을 제거해서 호르몬 처리를 하면 더욱 한층 좋은 효과를 얻는다.

[표 1-7] 발근 저해물질을 제거하는 처리와 호르몬 처리의 병용 효과

수 종	친목(親木)의 연령	저해물질을 제거하는 처리	호르몬처리	삽목 본수	발 근 율
양 매	25년생	무 처 리	무 처 리 N A A	20 〃	0% 0
		초 산 은	〃 〃	〃 〃	5% 50
밤	1년생	무 처 리	〃 〃	25 〃	0% 4
		초 산 은	〃 〃	〃 〃	4% 36
꽃아카시아 나무	9년생	무 처 리	〃 〃	25 〃	13% 68
		온 탕	〃 〃	〃 〃	23% 100

처리는 수중에 따라서 삼나무는 과망강산 칼리 처리(0.1~0.5% 액에 12~24시간 처리), 싸리, 오리나무, 아끼시아나무류는 온탕처리(30~35℃의 온탕에 6~12시간 처리), 양매, 밤은 초산은처리(0.05~0.1% 액에 12~2시간 처리)의 효과가 높다는 것이 알려져 있다. 그 외에 석회수 처리(소석회 0.5~1% 액에 12~24시간 처리)의 효과가 있는 것도 있다. 처리는 삽수의 기부 약 5cm를 침적하는 정도가 좋다. 또한 온탕, 초산은, 석회 처리는 호르몬 처리를 병용하지 않으면 발근율이 높아지지 않는다.

6. 접목으로의 생장 호르몬 작용

　접목은 대목과 접수와의 형성층의 조직세포의 분열기능이 왕성해야 한다는 것과 캘루스의 형성 작용을 이용해서 밀착을 꾀하는 일이다.

　식물은 몸의 일부에 상처를 입으면 거기에 캘루스가 형성되는데 이것은 상해에 의해서 생성된 호르몬, 즉 상해 호르몬인 트라우마틴(Traumatin)이 세포분열을 재촉한 결과이며 캘루스의 형성, 형성층의 세포분열을 생장 호르몬으로 촉진된다.

　특히 형성층과 같이 감응성(感應性)이 높은 세포는 저농도의 생장 호르몬으로 현저하게 분열이 촉진되는 일이 일찍부터 관찰되고 있는데 이런 성질의 실용방면으로 연구는 적다.

　NAA(α - 나프타린 초산), IAA(β - 인돌초산)의 100ppm 용액(100mg)에 사과, 비파, 밤의 접수를 10시간 정도 처리해서 접목하여 좋은 결과를 얻은 일이 있다.

　그 외에 배, 감의 고접으로 접목한 직후에 접수와 대목의 접착부 및 접수의 상부에 IAA의 라노린 연고(IAA의 포화 수용액을 같은 양의 라노린과 혼합한 것)를 도포한 결과 접착율이 현저하게 좋아졌으나 수종(樹種)에 따라서 생장 호르몬의 농도를 바꿀 필요가 있다는 것도 발표되고 있다.

7. 호르몬 처리상의 주의

　발근이나 캘루스 형성에 대하여는 아직 완전히 해명이 되어 있지 않으나 이들에 관여하고 있는 물질의 몇 개는 알려져 있다. 생장 호르몬이나 당(糖)과 같은 물질을 밖으로부터 보충하여 발근이나 캘루스의 형성을 촉진하려고 하는 이유인 것이다.

또한 그 중에는 발근을 저해하는 물질을 생성하고 있는 것도 있으므로 이러한 경우에는 저해물질을 제거하는 처리를 하든가 저해물질의 생성을 억제하기 위한 처리로 황화처리 등을 하면 더욱 발근이 촉진될 것이라고 생각된다. 실제로는 발근 등을 곤란하게 만드는 요인은 단일하지 않기 때문에 그들을 명확하게 해서 특성에 상응(相應)하는 처리를 시행할 필요가 있다.

생장 호르몬의 처리에서 주의하지 않으면 안될 것은 관리와의 관계이다. 생장 호르몬 처리는 발근이 비교적 용이한 것에는 효과가 있지만 어려운 수종 중에는 물을 잘 흡수하지 못해 시들기 쉬운 것이나 절구에서부터 검게 변해서 부패하기 쉬운 것 등 발근에 관여하는 물질이 부족되는 이외의 요인이 큰 것이 있다.

이러한 것도 미스트 번식 장치를 이용하면 생장 호르몬 처리의 효과가 현저하게 되었다고 하는 일도 있다. 처리의 농도도 식물의 종류, 삽수의 숙도(熟度), 시기, 관리의 방법으로 달라지기 때문에 개개의 식물에 대한 상세한 자료를 집적(集積)함과 동시에 발근에 대한 생화학적 연구를 진전시킬 필요가 있을 것이다.

그렇게 하면 현재 삽목이 어렵다고 되어 있는 것도 자유롭게 발근시킬 수 있게 되지 않을까 생각한다.

[표 1-8] 미스트 번식에 있어서 생장 호르몬의 처리 효과
재료 : 복숭아 품종 : 대구보

	공시 개체수	발근율	1본당 평균 발근본수	1본당 평균 뿌리 의 길이	1본당 평균뿌리 무게	
					생체중	건물중
대조구	10	10%	0.1본	0.1cm	5mg	0.5mg
IBA 25ppm	10	70	5.5	31.1	745	63

[제6장 분주·취목 번식법]

1. 포기 나누기법

친주(親柱)에서 생긴 새싹에 뿌리를 붙여 친주에서 나누어 증식하는 방법으로 나무딸기, 대추, 앵도, 포도 등에 이용할 수 있다.

새싹은 친주의 뿌리 끝부분에서 발생하여 그 기부(基部)에 뿌리가 있는 것과, 친주의 뿌리에서 발생하는 것이 있다. 어느 쪽이든 새싹에 붙어 있는 뿌리가 너무 적으면 그 후의 생육이 좋지 않으므로 충분히 뿌리를 붙여서 절제(切除)하여 이른 봄의 발아 전에 정식한다.

2. 휘묻이법

성토법(盛土法), 압조법(壓條法), 고취법(高取法) 등이 있다. 친목(親木)의 가지를 절제하지 않고 흙속에 묻기도 하고 높은 가지의 부분을 흙이나 이끼로 싸기도 해서 발근시키는 방법이다.

꺾꽂이와 달리 가지는 친목의 뿌리에서 양수분의 보급을 받고 있으므로 말라 죽을 위험이 없다.

따라서 삽목, 접목을 하기 어려운 것도 번식이 되며, 또한 특수한 기술을 필요로 하지 않는 것이 장점이다.

그러나 증식율은 삽목이나 접목보다도 뒤떨어지는 것이 보통이므로 일반의 과수에서는 일반적으로 널리 이용되지 않으나 소과수 등에 응용되는 일이 많다. 뿌리가 충분히 나오면 친목으로 부터 잘라내어 정식한다.

(1) 성토법

어미나무에서 자란 1년생 묘목을 15~20㎝ 남겨 놓고 바싹 잘라서 약간 깊이 심는다. 약간 깊이 심는 것은 뒤에 흙을 덮어 주기 때문에 너무 높아지지 않도록 하기 위해서다.

어미나무가 좋은 묘이고 관리도 충실히 하면 세력이 좋은 새눈이 5개 정도 뻗어 나오므로, 그 기부를 넓게 벌려서 흙을 높게 돋구어 새 가지의 기부를 파묻고 잘 눌러 놓는다.

성토(盛土)는 발근이 용이한 것이면 6~7월 경, 길이가 30㎝ 정도로 되었을 때 한 번 시행하면 좋다.

그러나 발근하기 어려운 것은 새 가지가 자람에 따라 몇 회로 나누어 시행하고 새 가지의 기부에 광선을 닿지 않게 하는 소위 황화처리를 겸하면 발근이 재촉된다.

한꺼번에 많은 묘를 얻고자 할 때는 어미나무의 1년생 묘를 10~15㎝ 정도로 짧게 해서 잘라 정식하고, 2~4개 정도의 새 가지를 충분히 생장시켜, 1년 후에 다시 한번 6~10㎝의 길이로 바싹 자른다. 많이 발생한 새 가지의 신장에 따라서 성토를 해 준다.

그때, 새 가지의 기부를 열어 놓으면 발근이 촉진될 뿐만 아니라 간격이 적당해져서 일조(日照)나 통풍이 좋아져서 건전한 묘목을 얻을 수 있다.

[그림 1-27] 성토법-1년생 만드는 방법

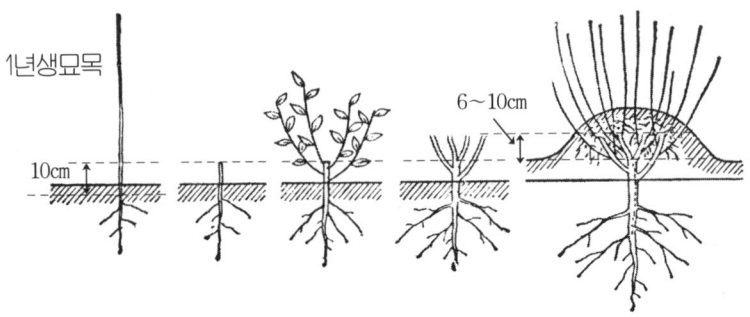

1년생묘목

10cm

6~10cm

[그림 1-28] 성토법-2년생 만드는 법

그 밖에도 성토를 하기 전에 가지의 기부에 폭 1cm 정도의 환상(環狀)으로 박피(剝皮)를 하든가 목질부에 도달하도록 칼자국을 내든가 또는 가는 철사로 단단히 감아줌으로써 발근을 재촉할 수가 있다. 잘 생육된 것은 1년후에 뿌리 밑을 절재해서 묘목으로 사용하는데 사과, 양앵두, 자두, 서양모과 등의 대목의 번식에 이용된다.

(2) 압조법(壓條法), 복취법(伏取法), 언지법(偃枝法)

어미나무의 1~2년생의 가지를 구부려서 그 일부 또는 전부를 흙속에다 파묻고 발근이 되면 뿌리를 붙여서 절제하는 방법으로 그 중에도 여러가지 방법이 있다.

① 보통법

가지를 잡아 당겨서 그 중간을 흙에 파묻는 방법으로 까치밤나무, 무화과, 포도, 양앵두, 자두 등의 대목번식에 응용할 수 있고 또는 비파에서도 환상 박피를 병용하면 휘묻이묘를 얻을 수 있다.

② 선취법(先取法)

가지의 선단을 아래로 잡아 내려서 흙속에다 파묻어 발근시키는 방법으로 나무딸기의 번식에 널리 시행되고 있다.

③ 파상법(波狀法)

긴 가지를 파상으로 몇 번 기복(起伏)시켜 낮은 부분을 흙속에다 파 묻고 발근이 되면 잘라 내어 한 번에 몇 본의 묘목을 얻는 방법으로 포도 등에 사용된다.

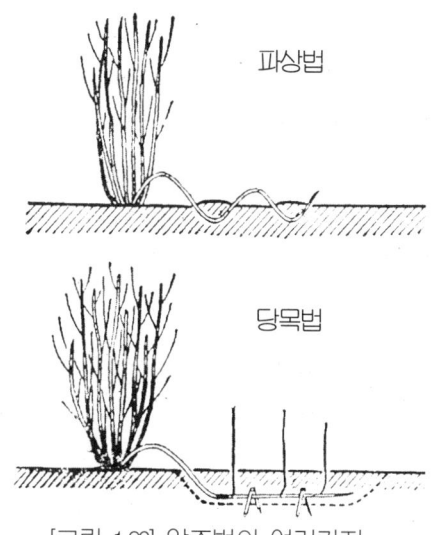

파상법

당목법

[그림 1-29] 압조법의 여러가지

④ 당목법(撞木法)

가지를 수평으로 넘어 뜨려서 그 일부 또는 전체를 흙으로 덮어 각 마디마다 발생된 새 가지의 기부로부터 발근을 시켜 일시에 많은 묘목을 얻는 방법이다. 당목법의 이름은 묘목과 모지(母枝)가 직각으로 되어 당목의 형태를 하고 있다는데 생겼다고 한다.

묘목을 어미나무로 사용할 때는 30도 정도로 눕혀 줄을 지어 심고 옆으로 넘어뜨려서 흙을 털기 때문에 횡복(橫伏) 휘묻이법이라고도 불리운다.

또는 넘어뜨린 가지에 처음부터 흙을 덮고 뻗어 나온 새 가지의 기부에 일찍이 흙을 북돋아 주고 햇빛에 닿지 않게 해서 황화시킬 때는 황화복(黃化伏) 휘묻이법이라고도 불리운다.

일반적인 방법은 이른 봄 발아 전에 1년생 묘의 선단부를 바싹 잘라 비스듬히 기울여 줄을 세워 심는다. 그 길이는 50~60㎝ 정도로 하고 이랑 넓이 1.5~2.0m, 포기사이 60㎝ 정도의 이랑을 만들고 지면에 넘어 뜨려서 U자형의 철사 등으로 누르고, 고운 흙을 3㎝

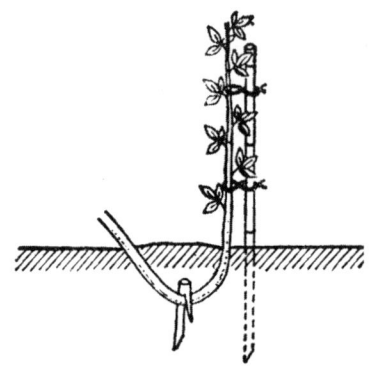

[그림 1-30] 가지의 누르는 방법

정도의 깊이로 겨우 가지가 감추어질 정도로 덮는다. 이 때에 얕은 도랑을 만들고 그 안에 가지를 눌러서 복토를 하면 그 후의 성토도 하기 쉽게 된다.

새눈이 자라서 땅 위에 나타나서 기엽(基葉)이 생길 무렵에 새가지의 선단이 보일 정도로 흙덮기를 하다. 그 후에도 2회 정도 흙을 덮어 주고 장마가 끝날 때까지 20㎝의 두께로 해서 여름 건조의 피해를 받지 않도록 한다.

사과 등에서는 묵은 친지(親枝)에서 발근시키는 것이 아니고, 새 가지의 기부에서 발근시켜 묘목으로 하는 것이며 한개의 어미나무로부터 여러 개의 묘목을 얻을 수 있다.

1년 후의 발아 전에 어미나무 전체를 기울여 심고 1년생 가지의 간격을 유지하면서 지표에 철사 등으로 눌러 놓고 순차적으로 복토를 하면 많은 묘를 얻을 수 있다.

(3) 고취법(高取法), 양취법(楊取法)

휘묻이를 하려고 하는 가지를 지면까지 끌어 내리기가 어려울 때 공중에서 가지의 일부를 흙이나 이끼 등으로 싸고 발근되면 잘라 내서 묘목으로 하는 방법이다.

우리나라에서는 주로 분재수(盆栽樹)나 관상 식물 등의 번식에 응용되어 있으며 과수에서는 그리 이용되고 있지 않다. 그러나 포도의 화분 재배 등에 이용해서 관상용으로 심는 예도 있다.

방법은 가지를 접칼을 이용해 세로로 가지의 2~3배 폭으로 껍질을 벗기고 속에 밭흙, 점토, 물이끼 등을 채우고, 비닐로 씌운 다음 때때로 관수를 해서 수분을 유지시켜 발근되기를 기다린다.

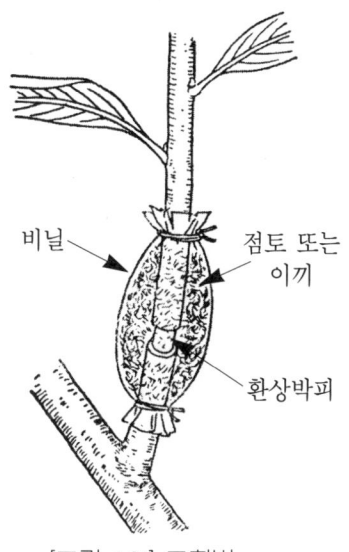

[그림 1-31] 고취법

고취(高取)를 한 것은 충분히 발근된 다음 뿌리 밑에서 잘라내는데 이때부터 양수분의 공급은 새 뿌리만으로도 잘 처리되므로 잎이 붙어있는 시기이면 선단을 약간 잘라 버리기도 하고 일부의 잎을 따버려서 증산(蒸散)되는 것을 줄이고 용토(用土)를 붙인 채로 화분이나 그늘진 상(床)에다 심는다.

그 후에도 건조되지 않도록 때때로 관수를 해서 뿌리가 잘 뻗어나게 한 다음에 차차로 햇빛에 쬐이기도 하고 본포(本圃)에 이식하기도 한다.

(4) 그 밖의 특수한 방법

대목이 부족되고 있는 사과의 왜성대목 묘목의 능률적인 번식법으로서 겹접이 시행되고 있다. 이때 왜성대목은 중간대로서 이용되고 있는데 이 부분은 땅 속에 심어서 중간대로부터의 발근을 기다리고 아래에 붙어있는 실생대목은 잘라 버린다.

따라서 접목 작업은 시행하지만 원리(原理)로는 왜성대목 중간대목의 휘묻이이다.

봄에 접목을 한 묘는 가을에 파내어 중간대목으로부터 발근이되어 있으면 실생대목의 부분은 남김없이 잘라 버리고 발근이 불량한 것은 중간대목의 말단부를 박피하든가 가는 철사로 단단히 감아서 다시 1년 재배한다.

이때 중간대목으로서 필요한 가지의 길이는 15cm 정도로 충분하나, 이보다 짧으면 묘목을 정식하였을 때 접수의 부분으로부터 자근이 생길 위험이 있다.

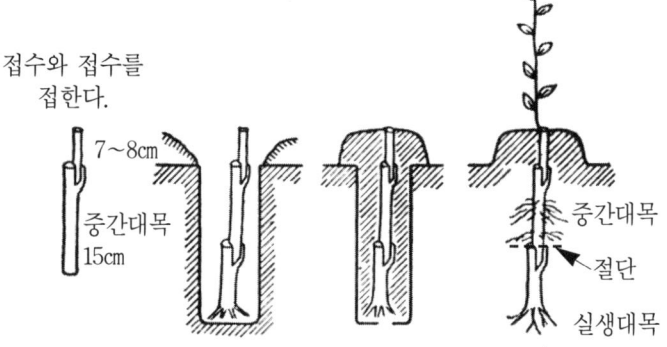

접수와 접수를
접한다.
7~8cm
중간대목
15cm
중간대목
절단
실생대목

[그림 1-32] 이중법 중간대목에서 발근한 것과 일년생 대목묘 만드는 방법

[제7장 실생 번식법]

1. 실생 번식법 이점과 한계

과수에서는 우수한 과실의 종자를 채수해서 파종을 해도 모수(母樹)와 똑같은 과실이 맺는 나무를 얻는 일은 일반적으로 할 수 없다.

그 이유는 우선 우수한 품종은 오랜 세월에 걸쳐서 개량을 거듭하는 사이에 복잡한 잡종이 되어버려서 자가수분(自家受粉)으로 생긴 종자라 해도 새 품종과 똑같은 유전 구조(構造)의 종자로는 되지 않기 때문이다.

그 외에 과수의 종류, 품종에 따라서 씨앗이 없는 것, 암꽃만 피는 것, 자가 수분에서는 씨앗이 생기기 힘든 것 등이 있다. 그래서 씨앗을 쉽게 채수할 수 있고 더구나 어미와 그리 틀리지 않은 형질(形質)의 자손을 얻을 수 있을 때에만 종자 번식이 실용적으로 응용된다.

실생 번식법은 제일 손쉽게 많은 묘를 키울 수가 있기 때문에 접목 번식용의 대목 증식에는 널리 채용되고 있다.

또는 교배에 의해서 새로운 품종을 만들어내는 데에는 시간과 노력은 들지만 실생을 만들지 않으면 안되며 실생 번식법이 이용될 수 있는 것은, 이상의 두가지 경우에 한정된다고 말할 수 있다.

2. 대목용 종자의 채취

충분히 익은 과실은 채집하여 과피나 과육을 제거하기 위해서 퇴적해 놓고 부패시킨다. 그러나 너무 많이 쌓아 올리면 열이 발생해서 종자 발아를 나쁘게 하므로 약간 낮은 듯하게 쌓아 놓는다.

과육이 제거하기 쉽게 되면 거칠게 찌그러뜨려 흐르는 물에 씻어 내고 대체로 종자만을 추려내고 다시 종자의 표면에 붙어 있는 과육을 깨끗이 물로 씻어서 제거해서 그늘에다 말린다.

과육이 종자의 표면에 붙어 있으면 종자가 부패되는 원인이 되기 쉽다. 또한 햇볕에다 말리면 고온이나 건조 때문에 발아를 해치기 쉽고 기온이 높은 시기에 채취하는 복숭아, 자두, 양앵두, 비파 등에서는 특히 주의할 필요가 있다. 그 외에 밤종자를 채집한 다음 훈증(燻蒸)해서 속에 있는 해충을 멸살시켜 놓는다.

3. 씨앗의 특성

씨앗 중에서 다음 대(代)의 식물체로 되는 부분은 배(胚)이며 외관적으로는 씨앗이 완숙되어 있는 것처럼 보이나 배(胚)가 완숙되어 있지 않으면 파종을 해도 발아하지 않는다. 배가 익는 것을 배숙(胚熟)이라고 말한다.

과실의 성숙에 동반해서 씨앗도 충실해지는데 채종해서 즉시 파종하는 소위 직파로 잘 발아되는 감귤류, 비파 같은 종류도 있다.

그러나 채종한 다음 어느 일수가 경과하지 않으면 발아하지 않은 것이 많으며, 이 기간은 종류에 따라 일정한 지온이 유지되는 일이 필요한데 이러한 현상을 휴면(休眠)이라고 말한다.

체종한 씨앗을 이듬해 봄까지 저장했다가 파종하는 것은 이런 휴면이 끝나는 것을 기다리기 위해서이다.

특수한 씨앗으로서 조생(早生) 복숭아의 씨앗은 배(胚)가 완전히 발육하지 않는다. 그러나 이 배도 발육하는 도중에 핵으로부터 끄집어 내어 배양기(培養基)를 배양하면 키울 수가 있다. 여기에는 많은 시간과 노력이 걸리므로 대목의 육성에는 이용되지 않으나 교배(交配)를 한 씨앗으로 키우는 품종개량을 시행할 때에 응용되고 있다.

그 외에 감귤류에는 다배(多胚) 현상이라고 해서 하나의 씨앗 중에 많은 배를 가지고 있는 종류가 적지 않다.

이 중에서 가루받이에 의해서 생긴 배는 하나이며 그 밖의 것은 배 가까이에 있는 조직으로부터 생긴 것 등이며 이것을 육성시킨 묘는 무성배(無性胚) 실생이라고 불리어진다.

이것은 이론적으로는 어미와 똑같은 성질을 가진 나무로 되어야만 하는 것인데 실제로는 약간 다른 특성을 나타내는 일이 있으며 감귤류는 품종개량법의 하나로 이용되고 있다.

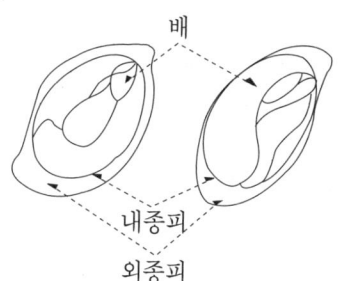

[그림 1-33] 감귤류의 다배 종자

4. 대목용 씨앗의 저장

과수의 씨앗은 저장 중에 건조시키며 발아가 나빠진다. 그러나 반대로 너무 습기가 많아도 호흡이 방해되어 부패되기 쉽다. 특히 한 번 너무 건조된 후에 과습이 되면 좋지 않다.

그래서 추운 지방이 아니면 겨울 동안의 폭설 등으로 인해서 과습이 될 위험이 없는 지대에서는 가을에 파종해도 좋다.

씨앗의 저장에는 일반적으로 매장법이 이용되고 있다. 이 방법을 노지에서 시행하려면 배수가 잘 되는 그늘진 곳을 골라서 구덩이를 파고 흙과 씨앗을 섞으면서 구덩이를 도로 메우고 두껍게 복토를 해서 빗물이 흘러 들어가지 않도록 한다.

그러나 씨앗이 소량이든가 소립(小粒)일 것 같으면 층적법이 이용된다.

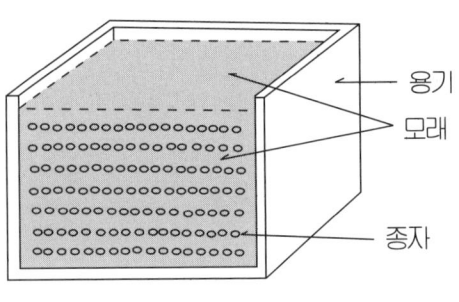

용기
모래

종자

[그림 1-34] 종자의 층적 저장법

이 방법은 상자나 화분을 준비해서 약간 습기찬 모래를 밑바닥에 깔고 그 위에다 씨앗을 한층 깔고 모래를 넣어 이것을 교대로 반복해서 최후에 뚜껑을 해 덮는다. 톱밥도 약간 습기차게 해서 사용할 수 있으나 일반적으로는 모래보다 과습하게 되어 실패하는 일이 많으므로 주의하지 않으면 안된다.

복숭아, 자두, 매실 등과 같이 대립(大粒)의 씨앗은 한 알씩 줄을 세워 놓는 일과 또 씨앗만을 골라 내는 일도 용이하지만 약간 작은 씨앗을 골라 내는데는 눈의 크기가 꼭 맞는 채로 씨앗만을 골라내지 않으면 안된다.

이러한 번거로움을 덜기 위해서 씨앗을 넣기 전에 방충망이나 고운 망사를 깔고 씨앗을 한겹 깔아 놓은 위에 다시 천을 덮은 다음에 모래를 넣어 두면 씨앗만을 간단히 골라 낼 수가 있다.

땅 속에다 파묻어서 겨울의 온도가 5℃ 전후로 건조하지 않도록
보존한다.

5. 대목 육묘지의 선정방법

좋은 묘목을 만들려면 우선 건전한 대목을 만들지 않으면 안된
다. 그렇게 하려면 메마른 땅보다도 어느 정도 비옥한 토양이 바
람직하다는 것은 물론이지만 그 외에도 배수가 잘 된다는 것, 흙
으로부터 전염되는 병해충이 적어야 된다는 것도 중요하다.

특히 뿌리에 큰 피해를 주는 문우병(紋羽病)은 뽕나무, 고구마,
땅콩 등의 뿌리에도 번식하고 더구나 오랜 세월에 걸쳐서 흙 속에
병균이 남으므로 깨끗한 토양을 선택하도록 한다.

묘목의 뿌리나 접목 부분 가까이를 침입해서 혹은 만드는 근두
암종병(根頭癌腫病)도 흙으로부터 전염된다.

무화과, 복숭아 등의 뿌리에 기생해서 작은 혹을 많이 만드는
선충(네마토다)의 밀도가 높은 흙에서는 건전한 대목을 만들 수가
없다. 그 외에 병충해는 아니나 연작(連作)을 하면 생육이 나빠지
는 기지(忌地) 현상은 무화과나 복숭아에 특히 극심하므로 전작과
의 관계에 충분히 주의해야 할 일이다.

6. 파종시기

씨앗은 저장법이 충실하면 저장 중에 휴면을 끝내고 배(胚)가
성숙되어 있으므로 발아시에 서리에 우려가 없는 범위에서 일찍

이 파종하는 편이 좋다.

중부 이남에서는 일반적으로는 2월 하순부터 3월 상순 정도의 사이가 적기가 되는 종류가 많다. 시기가 늦으면 저장한 장소에서 발근, 발아되어 파종하는 작업이 어려울 뿐만 아니라 취급하는 동안에 뿌리나 눈을 상하게 해서 파종 후의 성적이 나빠진다.

그 외에 빠른 것이 좋은 것은 복숭아, 매실 등이고 더 늦어도 좋은 것은 감이다. 밤도 빨리 발근하기 쉬우므로 약간 일찍이 파종을 하는 편이 안전하다.

낙엽 과수의 대부분은 10℃ 이상의 온도가 되면 발아가 시작되고, 15~20℃ 정도가 발아의 적온이며, 감귤류는 15℃ 이상에서 발아하고, 25~30℃ 정도가 적온인 것이 많다.

7. 파종 전의 씨앗 처리

씨앗이 발아할 때는 많은 수분이 필요하게 된다. 그래서 수송중에 건조되어 도착된 씨앗이나 저장 중에 약간 건조된 기미가 있는 것은 그 건조된 형편에 따라서 1~2일간 흐르는 물에 담가서 물을 흡수시킨다.

소량의 물에 오래 담가 놓은 것은 좋지 않다. 복숭아, 자두, 매실, 호도와 같이 단단한 핵에 둘러 싸여 있는 씨앗은 물을 흡수하기 어려우므로 4~5일간 물에 담가 놓는 것이 좋다. 이럴 때는 흐르는 물이 아니면 매일 물을 갈아 준다.

그 위에 복숭아, 자두, 살구와 같은 핵과류(核果類)라 불리우는 과수의 씨앗은 자칫하면 발아가 늦어서 불균일하게 된다. 거기에 다핵을 쪼개어 보면 속에 들어 있는 배(胚)가 불량한 것도 있다.

그래서 씨앗을 망치로 살짝 두들겨서 속에 들어있는 배를 상처가 나지 않도록 끄집어 내어 하룻동안 물을 흡수시켜서 파종하면 발아가 균일해져서 빨라진다.

그 위에 경실(硬實)이라 불리어져서 종피(種皮)가 물을 침투시키기 어려운 올리브는 종피를 째서 파종하면 발아가 좋아진다.

8. 파종과 그 후의 관리

씨앗이 비교적 크고 발아도 용이한 밤, 감 등은 육묘 포장에 직파되는 일도 적지 않다. 이랑넓이와 포기 사이는 넓게 잡을수록 햇빛이 잘 닿고 통풍이 잘 되며 약제도 얼룩이 지지 않게 골고루 살포되어 건전한 묘목을 만들 수 있다.

도랑의 깊이는 씨앗의 두께의 3~4배 정도면 된다. 포기 사이는 한 줄이면 13~15cm, 여러 줄이면 15~17cm로 서로 마주 보게 파종한다.

씨앗이 큰 밤 같은 것은 한 개씩 놓고 나가지만, 그 밖의 씨앗은 약간 많은 듯하게 파종해서 너무 모인 곳은 솎아내고, 우수한 것만을 남겨 놓도록 한다.

파종하면 복토를 해서 살짝 눌러 놓고, 건조를 방지하기 위해서 볏짚을 깔아주고 발아되면 늦지 않도록 제거해 준다.

직파는 특히 대립(大粒)의 씨앗이 아

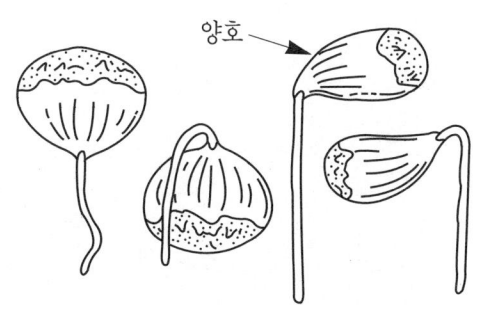

양호

[그림 1-35] 밤종자의 파종법과 유근의 신장 상태

니면 파종량이 많아거나 육묘시의 관리가 골고루 뻗치지 않는다든가 하는 수고가 많이 드는 결점이 있다.

그래서 일반적으로는 한 번 파종상에 파종을 한 다음 좋은 모종만을 본포에다 이식하는 방법이 많이 시행되고 있다. 파종상도 씨앗의 크기 등에 따라서 다소 다르지만 폭 1m 정도의 상(床)에 간격 10cm 전후의 얕은 도랑을 가로 질러 놓고 줄뿌림 한 후 씨앗의 두께의 2~3배를 기준으로 복토를 한 다음 볏짚을 깔고 발아가 되면 빨리 제거한다.

너무 모인 곳은 순차적으로 솎아내기를 해 주고 일조나 통풍을 잘 되도록 하여 본엽이 3~5매나 되었을 무렵에 본포에다 정식한다. 이때에는 대개 장마철 또는 그에 가까운 시기가 된다.

파종상은 본포에 비해서 면적이 좁으므로 관수나 약제 살포 등의 관리가 편리하며 손질이 골고루 뻗치고 그 위에 직파하는 것보다 씨앗이 적어도 된다는 장점이 있다.

그러나 본포에 이식하는 수고가 많이 든다. 그 위에 특히 귀중한 것이나 씨앗이 소량일 때는 흙을 담은 상자나 화분이 이용되는 일도 있다.

[양묘장 전경]

제2편

과수 묘목만들기

[제1장 감귤 묘목 만들기]

1. 감귤의 대목

감귤의 대목은 탱자나무, 유자나무가 대표적인 것이지만, 여름밀 감, 산밀감도 극히 소량으로 사용되고 있다. 옛날 일본에서는 유자 가 주로 사용되었다고 하지만, 현재는 노목(老木)의 근접용(根接 用)으로 사용되고 있는데 그것도 과실의 품질을 나쁘게 하고 저장 성도 저하된다고 최근에는 근접에도 사용되고 있지 않다. 이런 이 유로 감귤의 대목으로서 묘목 육성에 사용되고 있는 것은 탱자나 무라고 해도 좋을 것이다.

이 탱자나무는 전국 어디에나 분포되어 있고 극히 내한성(耐寒 性)이 강한 감귤의 일종이다. 과실 중에 함유되어 있는 종자수는 30립(粒) 정도이고 대목으로서 입수도 용이하다.

대목으로서의 성질은 유자처럼 세력이 강한 대목은 아니지만 대 목으로서 접목을 한 후 육묘에서 어린 나무까지 초기 생육이 극히 양호하다.

더욱이 결과기(結果期)까지의 연수(年數)가 짧기 때문에 경제면 에서도 극히 유리하며 결실된 과실도 착색이 빠르고 과피가 얇아, 맛이나 품질이 우수해서 부피과(浮皮果)의 발생도 적기 때문에 유 자대(台) 과실보다도 장기 저장에 잘 견디는 이점이 있다. 다만 수령(樹齡)은 유자대(台)에 비해서 짧은 것이 결점이다.

2. 대목의 양성(탱자나무)

(1) 대목 종자의 채집, 저장

 탱자나무처럼 연내(10월 경) 성숙하는 것은 연내에 채종해서 이듬해 봄의 파종시기까지 저장하는 것이 일반적이다.

 특별한 경우에는 가을에 채종하여 파종하는데 겨울철 직전에 발아하기 때문에 추위에 시달리는 사례가 있으므로 봄에 파종하는 편이 확실하다.

 씨앗의 저장은 성숙시킨 과실을 퇴적(堆積)해 놓고,

 과실이 부패되기를 기다렸다가 채종하되 씨앗은 몇 번이고 물로 씻어 내어 씨앗주위에 부착되어 있는 미끈미끈한 펄프는 완전히 씻어서 떨어버리지 않으면 저장 중의 곰팡이류에 의한 부패의 원인이 된다.

 채종한 것은 가을부터 3월까지 저장하는데, 그 방법은 폴리에틸렌 봉지에다 밀봉해서 지붕 아래나 저장고의 차가운 곳에 놓아 두면 된다.

 그 밖의 방법은 상자나 화분에 모래를 넣고, 그 안에 씨앗을 저장하는데, 모래의 습도 관리에 주의하는 일이 중요하다.

(2) 대목의 파종

 저장해 둔 씨앗은 2월 하순부터 3월 중순에 걸쳐서 파종을 한다. 파종상을 만들 때에는 상폭은 1m정도로 하고 파종상 안에는 완숙한 퇴구비와 계분을 충분히 넣어 흙하고 잘 섞어 놓는다.

 파종 방법은 상 전체에 흩어뿌리기를 하든가 줄뿌리기를 해도 무방하나 줄뿌리기를 하는 편이 파종할 때 뿌리기 쉽고, 또는 여러

가지 관리의 면에서도 편리할 것이다. 뿌리는 줄 간격은 15~20cm로 하고 씨앗의 간격은 2cm 정도로 점파(點播)를 한다. 파종 후의 복토는 1cm 정도로 하고 그 위를 넓은 나무판 등으로 가볍게 진압해 놓으면 좋다.

상에다 뿌리는 씨앗은 건조를 싫어하므로 파종이 완료된 다음에는 충분한 관수를 해 주고 볏짚을 깔아 주어서 건조를 방지한다. 이런 요령으로 파종을 했을 경우 파종상 1㎡당의 파종량은 약 0.5 ℓ 이다.

발아 후에는 질소질을 주체로 한 것을 액비(液肥)로서 시용한다. 발아가 진행되다 보면 상당히 밀식되어 있는 것도 있으므로 빠른 시일내에 솎아내기를 한다.

탱자나무는 다배(多胚) 종자이기 때문에, 1립(粒)의 씨앗으로부터 여러 포기가 발아하므로 솎아내기 작업을 할 때 씨앗 1개에 1개의 모종을 선택하는 정도로 한다.

(3) 대목의 이식

파종하고 1년째인 이듬해 3월에 육묘 포장에다 이식한다. 이 육묘 포장은 그곳에 직접 눈접, 절접을 시행하지 않으면 안되므로 대목의 생육 이외에 이러한 접목 작업의 편리 여하에 관해서도 고려하지 않으면 안된다. 그것때문에 이랑 만들기에 씨앗의 간격을 확보해 두는 것이 좋다.

통로의 70cm는 약간 넓은 느낌이 있으나 눈접, 배접과 같이 대목을 그대로의 상태로 접목하는 경우에는 그 이하의 노폭(路幅)이면 탱자나무의 가시가 방해가 되어 작업 능률을 저하시킨다.

육묘 포장은 파종상자와 마찬가지로 퇴구비를 넣어 심어 놓은 탱자나무의 뿌리가 충분히 발육하는 상태로 한다. 탱자나무의 이식에 임해서는 발육이 불량한 것은 접목 후의 묘목 생육도 불량하게 되기 쉬우므로 결단성있게 제거한다.

탱자나무의 지상부는 이식 후에 강한 지엽을 발생시키기 위해서, 윗부분은 3분의 1 정도로 바싹 자른다.

그 후의 관리는 일반 묘목이나 유목과 마찬가지이지만 특히 주의할 일은 절대로 건조를 시키지 말아야 할 일이다.

이를 위해서는 관수는 물론이지만 포기 사이에다 충분히 볏짚을 깔아주고 제초도 삽으로 하지 말고 손으로 뽑는다(삽으로 하는 제초는 탱자나무의 뿌리를 자르기 때문에 좋지 않다).

3월에 이식한 탱자나무는 9월에는 눈접을 시행하기 때문에 그 시기까지에 탱자나무의 줄기를 연필 정도의 굵기로 키워 놓는다. 시비는 가능한 한 속효성인 것이 좋으며 관수를 겸한 액비를 1개월에 1회 정도 사용하는 것이 좋다.

3. 접목 방법

(1) 품종계통이 올바른 것을 접목한다.

아무리 대목이 좋은 것에 접목을 훌륭하게 했다 하더라도 접목하는 접수 자체가 불량한 계통인 것이면 아무런 의미가 없다. 감귤과 같은 영년 작물에서는 경제 수령은 50년 이상이기 때문에 한 번 개원해서 식재를 한 것은 여간한 일이 생기지 않는 한 바꾸어 심는 일이 상당히 어려운 것이다.

따라서 접목을 할 때는 모수로부터 채수한 것을 사용한다. 품종·계통의 결정은 각자가 좋아하는 것으로 하는 것은 좋으나 그 품종·계통이 장래에 일정한 출하량으로서 하나로 통합이 될 수 있는 것이 아니면 출하 판매면으로 보아 불리한 것이다.

(2) 눈접법

최근에는 묘목업자 사이에서도 종래의 절접 방법에서 눈접의 방법으로 바꾸어 가고 있다.

그 이유는 묘목 생산량의 증대에 동반해서 우량 접수의 입수가 상당히 곤란해졌기 때문에 일정량의 접수에서 많은 눈수가 채취되는 눈접이 효율적이라는 것과 그 밖에 묘목 자체로 절접 묘에 비교해서 생육도 좋은 경향이 나타나기 때문이다.

눈접의 시기는 5월부터 9월까지 어느 시기에도 활착은 하나 9월 상순이 가장 적합한 시기이다. 8월에 시행하는 경우도 있으나 연내에 발아를 하기 때문에 겨울 추위에 피해를 입을 위험이 있다.

대목은 전년의 봄에 파종해서 금년의 봄에 식재하고 9월에는 연필 크기의 굵기 정도로 생육된 것이 이상적이다.

접수는 본년생의 충실된 봄가지를 사용한다. 여름가지를 사용하고자 하면 빠른 시기에 발생된 충실한 것이 아니면 활착하기 힘들다.

봄철에 절접을 하는 경우의 접수는 일정기간 저장하기도 하지만 9월의 눈접에서는 기온도 높기 때문에 저장한 접수는 활착하기 힘들다.

접목하는 방법은 우선 대목을 조제할 때에는 지상으로부터 3㎝ 정도의 위치에 방패형 눈접이면 T자형으로 파고, 갈고리형 눈접이면 갈고리형으로 파낸다.

칼을 넣는 깊이는 목질부에 도달할 때까지 절상(切傷)을 내고, 접아를 조용히 꽂아 넣는다. 이때, 절구를 접아를 꽂아 넣기 위하여 칼 등으로 크게 파내는 일은 접아와 대목과의 밀착도가 나빠지기 때문에 활착이 불량하게 된다.

대목을 칼로 조제하는 일은 박접과 같이 수피를 벗기는 것 뿐이

므로 간단하지만 눈을 절취(切取)하는 방법은 약간 조심스럽게 해
야한다.

눈을 절취하는 방법에는 다음과 같은 두가지 방법이 있다. 떼어
내기와 끼워떼기이다. 당겨깎기는 접수의 기부의 눈을 압취(押取)
로 선단에 눈을 절취할 때 시행하는 방법이다. 눈의 두께는 두꺼
운 목질이 약간 붙는 정도면 된다.

접아의 삽입(插入)이 끝나면 비닐 테이프로 위에서부터 아래로
감는다. 이때 방패형 눈의 경우는 상관이 없으나 갈고리형 눈에서
는 왼쪽에 눈이 있는 것은 테이프를 왼쪽 방향으로 감고(시계 반
대 방향), 오른쪽 눈인 경우는 오른쪽 방향으로 감는 것이 눈이
잘 안정된다.

눈접의 활착은 10일 정도이면 알 수 있으므로 비닐 테이프를 풀
어서 점검을 해서 활착이 안된 것은 다시 눈접을 한다.

활착한 것은 다시 한 번 비닐 테이프를 가볍게 고쳐 감아서 빗
물이 들어가지 않도록 주의한다.

(3) 절접법(切接法)

절접의 시기는 4월 중·하순이다. 너무 빨리 접목을 하면 수액
(樹液)의 유동이 둔하기 때문에 접목부의 유합이 오래 걸려서 활
착율도 불량하게 되고 너무 늦은 경우에는 활착은 좋으나 대목내
의 양분이 적어져 있기 때문에 활착 후의 생육이 늦어진다. 대목
을 잘라서 절구에 물이 스며 나오지 않을 것 같으면 시기가 빠른
것이다.

접목 적기의 탱자나무 대목은 새눈이 4~5cm 신장해서 새잎이
접수에 전엽(展葉)되어 있는 상태이다. 사용하는 대목은 파종해서
만 2년 경과된 것이 제일 좋고, 생육이 불량해서 4~5년이나 경과

한 대목은 수피나 목질이 단단하여 활착도 그리 기대할 수 없다.

　접수는 발아가 된 것이라도 눈을 깎아서 접목을 시행하면 다시 발아하지만 저장 양분이 소비되어 있기 때문에 활착율이 나쁜 경향이 있다. 이 때문에 발아전 3월 하순경에 채수(採穗)해서 저장한다.

　저장하는 방법은 여러가지 있으나, 일반적인 방법은 상자 안에 톱밥을 넣고 접수의 선단이 약간 나올 때까지 파묻고 위에다 폴리에칠틸 필름을 씌워 놓으면 된다.

　이때 톱밥은 금방 제재(製材)한 다소 물기를 함유하고 있는 것이 이상적이다. 놓아 두는 장소는 저장고내의 바닥 같이 차가운 곳이 좋다.

　저장 접수가 적은 경우는 폴리에틸렌 봉지에 넣어 헐렁헐렁하게 되지 않도록 접어 중앙을 끈으로 묶어서 차가운 곳에 놓아 두는 방법으로도 충분히 저장할 수 있다.

　절접(切接)에서 접수를 조제하는 방법은 그림과 같이 아래쪽의 편평(偏平)하게 되어 있는 면을 칼로 형성층과 진피부(眞皮部)가 넓게 노출되도록 깎고 배면(背面)은 하단을 비스듬히 쐐기형으로 만든다.

　편평면(偏平面)을 깎고 손질하기는 대목을 깎고 손질한 것보다도 약간 길게 해

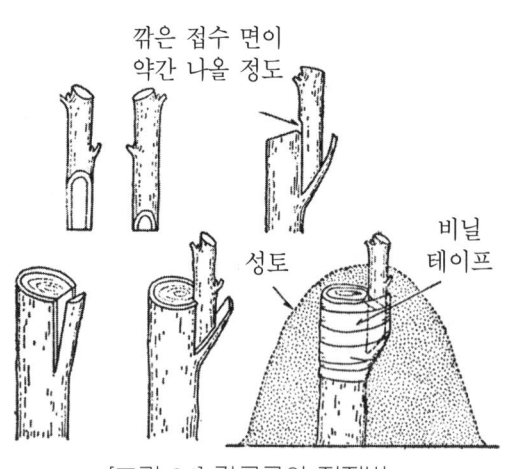

깎은 접수 면이
약간 나올 정도

성토

비닐
테이프

[그림 2-1] 감귤류의 절접법

서 대목에 접수를 꽂아넣었을 때에 접수의 깎은 면이 약간 나오는 정도가 좋다.

대목은 땅에서부터 3㎝ 정도가 되는 곳을 잘라버리고, 자른 부분의 껍질 부분과 목질부의 중간 근처에 칼을 대고 똑바로 2~3㎝ 정도는 깎고 손질해서 최후로 목질부에 칼이 툭하고 닿는 정도의 깊이로 한다.

4. 일년생 묘목의 가식(假植)

자가 육묘나 구입묘를 불문하고 1년생 묘목을 한 번 파내어 1년 또는 2년간 가식을 한다.

가식기간이 1년 또는 2년이라고 하는 것은 건조하기 쉬운 원지(園地)에 정식하는 묘목은 2년간, 그 위에 비교적 토양수분이 풍부하게 있는 평탄한 원지에 정식하는 경우에는 1년간이라고 생각하면 좋을 것이다.

특별한 예로는 개식용(改植用)의 묘목양성이다. 밀감에도 기지(忌地) 현상을 약간 볼 수 있어 낡은 밀감나무의 뒤에 묘목을 정식하는 경우에는 기지회피의 수단으로 큰 묘를 사용한다.

이 큰 묘는 이상적으로는 4~5년생 묘가 좋다. 이 때문에 가식은 2년 경에 다시 바꿔심기를 해서 가식 통산(通算) 연수 3~4년간이 된다.

(1) 구입 묘목의 가식 전의 처치

구입 묘목은 자가 육묘의 것과 달라서 파내서 가식할 때까지 긴 일수를 요하고 있으므로 수송 중에 훼손되는 일이나 또는 뿌리의 건조 등에 대해서는 충분히 주의하지 않으면 안된다.

그래서 뿌리를 싸서 도착된 묘목은 도착된 즉시로 가식을 하지 않는 경우에는 뿌리를 싸맨 새끼줄을 풀어 통풍이 잘 되는 헛간에다 놓아 두고 뿌리 부분에는 물을 충분히 주어 둘 필요가 있다.

묘목은 뿌리가 건조할수록 식재 후에 발아나 발육이 불량하게 되기 쉬우므로 도착된 묘는 가능한 한 그 날 중으로 심는 일이 중요하다.

뿌리 부분은 건조를 방지하기 위해서 진흙으로 단단히 뭉쳐 놓은 것은 그대로 심어 버리면 뿌리가 둘둘 뭉쳐버리고 말아 지상부의 생육도 불량하게 되므로, 심기 전에 물로 충분히 씻어 내어 흙을 완전히 떨어버리도록 한다. 또한 부러진 가시나 부패되어 있는 뿌리는 그 부분에서 부터의 부패되는 원인이 되지 않도록 반드시 가위로 잘라 버린다.

(2) 묘목의 단축전정(短縮剪定)

1년 묘는 가지가 분기(分岐)되어 있지 않고 1본의 주간(主幹)으로 되어 있다. 수세(樹勢)가 좋은 묘는 80㎝ 정도로 뻗어 있으므로 이것을 30㎝ 정도가 되는 위치에서 단축시키는 일이 필요하다.

그러나 장래에 충실된 주지(主枝), 아주지(亞主枝)로 만들기 위해 또는 묘목 자체의 착엽수(着葉數)를 많이 확보하기 위해서 이러한 단축 전정은 빼놓을 수 없는 작업이다.

자르는 위치는 30㎝ 정도면 되는데 묘목의 수세가 약할 때는 그것보다 약간 짧은 정도로 자르면 된다.

이런 경우에 자르는 위치가 봄가지와 여름가지의 경계선이 되는 경우는 한층 내려와서 봄가지의 부분을 자르도록 한다. 경계선에서의 전정은 그 부분으로부터 여러 개의 빈약한 봄가지가 발생할 가능성이 있으므로 가지를 충실하게 한다는 의미에서 피하지 않으면 안된다.

앞에서 기술한 바와 같이 이러한 주간(主幹) 단축이 길어지든가 방임(放任)해 두면 봄가지의 발생이 선단 부분에만 모여있게 되고 빈약한 것이 발생하기 쉬우므로 유목시대의 생육을 불량하게 만드는 큰 원인이 된다.

이와 같이 방임 상태로 육성된 묘목은 본답에다 정식한 뒤에는 그림과 같이 나무 꼭대기까지 드문드문 어린 나무가 되어 결국은 이 시점에서 강한 단축을 시행하지 않으면 안되는 파국(破局)이 되므로 제1년째에 과감하게 잘라서 단축해야만 한다.

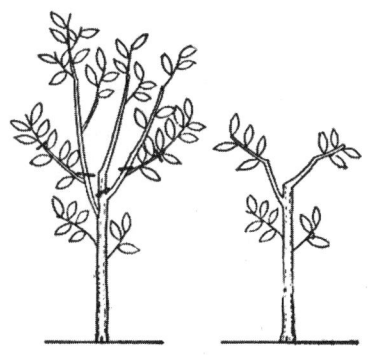

[그림 2-2] 주간 단축 부적묘

(3) 가식시 묘목의 간격

1년간 가식 포장에 두었다가 정식하는 묘목에서는 포기 사이는 30cm, 통로 1m의 병목(竝木) 심기를 하고 2년간 가식한 묘는 보통 심기를 하되 이랑넓이 1m이고 포기 사이 50cm 정도가 좋다.

2년 이상의 가식묘는 2년 가식묘와 똑같은 간격으로 2년째에 한번 파내어 묘목의 크기에 따라서 포기 사이를 결정하면 된다.

묘목의 간격이 너무 좁으면 일조(日照)가 부족되어 병충해를 입기 쉬우나, 반대로 필요 이상으로 간격을 넓게 잡으면 건조되기 쉽고, 그 위에 일사량(日射量)이 너무 충분해서 발아 신장이 억제되는 일이 있으므로, 밀식이 되지 않을 정도로 간격이 좁은 편이 육묘하기 쉽다.

(4) 식재와 유기물

가식에 있어서 심을 구덩이는 1본 1본씩 심을 구덩이를 파도 좋고, 혹은 줄을 세워 심기 위해서 도랑을 가로 질러 놓아도 좋다.

그러나 능률적인 면에서 도랑을 파는 것이 좋다. 도랑 넓이는 삽 두폭 정도인 35㎝ 정도, 깊이는 25㎝ 정도가 좋다.

밀감나무는 성목, 유목, 묘목을 불문하고 배수가 불량한 땅은 부적당하다. 이 때문에 가식포장이 배수가 불량한 경우에는 장소를 변경할 필요가 있으나 환지(換地)가 없는 경우에는 아래 그림과 같이 성토(盛土)를 해서 직접 뿌리의 분포 범위에 정체수(停滯水)가 없도록 고려하지 않으면 않된다.

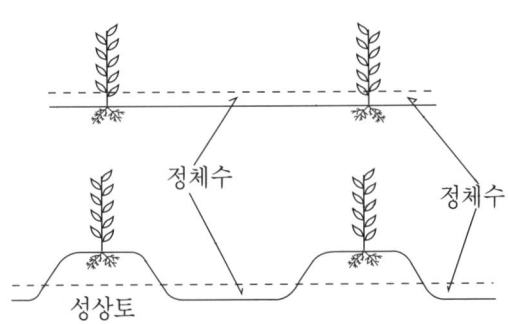

[그림 2-3] 배수 불량지에서의 성토

식재를 할 때에 유기물 투입은 가식 기간 중에 세근을 될 수 있는 대로 많이 만들기 위해서는 빼놓을 수가 없는 일이다.

유기물 중에서도 특히 퇴구비의 시용은 세근을 발생시키는 효과가 크다. 가식 기간 중에는 뿌리는 가능한 한 뿌리의 근본 부분에서부터 가까운 범위에 세근을 발생시키도록 하지 않으면 1년~2년 후의 파내기를 할 때 정식묘목은 굵은 뿌리로만 되어 버려서 정식 후의 생육에 크게 영향을 미치게 된다.

이런 의미에서 심는 도랑 안에 많은 퇴구비를 시용하는 일이 필요하다.

(5) 가식년(假植年)의 춘하지(春夏枝)의 처리

뿌리, 줄기, 가지를 만드는 것은 잎으로 생성된 탄수화물에 의하는 것이다. 이 때문에 조금이라도 많은 잎을 확보하는 일은 그만큼 수세(樹勢)를 강하게 하는 일이 된다.

묘목 육성의 경우도 마찬가지이다. 가식 후에 봄가지가 발생했을 때의 처리 방법에는 두 가지 방법이 있다.

하나는 가능한 한 발생된 춘엽(春葉)을 1매라도 많이 활용하려는 방법이며, 주지(主枝)가 된다고 생각되는 가지도 여분으로 남기고, 그 밖의 가지도 특히 생육하는데 방해가 되는 것만을 눈따기에 의해서 제거하는데 대부분은 5엽(葉) 정도로 적심(摘心)을 해 놓는다.

이 경우의 적심은 엽수(葉數)의 확보 외에 주지 가까이에 잎을 확보하는 일에 의해서 주간(主幹)의 비대를 촉진하는 의미도 함유되어 있다.

또 다른 경우는 최초부터 3본의 봄가지를 주지로 결정해서 다른 봄가지는 발아와 동시에 눈이 생겨서 제거해 버리고 마는 것으로, 전 세력을 3본의 가지에 집중시켜서 강력한 주지 구성을 꾀하는 방법이다.

이 방법도 비옥한 장소에서는 대단히 좋은 결과를 나타내지만, 육묘적으로 약간 불리한 포장에서는 엽수의 확보가 곤란해지는 때가 있다. 단 하나의 결점으로는 제1년째부터 주지를 결정하더라도 수년 후에도 반드시 그 가지가 주지로서 알맞은가 어떤가 알 수가 없다. 이러한 일 때문에 일반적인 방법으로서는 전자 같은 처리가 무난하여 각 가지의 처리는 가식 2년째 이후라도 늦지 않다.

(6) 여름가지의 적심과 추아(秋芽)의 제거

여름가지는 기온이 높은 시기에 생육하기 때문에 신장이 왕성해서 잎의 동화 기능도 높다. 이 때문에 묘목, 유목 육성의 면에서 엽수의 확보 및 나무의 용적(容積) 확대를 위해서는 빼놓을 수가 없다.

그러나 그 여름가지도 단지 뻗어나가는 대로만 방치해 두면, 신장은 도장적(徒長的)으로 되어 필요 이상으로 신장하기 때문에 가지가 아래로 늘어져서 충실된 여름가지를 만들 수는 없다.

그 외에 여름가지에서 발생하는 가을가지도 이를 유효하게 이용하기 위해서는 기온이 높은 8월 하순까지는 발생을 시켜야 한다.

이 때문에 여름가지는 착엽수 15매 정도가 되는 곳에서 적심을 해서, 가지의 신장 정지를 빨리 시켜서 잎의 충실을 촉진시킬 필요가 있다.

그러나 이와 같은 수단을 취해도 9월 상순 무렵에는 많은 가을 눈의 발생을 볼 수 있으나 9월 이후의 기온은 하루마다 저하되기 때문에 기온 부족으로 인해서 잎 면적의 확대도 기대되기가 어렵다.

이와 같은 가을가지는 양분의 소모만 하고 나무 자체에 도움되는 점이 없으므로 9월 상순 이후에 발생하는 가을눈은 그때마다 제거하는 일이 겨울철의 내한(耐寒)이나 이듬해의 발아에도 유리하다.

[제2장 사과 묘목 만들기]

1. 대목의 종류

우리나라에서 사용되고 있는 사과의 대목은 삼엽 해당, 환엽 해당이 주로 쓰이고 최근에는 왜성대목(倭性台 M, MM 계대목)이 널리 쓰이고 있다. 이외에 아그배 나무와 사과 실생대목도 적으나마 사용되고 있다.

(1) 삼엽 해당

우리나라의 산이나 들에 자생하는 것으로 지금까지 이 실생대목이 사용되어 왔다.

잎은 문자 그대로 세갈래 잎이고 과실은 빨갛고 꽃받침이 이탈한다. 씨앗이 용이하게 입수되고 실생대목으로서 묘목은 만들기 쉬우나 묘목의 생육에 변이(變異)가 있고 수세(樹勢)가 너무 강한 것이 결점이다.

근래에 와서 이 대목이 사용되지 않게 된 이유는 꺾꽂이로 번식이 가능한 환엽 해당의 대목이 보급된 것에도 있지만 삼엽해당 대목을 사용하면 조피병(粗皮病)에 걸리기 쉬운데 특히 스타킹, 딜리셔스계, 슈퍼 타입 품종 등을 접목했을 경우에 발병 확률이 높기 때문이다.

따라서 조피병이 발생하기 쉬운 토양 조건인 곳에서는 조피병에 약한 품종인 삼엽해당 대목을 피하는 편이 좋다.

또한 고접병(高接病)의 일종인 SPV(Stem Piteink Virus)에 약하기 때문에 묘목을 만들 때도 고접 갱신(更新)을 할 때도 균이 없는 접수를 사용하는 일이 중요하다.

아그배나무는 하나의 변종(變種)이며, 천근성(淺根性)이기 때문에 지상부를 왜화(倭化)시키나, 메마른 땅이나 경토(耕土)가 얕은 곳에서는 수세가 약하다.

(2) 환엽 해당

중국 대륙에서 건너온 것이다. 면충(綿蟲)에 저항성이 있고 꺾꽂이 번식이 가능하다는 것이 강점(强點)이며 최근에 와서는 거의 환엽해당 대목에 접목되어 있다.

잎은 둥근 잎이지만 그 중에는 결각(缺刻)이 들어 있는 것이 있다. 대아(台芽)는 삼엽 해당잎에 비해서 광택이 있고 아래로 늘어지는 듯하며 성목이 되면 세갈래의 잎이 발생하므로 구별할 수 있다. 과실은 누렇고 꽃받침이 남는다. 세근(細根)은 삼엽 해당보다 적으나 약간 심근성(深根性)이다.

환엽 해당잎에도 몇 개의 계통이 있으며 가지가 아래로 늘어지는 것과 직립(直立)하는 것이 있는데 아래로 늘어지는 계통은 꺾꽂이의 발근율이 왕성하고 번식이 용이하기 때문에 묘목상은 이 계통을 즐겨 사용하고 있다. 또한 이 계통은 나무를 왜화(倭化)시키는 비율도 강하다.

환엽해당에서는 문제가 되는 고접병(高接病)의 일종인 CLSV(Chloroteik Leaf Spot Virus)에 감수성이 높다는 것과 묘목을 만들 때도 고접 갱신을 하는 경우도 균이 없는 접수를 사용하는 일이 절대적 조건이 된다.

특히 최근에 와서 화제가 되고 있는 딜리셔스계 슈퍼 타입 품종

가운데에는 이 바이러스를 보독(保毒)하고 있으므로 환엽해당 대목은 사용하지 않고 삼엽해당 또는 사과 실생대목이 사용되고 있다.

(3) 사과 실생대(공대)

씨앗은 입수가 쉽고 번식이 용이하나 대목 및 묘목의 변이(變異)가 큰 것이 문제이다. 그 외에 수세가 극히 왕성하고 결과(結果) 연령으로 들어가는 것이 늦으며 특히 딜리셔스 계통은 이런 경향이 강해서 조기 결실을 바랄 수 없다.

화산회토 지대에서는 가지가 충실하지 못한 경우에는 7~8년생까지 결실이 되지 않는 일도 있다.

이 대목의 장점은 심근성으로 메마른 땅에서도 생육이 왕성하므로 조피병이 발생하기 쉬운 지대에서 건강한 품종을 만드는 경우에 이용된다.

그 외에 환엽 해당은 바이러스에 저항성이 있기 때문에 보독(保毒) 품종을 접목하는 경우 및 고접 바이러스에 감염하고 수세가 약해졌을 때에 이 대목을 기접(寄接)해서 수세의 회복을 할 수가 있다.

(4) 왜성(倭性)대목

현재 왜성 대목으로 보급되고 있는 것은 M, MM계 대목의 일부 계통이다.

왜성 대목으로서 일괄(一括)하여 불리어지고 있는 M, MM계 대목은 현재 40계통 이상이 있으나 실제로 생력(省力), 조기 다수확, 품질 향상의 면에서 취급되는 대목은 왜성 또는 반왜성에 속하는 M9, M26, M7, MM106 등 소수 정도이다.

가장 새로운 M27의 특성은 M9보다 더욱 왜성 비율이 강하다고 되어 있다. 주요한 왜성대목의 특성을 나타내면 다음 도표와 같다.

[표 2-1] 주요 왜성 대목의 특성

대목의 성질	표준대 지상부의 크기를 하나로 했을 경우의 나무의 크기	대목명	성목의 특징
왜성	1/4	M9	나무의 높이 2.4~3m, 지주(支柱) 필요, 점질토양에 최적, 근경부의 부패를 일으키기 쉽다.
		M26	M7과 M9의 중간의 크기, 지주 필요, 나무의 높이 3~3.6m, M16 ×M9에서 육성
		M8 (중간대)	M7보다 약간 작으나, 지주 불요, 가끔 흡지(吸枝)가 많이 생김, 중간대로서 이용
반왜성	1/2	M4	M7보다 약간 대형, 가벼운 토양에 적합함. 수량다, 조기 다수
		M7	표준대의 2분의 1보다 약간 소형, 나무 높이 3.6~4.5m, 가끔 지주 불요, 번식이 용이해서 널리 이용됨. 근두 암종과 근경부 부패에 약함.
		MM 106	M7과 같은 형, 나무 높이 3.6~4.5m, 흡지가 없으며 번식이 용이함. 진딧물 저항성
반표준 (반교성)	2/3	M1	나무 높이 4.5~5.4m, 생산력이 낮으며 건조토양에 적당치 않음. 근경부 부패를 일으키기 쉽다.
		M2	나무 높이 4.5~5.4m, 건조 토양에 적합함. 근경부 부패에 약간 저항성
		MM 111	M2와 같은 형, 번식이 용이함. 내한성(耐寒性)이며, 다수확

		MM 104	M2와 같은 형, 일찍부터 극히 다수확
표준 (교성)	1	M25	M2보다 대형, 나무 높이 4.8~5.4m로 억제할 수가 있음. 초기의 수확량이 많다.
		사과 실생	

화산회토(火山灰土)에 있어서 골덴 M9는 왜화(倭化) 효과가 명확하게 인정되어 결실도 많다.

그러나 스타킹에서는 수세가 약간 약해진다. 왜성 대목 M9를 사용했을 경우는 나무가 작고, 전정 적과(摘果), 수확 등의 작업이 하기 쉽다고 생각되나, 토양조건, 품종에 따라서는 수세가 너무 약한 경우가 있다.

결실에 미치는 영향을 1그루를 10a당 환산(換算) 수량으로 보면 M9는 결실의 개시가 늦은 스타킹에서는 환엽해당 대목보다 1년 빠르고, 사과의 실생대목보다 3년 빨리 결실하지만 골덴에서는 차(差)가 없다.

1그루당 수량은 4~5년생까지 M9 대목이 환엽해당 대목보다 많으나, 5~6년생 이후는 수세가 왕성한 환엽해당 대목이 우수하다.

10a당 환산(換算) 수량은 M9 대목이 우수하나, 골덴 등에서는 8년생으로 환엽해당 대목과 거의 같게 되어 있다.

과실의 품질은 다음 도표와 같으며, M9 대목의 과실은 크고, 또한 비율이 높으며, 당도(糖度)도 높고 맛도 좋았다. 그 외에 숙기(熟期)는 7~10일 빠른 것이 알려져 있다.

이와 같이 가장 왜성인 M9는 생력, 조기 결실, 품질 향상의 면에서 기대되는데 번식이 어렵다는 것과 천근성(淺根性)이기 때문에 지주가 필요하다는 것과 수명이 짧은 일도 고려할 필요가 있다.

[표 2-2] 대목, 품종에 의한 사과 과실의 크기, 등급별 비율(과수)과 당도(糖度)

과수의 품종	대 목	조사과수	평균과중	크 기 (280g이상)	등 급 (수)	평균당도
스타킹	환엽해당 M9	1,598 163	201g 226	10% 23	51% 69	12.2% 13.6
골 덴	환엽해당 M9	2,553 844	214g 218	27% 27	21% 39	12.4% 13.9
부 사	환엽해당 M9	4,740 774	224g 213	20% 18	17% 20	13.4% 14.3

M9보다 수세가 강한 대목에 M26, MM106이 있는데, 여기에 접목을 한 스타킹 6년생의 경우 양대목에서 다함께 세력이 강한 생육을 하고 있고, 6년생까지 그 이외 수량을 얻지 못하고 있다. 특히 MM106의 왜화 효과는 환엽해당 대목보다 강하다고는 인정할 수 없다.

2. 대목의 양성

(1) 실생

삼엽해당, 사과(공대)는 실생 번식이 된다. 삼엽해당은 과실이 작기 때문에 저장한 다음 이른 봄에 과육을 부패시켜 과육을 으깨어 물로 씻어 내면서 채종(採種)한다.

사과는 저장한 다음 먹으면서 씨앗을 채취해도 좋고 가공시의 폐품종자를 이용할 수도 있다.

품종은 2배체(倍體)이면 아무 것이나 좋고 홍옥, 국광, 부사 등이 사용된다. 일찍이 채집한 씨앗은 습기찬 모래에 파묻어서 냉장(0℃

전후로 가정용 냉장고라도 좋다)하는데 건조시키지 않는 일이 중요하다.

사과 씨앗의 후숙(後熟)은 4~5℃로 50일은 필요하다. 종자 소독약으로 씨앗 및 습기찬 모래를 소독해 놓는다.

4월 상순경 지온이 8℃ 정도로 되면 묘상에 파종한다. 접목의 경우 윗부분의 이랑넓이 75㎝가 되는 평이랑으로 하는데, 미리 비료를 소량 시비한 흙하고 잘 섞어가지고 정지한다. 씨앗은 대체로 3㎝ 간격으로 3열로 파종하고 1㎝의 두께로 복토한다.

건조하면 발아가 극단적으로 불량해지므로 파종 후의 관수와 볏짚을 깔아 주는 일이 중요하다. 볏짚은 흙이 보이지 않을 정도로 하고 발아하기 시작하면 저녁 무렵에 제거한다. 본엽이 나오면 1~2회 솎아 주고 간격을 10~15㎝로 한다.

사과 실생은 흰가루 병에 특히 약하므로 2~3회 수화유황(水和硫黃) 300배액을 살포한다. 필요에 따라서 진딧물의 구제도 시행한다.

사과 한 상자의 과실에서 200본 전후의 대목이 양성된다. 1년 양성한 다음 월동 실생에 이른 봄 요소를 시용해서 생육을 재촉하면 2년째에는 눈접용 대목으로서 사용할 수 있으며 3년째에는 절접용 대목으로서 이용할 수 있다.

(2) 꺾꽂이

환엽 해당은 꺾꽂이 번식이 주체(主體)이다. 꺾꽂이용의 가지를 얻으려면 모수(母樹)를 포기로 만들어 놓고 매년 기부를 뒷받아 자르고 1년 가지를 다수 발생시킨다.

꺾꽂이감은 1~2월경 채집해서 찬 곳에다 저장한다. 이른 봄 가능한 한 빨리(눈이 녹으면) 저장해 두었던 꺾꽂이감을 길이 15㎝

정도로 잘라서 포기 사이 10㎝, 이랑넓이 30㎝ 정도로 비스듬히 꽂는다.

꺾꽂이감은 기부일수록 발근력이 왕성하므로 같은 1년 가지라도 가능한 한 기부를 사용한다.

꺾꽂이의 일종에 뿌리꽂이법이 있는데 이 경우는 직경 1㎝ 이하인 가능한 한 어린 뿌리를 채취하여 7~8㎝로 잘라 일구어 놓은 토양에 비스듬히 꽂는다. 이런 경우 선단이 약간 땅위로 나오게 한다.

환엽해당 꺾꽂이는 발근이 양호하므로 번식이 용이해서 균일한 대목을 얻을 수가 있어 우리나라에서는 널리 쓰이는 대목이다.

(3) 휘묻이

왜성 대목의 번식은 휘묻이가 주체이다. 휘묻이에는 성토식압조법(盛土式壓條法)〈성토법〉과 조구식(條溝式) 압조법〈횡복법〉이 있다.

① 성토식 압조법

성토법, 또는 절주(切株) 휘묻이법이라고도 불리어지는데 친주(親株)에 성토를 해서 발근시키는 방법으로 번식용으로 심었던 왜성 대목을 1년간 그대로 생육시켰다가 이듬해 봄에 지상 10㎝ 정도를 절반(切返)한다.

여러 개의 새가지가 10㎝ 전후로 신장했을 무렵에 제1회 성토를 한다. 이후 새가지가 신장하는데 따라 성토를 하고, 7월 하순의 신소 신장 정지기까지 3회 성토를 하면 신소의 기부 20㎝가 복토된다.

신소의 기부에서 발근하고 휘묻이를 할 수 있는 상태가 되므로 이듬해 봄에 흙을 제거하고, 발근된 신소는 1본씩 친주로부터 잘라 낸다.

1그루의 친주에서 얻을 수 있는 자근묘(自根苗)의 수는 계통에 따라 다르나, 정식 2년째에서 4~5본은 채취할 수 있다.

친주는 방치해 두면 다시 맹아하기 시작하므로 다시 성토를 해서 20~25년 정도 번식을 반복할 수가 있다. 성토법은 다음의 횡복법보다 간단하지만 얻을 수 있는 대목의 수는 약간 적다.

② 조구식 압조법

압조법 또는 횡조법이라고도 하며 왜성대목을 사과 실생대 등 다른 대목에 접목해서 신장된 것, 또는 왜성대목의 자근묘 그 자체를 길이 20㎝ 정도로 바싹 자르고, 포기사이 50~60㎝, 이랑넓이 1.5~2.0m의 도랑에 약 30~46도의 각도로 비스듬히 심고, 1년간 비배관리를 해서 측지(側枝)가 나오게 한다.

이듬해 봄에 측지의 선단을 다시 잘라 내어 도랑의 밑바닥에 눕혀서 5㎝ 정도의 흙을 덮는다. 이것은 가지의 기부를 황화시켜서 발근을 쉽게 하기 위해서 행하여진다.

발아해서 신소가 신장하기 시작하면 가지를 옆으로 누르면서 복토한다. 복토가 너무 두꺼우면 신소의 신장이 불량해지므로 최종적으로는 7월 중순까지 3~4회 복토하되 두께가 25㎝ 전후가 되도록 한다.

최초의 이랑넓이가 너무 좁으면 복토했던 흙이 흐트러져서 건조하므로 주의한다. 낙엽 후 또는 이듬해 봄의 발아 전에 복토를 걷어내고 발근되어 있는 신소를 친주로부터 따낸다.

성토법과 마찬가지로 친주로부터 맹아하기 시작하면 다시 번식에 사용한다. 더욱이 당목(撞木) 채취로 하는 경우에는 선단에서부터 자르면서 기부에 1본을 남기고 이것을 다음의 번식용 모본(母本)으로 한다.

성토법, 횡복법 어느 것이든 꺾꽂이에 비해서 번식이 어려우므로 왜성 대목의 꺾꽂이법의 연구가 많다. 최초로 휴면지(枝) 꽂이가 시도(試圖)되어, 미스트법, IBA 처리법으로 상당한 성적을 얻고 있다. 어느 시험장에서는 M26, MM106을 사용해서 녹지 접목법의 시험을 시행하여 미스트법에 의해서 도표의 결과를 얻고 있으며, 이듬해 봄 접목할 수 있는 것의 비율이 약 40%로 실용화의 전망을 얻었다고 한다.

왜성 대목의 번식법에는 이 밖에 뿌리접 번식법이 있다. 이것은 사과 실생대의 뿌리에 왜성 대목을 접목하여 왜성 대목이 숨겨지는 정도로 깊이 심어서 왜성 대목에 자근이 나오게 하고, 최후로 아래의 사과 실생대목을 절단하는 방법이다.

사과의 실생대목에 왜성 대목을 접목할 때에 재배 품종을 동시에 접목해서 사과 실생대목을 절단할 때에는 묘목이 완성되어 있다고 하는 방법도 생각되고 있다.

이 실제의 방법으로 위에 왜성 대목의 뿌리접도 시도되고 있다.

[표 2-3] 왜성 대목 녹지접의 발근 상황

공시상토	공시대목	공 시 수	발 근 수	백분율(%)
산모래 (3~5mm혼합)	MM106 M26	400 400	325 221	81.3 55.3
피트모스 운모(雲母)	MM106 M26	300 300	231 175	76.9 58.2
녹소토	MM106 M26	300 300	242 146	80.6 48.7

3. 접목방법(接木方法)

(1) 절접(切接)

절접은 3월 중순부터 4월 상순 사이에 실시하며 접수는 낙엽 후
부터 이른 봄 수액이 이동하기 전까지 채취 가능하고 충실한 가지
를 골라 그늘진 땅에 묻어 두거나 장기 저장시는 0℃의 저온에 저
장하는 것이 좋다.

절접 방법은 그림과 같이 대목을 땅위 4~6㎝ 높이에서 절단하고
한쪽 부분의 끝을 약간 깎아준 후 접도로 대목의 목질부가 다소
깎이도록 수직으로 3㎝ 전후로 눌러 접수를 끼울 수 있도록 한다.

접수는 길이 5~6㎝에 눈 2~3개가 붙은 상태로 자른 후 그림과
같이 손질한 다음
대목과 접수의 양
쪽 형성층을 잘
맞도록 끼운 후
비가 들어가지 않
도록 비닐끈으로
묶고 접수 끝에는
유합제 등을 발라
접수가 마르지 않
도록 한다.

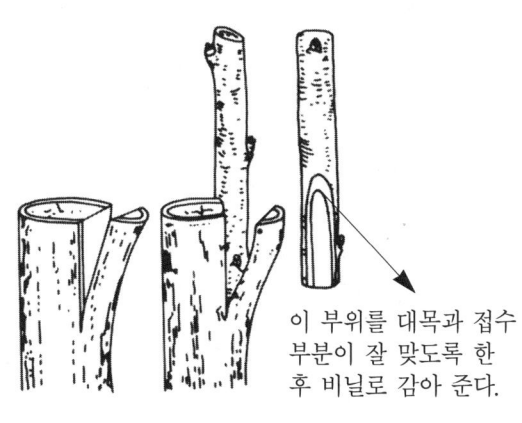

이 부위를 대목과 접수
부분이 잘 맞도록 한
후 비닐로 감아 준다.

[그림 2-4] 절접방법

(2) 아접(芽接)

아접의 시기는 8월 상순부터 9월 상순 사이에 실시하며 아접 방
법은 T자형 아접과 삭아접 등이 있으나 T자형 아접은 삭아접에

비하여 능률적인 방법이 못 되고 시기가 늦어지면 나무껍질이 잘 벗겨지지 않는 등 삭아접에 비해 접목 기간이 짧아 최근에는 삭아접이 많이 이용되고 있다.

삭아접은 그림과 같이 접눈위 1.5㎝ 되는 곳에서 비스듬히 칼을 넣어 눈을 떼어낸 후 대목은 목질부가 약간 붙을 정도로 깎아내리고 다시 위쪽을 향하여 비스듬히 칼을 넣어 접눈의 길이보다 약간 짧게 잘라낸 다음 접눈과 대목의 부름켜를 잘 맞춘 후 비닐로 감아준다.

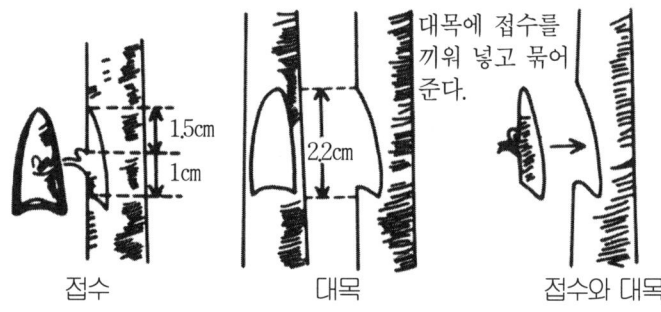

[그림 2-5] 삭아접 방법

(3) 녹지접(綠枝接)

녹지접은 6~7월에 실시하는데 방법은 그림과 같이 짜개접을 한다. 봄에 파종한 실생이나 새 가지가 6~7㎜ 이상 굵어지면 녹지접이 가능한데 접수를 당년생 새 가지의 순을 5~6㎝ 길이로 잘라 잎자루는 남기고 잎을 따버린 다음 접수를 쐐기 모양으로 깎는다.

대목은 자른 부분의 중앙을 쪼갠 다음 접수의 쐐기 모양을 형성층에 잘 맞추어 꽂아 비닐을 감고 접수의 자른 면은 유합제 등을 발라 수분 증발을 막는다. 녹지접은 고온기에 실시하므로 접수가 건조하기 쉽기 때문에 비닐 주머니나 종이봉지를 씌워 주기도 한다.

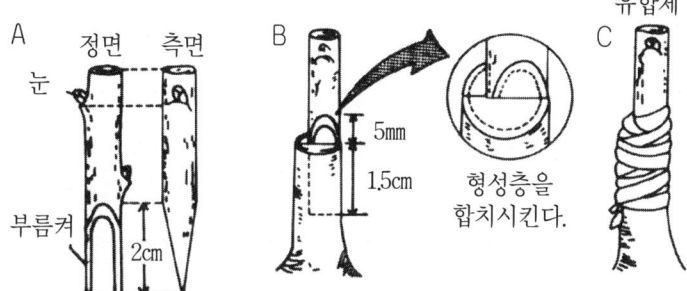

A. 접수를 깎는 방법
B. 새 가지 대목에 접수를 꽂고 형성층을 합치시킨다.
C. 접착부를 비닐 테이프로 잡아매고 유합제를 바른다.

[그림 2-6] 할접에 의한 녹지접

4. 삽목방법(揷木方法)

삽목법은 가지, 뿌리, 잎 등의 일부를 모수에서 잘라내어 땅에 꽂아 발근시켜서 새 개체를 만드는 방법으로 주로 왜성대목 번식에 이용하고 있다.

가지를 이용하는 경우 지난 해 자란 가지를 삽수로 하는 경지삽목법(硬枝揷木法)과 올해 자란 신초를 삽수로 하는 녹지삽목법(綠枝揷木法)으로 나눌 수 있는데 대부분 왜성대목은 일반적인 방법으로는 발근이 잘 되지 않아 삽목시는 삽목상의 적절한 시설이 필요하다.

(1) 경지삽목법(硬枝揷木法)

경지 삽목시 노지삽목으로는 발근이 불량하므로 삽목상에 전열선을 늘려 열을 공급하면 발근부위의 온도는 높은 반면 삽수 지상부는 낮아 눈은 발아되지 않고 발근만을 촉진시키는 효과가 있다.

전열상은 온도 변화가 적은 창고 등의 음지에 세멘트 블록이나 판자로 삽목상을 만든 후 바닥에는 열 손실이 되지 않도록 단열재를 깔고 그 위에 전열선을 설치한다. 전열선은 사용 전압이 100V면 60m, 220V면 120m를 6.6㎡ 정도의 면적에 늘인 다음 그 위에 철망인 한냉사를 깔고 20~25cm 높이로 상토를 채운다.

삽목용 상토는 질석(vermiculite)을 사용하는 것이 보습력, 통기성이 좋아 발근율이 가장 높고 반영구적으로 사용할 수 있어 이상적인 것으로 알려지고 있다. 그러나 모래도 수분 관리만 잘 하면 발근율도 높고 가격도 저렴하여 이용가치가 높다. 상토의 수분 함량은 상토 무게에 약 2배 정도가 적당하다.

경지삽목 시기는 낙엽 직후부터 3월 상순까지 가능하며 다량의 삽목묘를 양성할 경우에는 이 기간 동안 계속 삽목이 가능하다. 그러나 도표에서 보는 바와 같이 발근된 삽목묘를 포장에 이식할 수 있는 시기와 발근율 등을 감안한다면 2월 중~3월 상순이 적기이다. 3월 상순 이후의 경지삽목은 기온의 상승이나 삽목 기간 중 삽수에서 눈이 발아하여 양수분의 소모가 많아지므로 발근율도 극히 낮아지고 포장이식 후 생존도 거의 불가능해진다.

삽수는 지난 해 자란 1년생 가지를 채취한다. 삽수 길이는 60cm 정도가 발근율이 좋으므로 삽수 채취용 모수는 봄에 강전정하여 강한 가지가 발생해야 삽수를 많이 채취할 수 있다. 삽수는 기부 마디 부분을 비스듬히 절단한 후 IBA 등의 발근촉진제에 침지하고 삽수 선단부는 수분 증발을 억제하기 위하여 유합제나 파라핀 등을 발라준다.

삽목 후 전열상의 온도는 21℃ 내외로 일정하게 유지하고 지상부의 온도는 5℃ 내외가 이상적이다. 전열상을 이용하는 경지삽목시 발근 기간 동안 햇빛은 필요하지 않으며 습도는 상토가 질석인 경우에는 상토 조제시 적정 수분량으로 조절한 경우에는 삽목 기간 내에 다시 수분을 보충해 줄 필요가 없으나 모래인 경우에는 10일 간격으로 3회 정도 삽목상의 상태를 보아 수분조절을 해야 한다.

발근에 소요되는 기간은 약 5~6주 정도이며 발근된 묘목은 1주일 동안 서서히 온도를 내려 경화시킨 후 해빙과 동시에 포장에 옮겨심은 후 충분히 물을 주고 마른 흙으로 덮어준다.

[표 2-4] 경지 삽목 시기별 발근 및 포장 생존율

삽목시기	발근율(%)		포장생존율(%)	
	M 26	MM 106	M 26	MM 106
12월 26일	46.7	10.1	33.3	33.3
1월 19일	33.3	38.3	30.3	16.7
2월 11일	81.7	45.0	73.3	50.0
3월 7일	98.3	68.3	80.0	55.6

(2) 녹지삽목법(綠枝插木法)

녹지삽목은 자라고 있는 신초를 잘라내어 발근시키는 방법으로 발근을 좋게 하기 위해서는 분무온실(mist 실)이나 밀폐실의 시설이 필요하고 삽수도 황화 처리나 연화 처리를 하여야 발근율을 높일 수 있다. 그러나 황화 처리는 삽수 채취 모수에 검정 비닐 등을 피복하여 암흑 상태로 일정기간 두어야 되므로 모수가 고온의 피해를 받아 수세가 극히 쇠약해지거나 고사되므로 최근에는 연화 처리법이 이용되고 있다. 연화 처리는 삽수 채취 모수에 발아 직후 백색 비늘을 15~20일간 피복하여 삽수 조직을 연하게 하는 것으로 고온의 피해도 받지 않고 생육도 촉진되므로 실용적인 방법이다.

녹지 삽목상의 질석과 퍼라이트(perlite)를 용적비 1:1로 혼합하는 것이 좋으며 상토의 수분 함량은 손으로 꼭 쥐어서 물방울이 손가락 사이로 하나 둘 떨어지는 상태가 이상적이다.

삽목 시기는 발아 후 신초의 길이가 10~15㎝ 되었을 때부터 9월 경까지 가능하나 5월 하순경에 삽목하는 것이 삽목상의 온도관리와 발근 후 충분한 생육이 이루어지므로 유리하다. 삽목시기가 너무 늦으면 발근 후 충분한 생육을 할 수 없어 겨울철 동해를 받을 우려가 높고 다음해 생육도 나빠지게 된다.

삽목 후는 삽수가 마르지 않도록 포화 상태의 습도를 유지하기 위하여 분무 온실이나 밀폐실과 같은 시설이 필요하고 적당한 온도도 유지되어야 한다. 발근에 적합한 온도는 주간 기온이 21~27℃, 야간 기온은 15~21℃ 정도가 알맞고 삽목상의 광량은 자연광의 50% 정도의 차광이 알맞다.

발근 후 곧바로 포장에 이식하면 고사율이 높으므로 비닐이나 비닐폿트에 비옥한 배양토를 넣어 옮겨 심고 포화습도에 4일 정도 보존 후 서서히 공중습도로 환원시키는 경화 과정을 1주일 정도 거쳐 2차근의 형성을 촉진시킨 후 흐린 날 노지 포장에 이식하여 충분히 관수하고 1주일 가량 차광해 주어야 생존율을 높일 수 있다.

[표 2-5] 녹지 삽목시 삽수 처리별 발근율 및 생장량

대 목	처 리	발근율	근 수	총신초장
M 26	황화처리 연화처리 무 처 리	91.7% 90.0 38.3	2.7개 2.8 2.0	10.9cm 10.5 8.7
MM 106	황화처리 연화처리 무 처 리	97.6% 98.3 50.0	3.9개 3.8 2.5	18.8cm 16.8 16.1

[제3장 감 묘목 만들기]

1. 감의 대목

　겨울철이 추운 지방에서는 대체로 고염나무 대목을 많이 사용하는 경향이 있으나 여름철에 기온이 높고 건조가 계속되는 지방에서는 공대를 많이 사용한다.

　감의 대목으로서 적정도를 나타내는 척도(尺度)로는 접목 품종과의 친화성의 양부가 중요한 문제가 되지만 한편으로 수관(樹冠)의 조기 확대를 목표로 해서 강성대(强性台)를 중심으로 한 대목의 선택도 중시하게 되었다.

　그러나 현재로는 조기 결실, 조기 증수를 얻고 작업 능률의 향상이란 점에서 왜성대목에 대한 관심도 높아져 가고 있다.

(1) 대목 품종과 종자형상의 다양성

　실생의 생장에 대해서는 아오소, 미국감, 유구고염나무 등이 왕성하나 실생의 생장과 접목 후의 생장은 반드시 일치하지 않는다.

　즉 접목 후 1~2년의 생장은 왕성하더라도 대목과 접수의 친화성이 불량한 것은 수년이 경과되지 않아 생장이 떨어져서 말라죽는다.

　떫은 감은 고염나무 대목과 잘 친화하고 생장도 순조롭지만 단감은 고염나무와의 친화성에 문제가 있으며 생장은 해가 거듭됨에 따라 불량하게 된다.

[표 2-6] 대목용 씨앗의 성상과 실생의 생장 및 묘목의 생육

씨앗 명	중 량	발아율	1년생 생장량	활착 비율	생장량
고 염 나 무	0.13g	85.4	23.7cm	52.2%	72.5cm
유구고염나무	0.17	60.4	33.6	35.7	85.8
미 국 감	0.68	87.5	35.8	44.7	58.5
부유(富有)	0.78	64.5	36.7	77.1	48.6
서군(西郡)	0.66	81.3	25.1	28.6	48.9
서조(西條)	0.50	62.5	29.4	-	-
아 오 소	0.30	80.1	34.0	-	-

※ 접수는 조생 부유

(2) 부유, 조생 부유 및 평핵무(平核無)에 대한 대목의 영향

부유를 각종의 대목에 접목하고, 그 후의 생장량을 비교하면 5년생의 법위에서 부유×정월, 부유, 부유×젠지마루 대목의 생장이 뛰어나다.

평핵무 대목은 유구 고염나무 대목이 특히 생장이 왕성해서 우수하나, 미국감, 아오소 대목에는 생장이 뒤떨어져 있다.

이상과 같은 사실로 특히 공대는 유전적인 복잡성을 나타내면서도 일반적으로 말해서 암꽃만이 착생하는 품종에서 채종한 것이 우수하다는 경향이 있다.

더욱이 공대의 경우는 부유 씨앗의 다량 채종이 실재적인 문제로서 곤란하므로 발아율이 높은 부유를 모체(母體)로 한 계통의 선택이 필요하다.

대목의 상이(相異)에 의한 감 유목의 발아기가 늦고 빠름에 관해서 조사해 본 결과로는 부유, 유구고염나무, 서조는 비교적 늦은 경향이 있다.

감의 생산에 임해서 늦서리가 항상 내습하는 지대에서는 발아기

전후의 강상(降霜)의 유무가 중요한 문제가 되지만 늦서리를 회피하기 위한 대목의 문제가 해결되면 생산 안정에 길이 열릴 것이라고 생각한다.

2. 대목의 양성

(1) 채종과 보존 방법

감의 씨앗은 성숙과 함께 종피가 차차로 다갈색(茶褐色)으로 변해 완숙하면 진한 다색으로 된다. 채종에는 완숙한 씨앗인가 아닌가를 확인하는 일이 중요하다.

채종에는 착색이 이루어진 과실을 그대로 그릇에 넣어 그들을 완숙시킨다. 과실이 완전히 익어서 부드러워지면 씨앗을 분리해서 채종한다.

씨앗은 물로 잘 씻고 주름이 잡힌 거나 알맹이가 불충분한 것은 골라서 제거하고 모래와 잘 혼합해서 다시 그릇에 넣어 보존한다.

이때에 모래가 너무 습기가 차면 보존 중에 씨앗에 녹이 생겨 부패하는 원인이 되므로 약간 건조기가 있는 모래를 사용한다.

그러나 너무 건조하면 씨앗을 건조시켜 발아 비율을 저하시킨다. 모래를 손에다 단단히 쥐었다가 폈을 때 떡 같이 되는 것은 너무 습기가 찬 것이고 손을 폈을 때 동시에 흐트러져서 떡 같이 되지 않는 상태의 것이 적당한 습기가 있는 것이다.

보존하는 장소는 직사광선을 피하고 창고의 한쪽 구석이나 또는 지하실에 놔 두면 된다. 한냉지에서는 특히 엄한기에 있어서의 동결(凍結)에 주의한다.

(2) 파 종

감의 씨앗은 파종 후 발아까지 비교적 장기간을 요하는데 보통 3월 하순에 파종한 것이 발아가 시작되어 땅위에 쌍엽을 내는 것이 5월이 된다.

지온의 상승이 빠르고 더구나 공기의 함량이 많은 모래땅에서는 발아가 비교적 양호하지만 점토질의 땅에서는 발아가 나쁘고, 발아가 되지 않은 채 부패되는 것도 있다.

따라서 실생의 육성은 양지 바르고 배수가 잘 되는 장소를 선택하고 사질 양토인 곳이 이상적이다.

파종상(床)은 미리 기비(基肥)를 혼합해 놓고, 그것이 충분히 숙성(熟成)했을 무렵에 파종을 한다. 기비는 골분이나 깻묵을 중심으로 한 배합비료가 좋다.

파종은 접목의 순서를 고려해서 1열 뿌리기, 또는 2열 뿌리기로 한다. 뿌리는 폭 약 15㎝를 기준으로 하고 복토는 씨앗의 크기를 기준으로 씨앗의 횡경(橫徑)의 2배 정도로 한다. 깊이 뿌리기는 발아를 불균일하게 하므로 주의한다.

(3) 실생의 육성

쌍엽이 나오고 이어서 본엽이 전개하면 실생은 갑자기 생장 속도가 높아진다. 6~7월에 걸쳐서 장마철 기간 중의 생장은 특히 왕성해진다.

이 시기는 비가 많고 더구나 습도와 기온과의 상호의 조건은 탄저병을 유발하기 쉬우므로 지네부제를 살포해서 방제에 전념한다.

탄저병은 주로 신소기부에 발생하기 쉽고 거기에다 지상 2~3㎝의 부분은 접목을 할 때 중요한 부분이므로, 방제에는 약액이 가지 전체에 잘 뿌려지도록 살포한다.

7월에 들어서 기온이 상승하면 흰가루병이 발생된다. 이 병해는 주로 잎을 침해해서 잎의 기능을 현저하게 저하시키므로 가지의 생장이 둔해진다.

특히나 비가 온 다음의 피해가 크므로 베노밀 수화제 400~500배를 살포한다. 성하기(盛夏期)에 들어가서 고온건조가 계속되면 감의 실생은 생장이 저해되기 때문에 너무 건조되지 않도록 적극적으로 관수를 한다.

실생을 육성할 때 특히 비배 관리의 면에서 중요한 시기는 6~7월이다. 이 시기에 뿌리에 장애가 있든가 또는 비료 부족의 상태가 되면 가지는 말라버리게 되어 뜻대로 비대하지 못하고 결국에는 접목을 할 수 없게 된다. 기비에 지속성을 갖게 하는 비배관리가 좋다는 것은 이 때문이다.

잎의 녹화가 진전되지 않고 생육이 불량한 경우에는 성하기에 들어가기 전에 질소를 주체로 한 추비를 시용하고 가볍게 북을 돋아 놓는다.

감은 이식으로 인한 식상(植傷)이 크므로 실생을 정식지에다 직파 육성해서 거접(居接)을 시행해서 좋은 성적을 올리고 있는 예가 있다.

이런 경우에는 묘목의 이식이 생략되므로 식상(植傷)이 없고 그 후의 생장이 왕성하므로 조기 성원(成園)을 도모하기 위해서는 합리적인 방법이다.

그러나 실생의 육성관리의 면에서는 집중 관리를 할 수 없기 때문에 불편한 점도 있으나 특히 여름철의 건조에 주의하고 관수를 적극적으로 시행해서 조기 비대를 도모한다.

3. 접수 채집과 보존

접수를 선택하는 경우에 가장 중요한 일은 품종이 확실해야 하는 일, 모수(母樹)가 건전해야 하는 일, 병해충의 피해를 입고 있지 않는 일, 병해충의 피해를 입고 있지 않는 일, 눈이 충실해서 가지의 생육도 양호해야 된다는 것이다.

특히 감의 접목의 적기가 벚꽃의 만개 시기 전후이기 때문에 과수 중에서는 비교적 늦은 종류이므로 접수의 보존기간이 길고, 특히 이른 봄 이후의 보존의 양부(良否)가 문제가 된다.

① 품종이 확실하고 풍산성인 수체를 선택한다.

품종이 확실해야 한다는 것은 기본적인 조건이다. 특히 영년성(永年性)이기 때문에 품종 선택이 중요하다.

또한 감은 개성이 강하고 풍산성인 나무와 과산수(寡産樹)가 혼식되어 있는 과원이 많다.

따라서 접수의 채집에는 미리부터 풍산수를 모수로서 선택해 놓고 전정에 앞서 직접 모수로부터 절취하는 것이 좋다.

수관(樹冠)의 바깥 쪽에 일광의 조사를 충분히 받은 가지가 좋은데 도장지(徒長枝)는 피하고 30~40cm 정도의 착실한 가지가 좋다.

특히 충실한 가지의 정아(頂芽)는 잘 부풀고 단단하여 눈도 균일하지만 수관 내부의 가지는 연약하고 눈이 전체적으로 작으며 접목 후의 신아의 신장도 늦기가 일쑤다.

② 병해충의 피해를 받고 있지 않을 것

탄저병은 가지에 병원체를 가지고 있으므로 접목이 양호하게 시행되어 있어도 발병율이 높고 더구나 다른 것으로의 전염의 우려가 있다.

흰가루병은 잎의 뒷면에 형성된 자낭각 포자(胞子)가 가지에 부착해서 그대로 해를 넘겨 접목 후의 새잎에 피해를 끼치는 원인이 된다.

해충은 눈의 주변에 잠적하고 있는 감나무 가루깍지 벌레, 쌍점매미충, 그 외에 최근에는 해마다 증가되고 있는 지간(枝幹) 해충으로서 감꼭지나방 등이 무서운 해충으로 되어 있다.

병해충 방제의 입장에서 겨울철의 석회유황합제를 살포하는 지역에서는 접수는 살포 전에 채집해 놓는 일이 중요하다.

③ 접수의 보존 방법

하천 모래를 이용하는 방법 - 모래는 물로 씻어서 일단 잘 건조시킨 후 비교적 저온이고 과습이 되지 않는 장소를 선택해서 간이 저장상자를 만든다.

12월 이후는 기온이 현저하게 저하되므로 온도의 조건으로는 문제가 안되나 과습 상태에서는 접수의 중심부가 습윤상(濕潤狀)으로 되기도 하고 또는 목질부에 잔 흑점이 생기기 쉬우므로 주의한다.

저장상자의 밑바닥에는 폴리에틸렌 필름을 깔고 건조된 모래와 접수를 교호(交互)로 쌓아 올리고, 최상단에는 다시 모래로 완전히 피복해서 그대로 상하(床下)에다 보존한다.

냉장고를 이용하는 방법 - 냉장고를 이용하는 경우에는 접수를 즉시 폴리에틸렌 필름으로 싸고 밀폐해서 그대로 냉장고에 보존한다.

냉장하는 경우의 온도는 5℃ 이하~0℃ 이상으로 유지하면 된다. 다만 빙점 이하에 오랫동안 보존하면 접수의 표면이 결빙(結氷)하게 되므로 좋지 않다.

접수의 길이에 따라서는 가정용의 냉장고에 들어가기 힘들므로 이런 경우는 접수 채집할 때 눈을 세 개 붙여서 즉시 세단(細斷)하고 파라핀을 80℃ 이하로 용해시킨 물통에 순간적으로 침적시켜 파라핀막으로 접수를 보호한다.

이것들을 폴리에틸렌 봉지에 넣고 봉해서 냉장고에다 보존한다. 이때 접수로 그대로 사용할 수 있기 때문에 무리가 없는 이점이 있다.

4. 접목(接木) 방법

감나무는 접목으로 번식을 하고 있다. 접목방법으로 봄철에 하는 절접과 초가을에 하는 아접이 있으며 경제성이 높은 우량신품종으로 갱신하여 조기에 다수확을 하기 위하여 고접을 한다.

고접은 구품종 중 품질이 좋지 않은 나무 5~10년생에 접목을 하면 2~3년 후에는 본래의 수령의 나무 크기가 되고 많은 양의 수확을 볼 수 있게 된다. 고접은 유목에 하면 수확이 늦어진다.

(1) 접목시기와 방법

① 시기(時期)

남부지방에서는 4월 상순부터 중순에 접목을 하고 중북부 지방은 4월 중, 하순경에 하는 것이 좋다. 접목이 늦었을 때는 대목의 새싹이 나오는 시기까지 접목을 하는데 이때 절단면에서 물기가 나오지 않을 때까지는 접목을 하면 된다.

눈접시기는 8월 하순부터 9월 상순에 녹지접(綠枝接)은 8월 중순경에 실시한다. 그러나 감나무에서는 녹지접을 하면 가지 생육이 충실치 못하여 월동 중 동해를 받아 고사될 염려가 있으므로 피하는 것이 좋다.

② 절접 방법(切接方法)

감나무는 절접을 하였을 때 득묘율(得苗率)도 높고 우량묘의 생산이 가능하여 묘목생산업자는 절접으로 묘목을 생산한다. 절접은 접수와 대목의 굵기가 같거나 대목이 다소 굵은 것이 좋다.

㉮ **접수조제**

5~7cm로 접수를 자르면 눈이 2개 붙어 있는데 이때 윗눈에서 5mm 정도 여유를 두고 자르는데 그 이유는 바짝 자르면 윗눈이 말라죽기 쉽기 때문이다.

접수의 윗쪽에 있는 눈과 나란히 접수의 하단 측면을 접도로 2~2.5cm를 면이 직선이 되게 깎아내고 그 뒷면은 경사지게 0.5cm를 뾰족하게 깎아낸다.

㉯ **대목조제**

대목의 지상부 5~6cm 되는 곳을 전정가위로 절단하고 구부러지지 않고 똑바른 곳에 살짝 빗면으로 떼어내고 접도를 수직으로 칼을 두손가락에 힘을 고르게 주어 2~2.5cm 정도를 내려 쪼갠다.

㉰ **접붙이기**

이와 같이 접수를 다듬고 대목을 내려 쪼개고 난 다음 이것을 합하면 접목이 되는 것이다. 이때 중요한 것은 접수와 대목의 깎은 면에 형성층이 합치되게 하는 것이다. 이때 양쪽이 다 맞으면 최적이지만 한쪽이라도 맞추어야 접목이 된다. 이같이 형성층이 합치되게 한 다음 움직이지 않게 하고 비닐끈으로 단단히 묶어 주면 된다.

접수의 절단 상단면이 건조되지 않도록 유합제나 접납을 발라
준다.

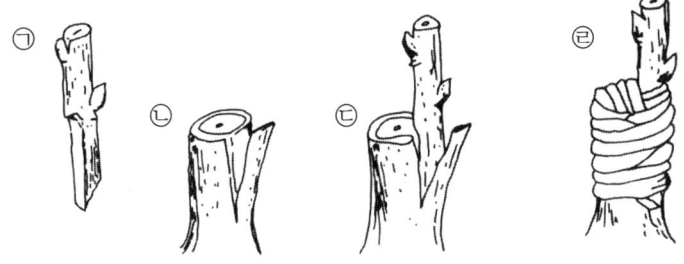

[그림 2-7] 절접 방법

접납을 만드는 방법은 송진 800g, 돼지기름 100g, 파라핀 50g을
준비하여 냄비에 파라핀을 녹인 다음 송진과 돼지기름을 넣고 잘
섞어 완전히 녹인 다음 냉각시켜 굳어지면 된다.

③ 눈접 방법(芽接方法)

㉮ **접수조제**

눈접용 접수는 반드시 그 해 잘 자란 1년생 가지의 중간 부위
에 있는 충실한 눈을 떼어 접목을 하는 것이다.

접수는 마르지 않도록 하기 위하여 물통에 약간의 물을 넣고
접수를 담가놓고 사용한다. 접목하기 전 접수는 엽병만 남기고 잎
은 모두 제거하는데 접목 후 5~7일 후에 눈접이 되었는지 여부를
보기 위하여 잎을 1/4~1/5 정도를 엽병에 붙여둔다. 접목이 되면
잎과 엽병이 황색으로 변하고 손으로 건드리면 똑 떨어진다.

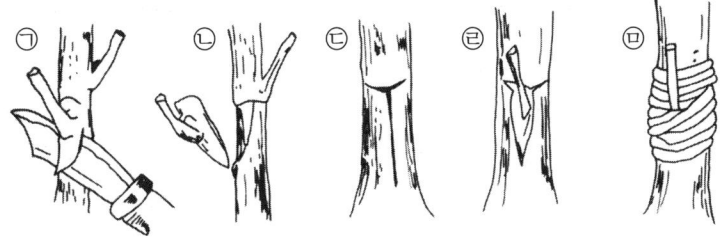

㉠ 접눈따기　㉡ 접눈을 따낸 모습　㉢ 대목에 칼집을 낸 모습
㉣ 접눈을 대목에 꽂은 모습　㉤ 끈으로 매어 눈접을 마친 모습

[그림 2-8] 눈접의 방법

눈따기로 먼저 눈 위쪽 5~7㎜ 부분에 횡으로 표피만 끊어 주고 난 후 눈 아래쪽 엽병밑 10㎜ 쯤에서 윗쪽을 향해 칼질을 하면 접눈이 떨어진다. 이때 조각에 목질부가 붙는 것이 있고 똑 떨어지는 것이 있다. 목질부가 붙은 것은 목질을 제거하고 접을 붙이는 것이 활착률이 높다.

㉯ 접붙이기

대목에 T자를 그어서 표피가 벌어지게 하는 작업을 한 후 T자의 위치는 지면에서 5~6㎝ 지점에 칼끝으로 그어 찢고 벌려서 떼어낸 접아를 끼워주면 접이 된다. 이때 주의할 것은 접수절편이 T자에 꼭 맞아 떨어져야 한다. 만일 접수절편이 윗쪽으로 솟아나오면 안 되므로 윗쪽에 나온 것을 절단해 낸다. 이렇게 하고 나면 접수절편이 움직이지 않도록 비닐끈으로 꼭 매주면 접이 끝난 것이다.

④ 고접 방법(高接方法)

단감은 우리나라 특수지역에서만 재배가 가능하다.

고접이란 5년생 이상된 성목 높은 곳에 우량품종에 접수를 이용해서 전체 아니면 품종확인을 위하여 일부의 가지에 접하는 것을 말한다.

단감도 현재 재배품종보다 품질이 우수하고 숙기가 원하는 시기에 생산되는 품종으로 경제성이 높은 신품종이 육성되었거나 새로운 품종이 도입되었을 때 고접을 하게 된다. 고접은 5년생 미만의 유목에 하면 묘목 심는 것과 같으므로 적어도 5년생 정도에 하는 것이 좋으며 5~10년생 나무에 고접을 하는 것이 좋다. 왜냐하면 2~3년 후면 접목한 나무가 정상적으로 생장이 되므로 5년생에 고접을 하면 3년 후에는 8년생이 되는데 이때 나무는 정상적인 8년생으로 되어 나무의 크기나 수령이 8년생과 같아진다.

고접방법에는 점진갱신(漸進更新)과 일시갱신(一時更新)이 있다. 여기서는 일시 갱신만을 설명하고자 한다.

㉮ 접수준비

접수는 품종이 확실해야 하므로 채취시에는 확인을 하고 접수를 모은다. 역시 접수는 1년생 발육지 30~40㎝ 자란 가지를 이용하면 된다.

접수 준비를 위해서 2~3월에 채취하면 50개 정도 내외를 다발로 묶어 그늘진 곳에 세워서 묻거나 저장고에 보관한다. 접수량이 적을 때에는 비닐에 쌓아 냉장고에 보관해도 된다. 보관 중에는 접수가 마르지 않도록 조치한다.

㉯ 접붙이기

한나무당 접한 수는 나무의 크기에 따라 다르나 같은 크기의 나무라도 접한 수가 많으면 초기 수량이 많아진다. 그러나 너무 많이 붙여 놓으면 수관 내부가 복잡해지고 가지가 겹치며 그늘지기 때문에 2~3년 후면 접한 가지를 많이 절단하게 된다.

고접은 수령이 적고 나무가 크지 않은 경우는 10~15개 정도 접목을 하고 수령도 많고 큰 나무는 30~40개 정도 접목을 하게 된다.

접목하는 간격은 30~50㎝를 두고 접하는데 방법은 절접과 같은 방법으로 한다. 이때 접수는 가지 윗쪽에 접목을 한다. 그리고 나무 수고가 높을 때는 적당한 높이에서 변측을 시킨다.

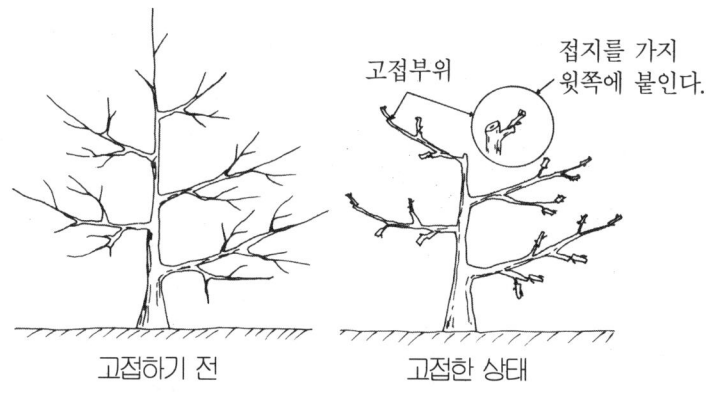

고접부위

접지를 가지 윗쪽에 붙인다.

고접하기 전   고접한 상태

[그림 2-9] 감나무 고접 전과 후의 상태

5. 접목 후의 육묘관리

접목 후 활착의 양부는 며칠 사이에 판명된다. 활착이 된 것은 눈의 광택이 선명하며 눈의 선단에서 생장을 개시하는데 비해 활착하지 않은 눈은 광택이 없어지고 말라서 굳어진다.

활착된 새눈의 움직임은 활발하며 특히 눈이 큰 것은 일찌기 발아를 개시한다. 발아의 개시와 함께 피복되어 있는 흙을 제거해서 발아 신장을 도와 주도록 한다.

육묘 중에 주의해야 할 일은 지상부에 가까운 부분의 기엽(基

葉)을 소중히 해야 할 것과 병해충에 대해서는 철저하게 방제를 해야 되는 일이다.

한편 육묘의 비배관리에서의 중점을 두고 적절한 시비를 하되 시비는 추비에다 중점을 두면 2차 생장(여름가지)을 변칙적으로 재촉해서 건전한 묘의 육성을 하기 힘들다.

따라서 추비는 보조적으로 시행하는 것이 좋다. 병해충 방제에서 특히 주의할 일은 탄저병, 흰가루병, 근두암종병 등이다.

탄저병은 특히 배수가 불량한 땅이나 연작지 등에 발생하기 쉽다. 6~7월에 걸친 장마철 및 9월에는 비가 많으므로 주의하지 않으면 안된다.

근두 암종병은 토양을 매체로 해서 전염되므로 이의 방제는 곤란한 일이므로 발견하면 즉시 뿌리의 근본 부분에서부터 제거해 버린다.

특히 연작지에 많이 발생하고 고염나무는 병에 침해되기 쉬우므로 주의한다.

감꼭지나방은 지간(枝幹) 해충으로서 주로 접목부를 갉아 먹고 들어가서 묘목에 큰 피해를 주게 되므로 접목부는 극단으로 노출되지 않도록 하고, 어느 정도는 북을 주어서 보호하는 것이 좋다.

제4장 배 묘목 만들기

1. 묘목갱신을 위한 육묘방법

이 방법은 기존의 나무를 완전히 캐내어 새로운 품종의 묘목을 다시 심는 방법이다.

(1) 종자채취

종자가 완전히 성숙하여 껍질이 갈색 또는 암갈색으로 되었을 때 채취한다. 재배품종은 과육을 먹고 남은 부분에서 종자를 채취한 다음 깨끗이 씻어 그늘에서 4~5일간 말리는데 직사광선에 말리거나 10일 이상 말리면 발아력이 약화될 수 있다.

돌배와 같은 종류는 과실을 쌓아놓고 위를 거적 등으로 덮어 얼마동안 과육을 썩힌 후 물에 씻어 종자를 받는 것이 편리하다. 과실이 썩을 때 부패열이 발생하는데 온도가 20℃ 이상으로 높아지면 종자의 발아력이 저하될 수 있다.

(2) 종자의 저장

종자가 겉보기에 완전히 성숙하고 발아에 적당한 온도, 수분, 산소의 조건이 충족되어도 채취한 후 일정한 기간을 경과하지 않으면 발아되지 않거나, 발아 후의 생육이 불량하게 되는데 이 현상을 휴면(休眠)이라고 한다. 휴면 기간 중에 배(胚)가 성숙(成熟)되어 발아된다.

종자의 휴면타파(休眠打破)에는 적당한 습도, 산소 및 저온이 필요하다. 알맞은 온도는 일반적으로 4~7℃이고, 습도는 70% 정도가 적당하다. 저온 요구기간은 종류에 따라 다르다.

실제로 종자를 저장할 때에는 노천매장(露天埋臟)하거나 저온저장고를 이용할 수도 있다. 노천매장 방법은 종자를 상자나 망사 주머니 등에 습기가 있는 모래 2~3배와 섞어 봄에 가장 늦게 땅이 녹고 배수가 잘 되는 그늘진 곳에 묻어두면 된다.

수분이 과다하면 부패하고, 너무 적으면 건조하여 발아력이 약해지며, 온도가 높으면 파종하기 전에 조기발아하여 어린 뿌리가 상하게 되어 이후의 생육이 불량해진다.

(3) 파종 및 육성

파종 적기는 3월 중순경이다. 휴면이 타파된 종자는 10℃ 정도에서 발아되므로 파종이 늦으면 저장 중에 발아되어 우량 대목의 수확률이 낮아지므로 파종적기를 놓치지 않도록 한다.

파종 5개월쯤 전인 전년도의 11월 중순에 10a당 완숙퇴비 2,000kg, 석회 100kg, 용성인비 50kg 정도를 뿌린 후 2~3회 갈고 이랑폭이 60~70cm 정도되는 파종상을 만들어 겨울을 지낸다.

파종시기는 대개 봄철로 겨울동안 저장하지 않고 늦가을에 직접 파종할 수도 있다.

또한 완숙퇴비와 흙의 비율을 1:5의 비율로 만든 파종상에 파종하여 본엽 4~5매때 본포에 10cm 간격으로 옮겨 심는 방법과 본포에 직접 파종하는 방법이 있다.

이때 파종간격은 폭 60~70cm 이랑에 1~2열로 드물게 파종하는 것이 후일의 접목작업 및 그 밖의 관리가 편리하며, 파종량은 10a당 2.2~2.7 l (23,000립 정도)이다.

2. 대목의 종류

(1) 공대(共臺)

재배품종의 종자로 육성된 대목은 공대(共臺)라 하고, 자생종의 종자로 육성된 대목은 이대(異臺)라고 한다. 아직까지 각 품종별 공대의 특성에 대하여는 보고된 바가 없다.

(2) 돌배(山梨)

우리나라 남부 지리산 일대에 많이 분포되어 있다. 가시 발생이 비교적 적으며 줄기의 비대생장이 빨라 파종 당년 8~9월이면 눈 접을 할 수 있을 정도로 자란다.

나무의 키가 15m 정도로 자라는 교목으로 과피는 갈색을 띠는데 잎은 전연(全緣)이나 삼열엽(三裂葉)도 간혹 있다. 뿌리는 약간 넓게 분포하며 뿌리수가 많고, 지상부와 지하부가 균형을 잘 유지한다. 내습성은 강하나 내건성은 약한 것에 비해 줄기마름병에 대한 저항성은 상당히 강하다.

주요 배 품종과 접목 친화력이 좋고, 활착 후의 생육도 양호하며 배의 대목으로 가장 많이 이용되고 있다. 삽목에 의하여 번식된 대목은 건조한 토양에서 발육이 불량하고 수명도 짧아지지만 비옥한 토양에서는 다른 대목과 별로 차이가 없다.

(3) 한국콩배(豆梨)

나무의 키는 10m 정도 자라는데 가는 가지가 많다. 잎은 비교적 작으며, 모양은 난형(卵形) 또는 원형이다.

과실은 직경 1cm 정도이며 갈색이다. 초기에는 생장이 늦고 심근성으로 토양 적응성은 강하나 북지콩배보다 접목친화성이 약하다. 그러나 서양배와는 접목친화성이 비교적 높은 편으로 알려져 있다.

유부과(柚膚果)의 발생을 억제하는 기능이 있다.

(4) 북지콩배(北支豆梨)

나무의 키는 15m 정도 자라며 잎의 모양은 난형이다. 과실은 콩배처럼 작은데 가지에 가시가 있다. 뿌리는 원뿌리가 적고 심근성으로 토양적응성이 강하며 특히 알칼리토양에 잘 견딘다. 내건성, 내한성이 강하여 건조하고 한냉한 지대에 알맞다.

3. 대목의 양성

대목으로는 실생대목이 많이 사용되지만 삽목 대목을 사용하는 일도 있다. 때로는 근삽대목이 사용되는 일도 있다. 삽목 대목은 직근은 없으나 식재 후의 발육은 실생대목과 변함이 없다.

실제로는 실생대목이 부족되는 경우에 삽목 대목이 사용된다.

(1) 실생대목

대목의 씨앗은 과실이 완숙된 다음에 채종하여 퇴적을 해서 물을 뿌려 부패시키고 물로 씻어 내서 씨앗을 선별한다.

씨앗은 건조하면 발아하지 않으므로 통 같은 것에 습기찬 흙이나 모래를 넣어 얇은 층으로 해서 씨앗을 넣는다. 이어서 흙이나 모래를 넣고 다시 씨앗을 넣고는 재차 흙이나 모래를 깔아 주어

씨앗이 건조되지 않도록 해서 저장해 놓는다. 구입한 씨앗도 즉시 같은 방법으로 저장한다

2월 하순~3월 상순에 씨앗을 꺼내어 경운(耕耘) 정지(整地)를 한 묘상에다 파종하되 때로는 직파를 하는 수도 있다. 묘상뿌리기에는 폭 90cm의 묘상에 6cm의 조파(條播)를 한다.

파종을 해서 씨앗이 보이지 않을 정도로 복토를 하고 볏짚을 깔아 준다. 파종량은 폭 90cm의 묘상에서 길이 1m에 0.2 l 정도로 밀파되지 않도록 뿌린다.

10a의 묘를 양성하는데는 3 l 의 씨앗을 필요로 한다. 아그배나무의 종자는 1 l 가 4,200립(粒) 정도가 된다. 만주팥배나무는 이것보다도 입수(粒數)가 많다.

발아된 다음 2~3cm로 신장했을 때, 깔아 놓은 볏짚을 걷어 내고, 5월 상순 7~10cm로 신장했을 때에 정식한다.

정식은 이랑넓이 60~70cm, 포기사이 10~13cm(10a 약 13,000본이 되는데 접목하는 것은 10,000본 정도가 된다)로 심고, 활착된 다음에 비료를 사용한다.

기비로서 함량이 낮은 복합비료를 50kg, 그 후 생육하는 상황에 따라 추비를 1~2회(8월 하순~9월 상순과 12월~2월 중순) 시비해서 대목을 충실하게 만든다.

직파(直播)는 이랑넓이 60~70cm가 되게 파종하는데 발아된 다음 15cm 정도로 발육이 되고 부터 비료를 시비한다. 그 후의 관리는 묘상뿌리기와 마찬가지다.

파종상에서 제일 주의할 것은 적성병(赤星病)이다. 적성병은 향나무류로부터 병균의 소생자(小生子)가 비산해서 생기며, 5월 상순경부터 줄기에 발병해서 등적색(橙赤色)의 병반부(病斑部)가 커지면서 줄기가 부러지기 쉽다.

잎에도 등적색의 원형 병반이 생겨서 병반이 잎자루에 생기거나
또는 잎에 병반수가 많아지면 낙엽을 해서 발육이 나쁘게 된다.

적성병의 방제시기는 4월 중순~하순의 비가 내리기 전에 지네
브제를 살포하면 좋다.

그 밖에 대목 양성 중에 주의하지 않으면 안될 병해충에는 진딧
물, 흑반병, 흑성병이 있다.

(2) 삽목대목과 근삽대목

삽목은 실생대목의 지상부를 삽목감으로 한다. 1년생의 대목에
서 삽목감을 채취하면 발근율이 100%에 가깝고 2년생 대목의 1년
지(枝)를 꽂으면 발근율은 50%로 되고 거기에다 발육이 떨어지므
로 삽목감은 1년생 대목에서만 채수한다.

삽목의 시기는 2월 중순~3월 중순으로 이 시기에 앞서 삽목용
의 접수를 채수해 놓았을 경우에는 다발로 묶어서 반 그늘진 곳에
다 건조하지 않도록 3분의 2, 4분의 3이 땅속에 들어가도록 파묻어
놓고 삽목을 하기 전에 몇시간 맑은 물에 담가서 물을 빨아 올리
게 한 다음 삽목감을 자르면 활착이 좋다.

삽목을 하는 밭은 적당한 보수력(保水力)과 통기성(通氣性)이
있고 문우병, 백견병, 근두암종병 등이 없는 토양으로 이랑넓이 65
~70㎝, 포기 사이를 11~15㎝로 하고 삽목감은 길이 15~20㎝로
자르는데 절구는 비스듬히 자르고 반대 쪽도 약간 자르면 토양과
의 접촉면이 많아져서 발근이 잘 된다.

근삽은 10~15㎝로 뿌리를 잘라 비스듬히 또는 수평으로 꽂아서
부정아(不定芽)를 발아시키는 것으로 뿌리는 어느 정도 굵은 것이
부정아를 잘 발생시킨다.

4. 접목과정

(1) 접수준비

① 1m 이상 잘 자란 충실한 발육지를 접수로 사용한다. 하기에 2
  차 신장하지 않은 가지로서 화아가 적게 붙은 것이 좋다.

② 2월 중순경 수액이 이동하기 직전에 채취하여 2~5℃, 습도
  80~90% 되는 움막이나 냉장고에 넣어 보관한다. 접목실시 1일
  전에 꺼내어 접수온도가 외기온과 같게 한 뒤 사용한다.

③ 10년생 배나무 1주를 갱시하고자 할 때는 약 20개 정도의 발육
  지(길이 1m)가 필요하다. 장초 고접할 때는 더 많은 접수를 준
  비하도록 한다.

(2) 고접시기

　대목의 수액이 이동하기 전에 실시하는 것이 좋으므로 3월 하순
부터 4월 중순에 걸쳐 실시한다. 접목시기는 늦을수록 생육이 부
진하므로 주의해야 한다.

(3) 고접부위 및 방법

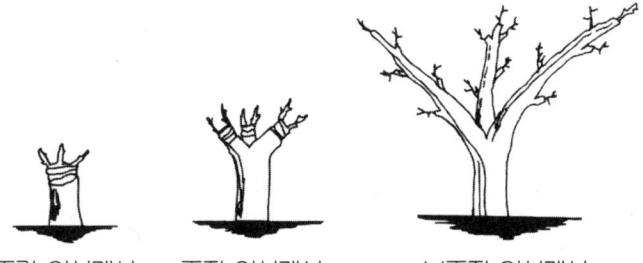

주간 일시갱신　　　주지 일시갱신　　　　부주지 일시갱신

[그림 2-10] 고접 부위별 고접갱신 방법

① 주지, 부주지, 강한 측지 등을 선택하여 기부에서 10~30cm 정도 잘라준다. 접수는 자른 가지의 상부에 접목한다.

② 고접부위별로 고접갱신 방법을 구분할 수 있는데 주간부 고접, 주지부 고접, 부주지부 고접의 3가지 형태가 있다.

③ 사용하는 접수의 길이별로 장초고접(長梢高接)과 단초고접(短梢高接)으로 구분하는데 장초고접은 50~100cm 길이의 접수를 사용하고 단초고접은 눈이 1~2개 부착된 접수를 사용하는 것으로 각각의 장·단점은 다음과 같다.

장초고접 장점 : 접목 이후의 신초 생장량이 많고 초기 2~3년간의 수량이 많아진다.

장초고접 단점 : 접수자체가 무거워 바람에 부러질 위험이 크므로 접수의 유인, 결속에 각별히 유의해야 한다. 고접에 소요되는 접수량이 많으므로 최신 품종의 고접갱신에는 부적당하다.

단초고접 장점 : 소량의 접수로 많은 부위에 접목할 수 있으며, 고접 후 활착 및 초기 생육이 좋다.

단초고접 단점 : 고접 후 개화가 늦고 개화량이 적어 경영상 불리하다.

[표 2-7] 장십랑을 풍수로 고접갱신한 경우 접수길이별, 연차별 수량

접수길이(cm)	주당 수확과 수			수량(kg/주)		
	2년차	3년차	계	2년차	3년차	계
5	4	130	134	2	44	46
20	29	133	162	13	47	59
50	69	143	212	28	53	81
100	91	123	214	35	47	81
150	33	67	100	14	24	38
고접갱신 무실시 (장십랑)	152	160	312	52	55	107

[표 2-8] 장십랑을 풍수로 고접갱신한 경우 접수길이별 수익성 변화

접수길이(cm)	조수익(1,000원/10a)				수익(1,000원/10a)			
	1년차	2년차	3년차	계	1년차	2년차	3년차	계
5	19.5	34.0	888.9	942.3	-74.4	-147.8	595.1	372.8
20	19.5	249.8	939.9	1,209.2	-81.9	28.0	636.4	582.5
50	19.5	567.4	1,054.1	1,641.0	-86.1	319.6	739.3	972.8
100	19.5	689.3	936.2	1,645.0	-91.9	446.0	637.1	991.3
150	19.5	285.7	480.1	785.3	-81.7	91.2	221.3	230.8
고접갱신 무실시(장십랑)	671.9	700.0	738.6	2,110.5	349.7	378.9	417.8	1,146.3

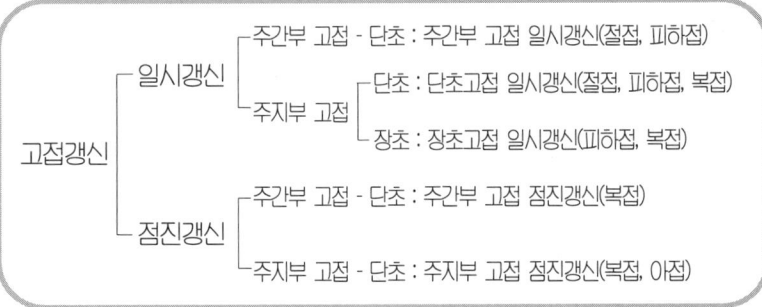

[표 2-9] 고접갱신의 방법

5. 접목 방법

고접시에는 할접, 피하접, 절접 등을 활용하며 기타 눈접, 설접, 복접(腹接) 등도 이용할 수 있다.

(1) 절접(切接)

① 접수가 갖춰야 할 조건

접수는 첫째 품종의 특징을 확실하게 가지고 있고, 정상적인 발육을 하고 있는 모수(母樹)를 선택해야만 한다. 그래서 이 모수로부터 충실한 발육지를 접수로서 채수한다.

충실한 발육지라 하는 것은 기부로부터 선단으로 차차 가늘게 신장하고 껍질의 빛깔이 진한 갈색을 하고 있는 것이다.

또한 여름철에 선단 가까이에 기형엽(奇形葉)이 나온 가지도 좋지 않다. 장십랑, 행수(幸水) 등과 같이 액화아(腋花芽)가 많은 품종에서는 잎과 눈이 많은 가지를 선택하도록 한다. 액화아를 접목하면 개화된 다음 2본의 부아(副芽)가 신장하기 때문에 가지가 가늘어진다.

다음으로 흑반병, 흑성병 등의 병반이 없는 가지를 고른다. 더욱이 장래를 생각하면 바이러스병인 탄저 반점병에 무병한 나무를 모수로서 선택할 필요가 있다.

② 접수의 채취, 저장

절접용의 접수를 채취하는 시기는 늦어도 휴면기가 끝나는 2월 중, 하순까지 눈이 움직이게 되기 전이다.

접수는 접목의 시기까지 저장해 둔다. 저장하는 방법은 놓은 가지를 헛간 같은 바람이 통하지 않는 곳에 하루 정도 놓아 두어 수분을 조금 발산시킨 다음 다발로 묶고 비닐로 두겹으로 싸서 건조하지 않도록 한다. 소량이면 냉장고에 넣어 두지만, 대량이면 북쪽의 지붕 아래 같은 온도가 낮은 장소에다 저장한다.

냉장고에 저장한 접수는 냉장고에서 끄집어 내어 하루 정도는 헛간 같은 곳에 두어서, 접수의 온도가 외기온(外氣溫)과 같은 정도가 되고 난 다음 접목을 하지 않으면 활착이 나쁘다.

③ 절접의 시기와 방법

절접의 시기는 3월 중순~4월 중순이지만, 활착율은 어느 정도 늦는 편이 좋다. 그러나 4월 중순에 접목하는 경우는 접수는 눈이 움직이지 않도록 냉장고에 저장해 두는 편이 좋다.

절접 방법은 접수를 1눈이나 2눈(1마디나 2마디)씩 전정(剪定) 가위로 잘라서 작은 상자에 넣어둔다. 이때 가지의 기부와 선단에 가까운 부분은 제거하고, 중앙의 충실한 부분을 사용한다.

다음에 끝이 뾰족한 작은 칼로 평활(平滑)한 부분의 반대쪽(통상은 눈이 붙어 있는 쪽)의 말단에서 약 1cm 정도가 되는 곳을 약 45도로 자른다.

이어 반대쪽의 평활한 부분을 길이 3~3.5cm 형성층이 나오도록 얇게 깎는다. 이때 어느 것이든 1회째는 살짝 깎고, 2회째는 단번에 깎지 않으면 미끈하게 자를 수가 없기 때문에 대목의 형성층과 밀착하지 않게 되므로 활착하지 않는다.

대목은 접목을 하기 전에 지표 5~7cm 정도의 주위에 울퉁불퉁하지 않은 부분을 골라서 전정 가위로 잘라 놓는다.

4월이 되어 접목하는 경우는 접목을 하는 7~10일 전에 잘라 놓는다. 이것은 일찍 잘라 놓는 편이 접목할 때 자르는 것보다 활착이 좋기 때문이다.

준비가 되어 있는 대목은 작은 칼로 윗쪽을 약간 깎아낸다.

다음에 목질부에 겨우 걸리도록 마음껏 안쪽을 향해서(약간 비스듬히) 길이 3cm 정도를 잘라 내리고, 다시 2회째에는 최초에 잘라 내렸던 부분을 안쪽으로 곧바르게 잘라 내려서 얇은 조각을 뽑아 낸다.

접목의 본수가 적은 경우에는 접수를 잘라 입에 물고 다음에 대목을 자르고 접수를 꽂는다. 본수가 많은 경우에는 대목을 여러개 잘라 놓고, 작은 상자에 잘라 놓았던 접수를 잘라서 즉시 꽂아 넣는다.

접수를 대목에 꽂는 경우에 주의할 일은 접수는 대목과 같은 굵기든가 대목보다도 가는 것을 사용하고 접수의 굵기의 관계로 대목의 양쪽의 형성층이 합치되면 좋지만, 양쪽의 형성층에 합치하지 않는 경우는 한쪽의 형성층에 합치시키도록 꽂는다. 그래서 혀처럼 생긴 부분을 완전히 합치시키지 않으면 안된다.

꼭 맞게 합치되어 있으면 접수에 약간 닿더라도 움직이지 않게 되는 것이다. 굵은 대목에 접목을 한 묘는 가는 대목보다도 활착이나 그 후의 발육이 잘 된다.

접수를 꽂으면 떨어지지 않도록 묶는다. 묶는 재료는 비닐 테이프를 사용하는데 비닐 테이프는 폭 20㎜의 것을 길이 18~19㎝로 자른다. 폭이 좁으면 감는 횟수가 많아져서 노력을 많이 필요하게 되는 것이다.

묶는 방법은 아래서부터 위로 묶어 올라가며, 접착부의 위에서 접수를 한바퀴 감아 돌려서 빗물이 들어가지 않도록 하고 다시 한바퀴 돌려서 묶는다. 묶는 강도(强度)는 마치 부상한 손가락에 붕대를 감는 정도의 강도로 한다.

접목은 접붙이는 사람과 묶는 사람의 2명의 조를 짜서 1일 600본 정도의 능률로 접목할 수 있다.

④ 절접 후의 관리

접목이 끝나면 비료를 사용해서 양쪽에서 접수가 감추어질 정도로 북 주기를 한다. 이어 5월 중순, 6월 중순에 제초, 추비를 시행한다. 잡초는 8월 중순까지 무성해지므로 때를 봐서 제초를 한다.

비료를 너무 많이 시용하든가, 추비를 늦도록 시용하면 생육이 늦어져서 충실하지 못하게 되는 일이 많으므로 원비(元肥)를 충분히 시용하고 추비는 생육하는 상황을 보면서 시용하여 8월 중순에는 신장이 중지되도록 유의한다.

(2) 눈접(芽接)

눈접은 눈이 완성해서 형성층이 활발하게 활동하고 있는 시기이면 언제라도 접목할 수 있다.

7월 하순부터 9월 중순까지 형성층의 활동이 왕성한 시기가 눈접이 가능한 범위이지만 눈접은 별도로 하고 대목의 굵어지는 형태의 관계도 있고, 묘목을 양성하는 경우에는 9월 상순~중순에 행한다.

대목은 눈접을 할 수 있는 정도로 굵어진 것을 사용한다. 접붙이는 위치는 지상 3~5cm 정도가 되는 곳에다 한다.

① 접수의 채취

접수는 정해진 모수로부터 액화아(腋花芽)가 작고 충실한 신소를 골라 기부에서부터 잘라 즉시 잎자루를 0.5~0.8cm 정도 남겨 놓고 잎을 따 버린다.

접수를 먼 곳에 운반하는 경우는 기부를 물을 추긴 종이로 감아서, 다시 전체를 비닐로 싸면 좋다.

만약에 접수를 2~3일 놓아 두는 경우는 양지 바르고 바람이 통하지 않는 장소에 물에다 꽂아 둔다. 눈접의 접수 1kg로 대목 1,800~1,900본에다 눈접을 할 수 있다.

② 눈접 방법

눈접을 하는 날은 비가 개인 다음으로 눈접 후 3~4일은 비가

오지 않는 날을 선택하는 것이 좋다.

눈접을 한 다음 바로 비가 오면 눈접을 한 부분에 빗물이 스며 들어서 활착을 불량하게 한다.

눈접은 대목의 굵기가 연필정도가 된 것에 지상 3~5cm의 부분에 상처를 입혀서 피층(皮層)을 벗기는데 그에 앞서 튀어 오른 흙을 제거해 놓아야 한다.

먼저 접수의 기부를 손에 쥐고 선단에 가까운 부분과 기부에 가까운 부분의 눈을 버리고, 중앙부의 엽아(葉芽)를 선택하고 눈 위 0.5cm 정도의 곳에 옆으로 한일자로 절상(切傷)을 내고, 다음에 눈의 밑부분 1cm가 되는 곳에서부터 가능한 한 목질부는 자르지 않도록, 눈의 부분에 겨우 목질부가 있도록 깎아낸다. 자른 눈은 입에 물고 대목을 자른다.

눈을 자르는 방법에는 다른 방법도 있다. 즉 눈 위에서 앞쪽으로 도려내는 것처럼 자르는 방법이다.

목질부가 많으면 활착하지 않는 일이 많으므로 형성층을 다치지 않도록 목질부를 벗겨 내면 된다.

대목에 상처를 내는 방법은 보통의 눈접을 시행하는 경우에는 피층의 부분에 칼로 옆을 1cm 자르고, 다음에 중앙부에서 세로로 1.5~2cm 상처를 내어 T자형으로 만든다.

다음에 주걱으로 수피를 열고 여기에 눈의 잎자루를 쥐고 속에다 꽂아 넣도록 한다. 대목의 T자

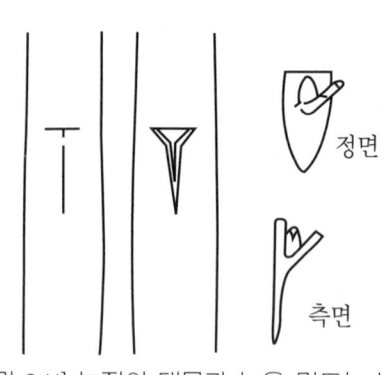

[그림 2-11] 눈접의 대목과 눈을 만드는 법

정면

측면

형 옆선과 눈의 상단을 일치시킨다.

눈을 꽂으면 벌어진 수피로 눈을 싸는 것처럼 눈 아래쪽에서 부터 위쪽으로 비닐 테이프로 눈과 잎자루를 남겨 놓고 묶는다.

눈접의 방법으로서 능률적인 삭아접(削芽接)이 있다. 이 방법은 가지의 선단을 쥐고 눈 위 약 1cm에서 겨우 목질부에 걸치도록 깎고, 눈 아래 약 2cm가 되는 부분에서 옆으로 한일자로 베어 입에 물고, 대목은 접붙이는 곳에서부터 아래쪽으로 접아(接芽)를 취한 요령으로 약간 목질에 걸리도록 3cm 정도를 베어 내리고, 혀 처럼 생긴 부분 1~1.5cm를 베어서 꽂은 눈에 설상부(舌狀部)가 감춰지지 않도록 한다.

눈은 잎자루를 가지고 꽂으며 비닐 테이프를 감아서 묶는다.

눈접을 한 다음 1주일 정도 지나면 활착을 판단할 수 있다. 활착되어 있지 않는 경우에는 다시 위치를 바꿔서 접목하면 된다. 활착의 판단은 잎자루에 손을 대어 떨어지면 활착을 하고 있으며, 떨어지지 않으면 활착되어 있지 않다.

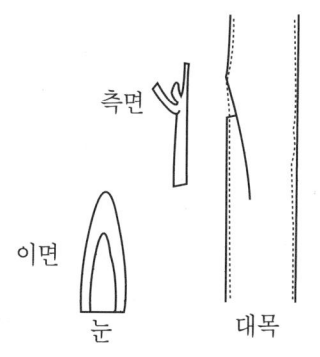

[그림 2-12] 삭아접의 대목과 눈 만들기

③ 눈접 후의 관리

눈접을 해서 2주간이 지나면 비닐을 다시 고쳐 묶고 1개월 정도 지나면 비닐을 풀어도 된다.

이 무렵에는 대목이 굵어지는 시기이므로 묶어 놓은 상태로 놓아두면 그 부분이 가운데가 조여지고 만다.

눈접 묘를 이식하는 경우는 눈접을 한 부분이 남쪽이 되도록 심는다. 봄에 발아하기 전에 접아(接芽)의 위에서 자른다. 접아에서 신장한 가지가 곧바로 신장하도록 지주를 세워서 유인한다. 대아(台芽)는 일찍기 제거한다. 그 밖의 병해충 방제, 추비 등의 관리는 접목묘와 똑같이 한다.

(3) 할접(割接)

원줄기(主幹)나 원가지(主枝)의 일시갱신 등 굵은 부위에 접목할 때 주로 이용하는데 접목시기는 절접과 같다.

접수의 길이는 눈이 1~3개 있는 짧은 접수부터 20~100cm 정도로 긴 접수까지 이용할 수 있고, 긴 접수를 이용할 경우 접수의 고정수단이 필요하다(이하 겨울가지를 이용하는 다른 접목방법에서도 마찬가지이다).

접수의 아래쪽을 V자와 같이 쐐기 모양으로 깎아 접수를 조제한다.

대목을 일자형으로 쪼개고, 이곳에 최소한 접수의 한쪽면 형성층과 대목의 한쪽면 형성층이 서로 맞닿게 접수를 꽂고, 비닐 테이프로 묶어 준다. 접목하고자 하는 대목 부위가 클 때는 일자형으로 쪼갠 양쪽에 2개의 접수를 꽂을 수도 있고, 아주 클 때에 대목부위를 +자형으로 쪼개고 4곳에 접목할 수도 있다.

접목 후 접착부에 빗물이 스며 들어가거나 건조되면 접목활착이 저조하므로 접납이나 유합제를 접착부에 발라 주고 접수의 상단면에도 발라준다.

(4) 피하접(皮下接)

접목하고자 하는 가지가 비교적 굵을 때 효과적이며 접목적기는 나무껍질이 잘 벗겨지는 때로서 절접보다 약간 늦은 만개기부터 낙화기까지 작업이 가능하다.

절접과 같은 요령으로 접수를 조제하되 대목의 껍질에 칼로 두 줄을 내리 긋고, 그 부위의 나무껍질을 벌리거나 떼어내고, 절접과 같은 요령으로 접수를 끼워 맞춘 후 비닐 테이프로 묶는다. 접수 상단면의 취급요령은 절접에서와 같다.

(5) 녹지접(綠枝接)

실시적기는 새 가지가 1차 생장을 멈추고 2차 생장을 시작하기 전인 하계 휴면기(새 가지의 끝부분에서 새 잎이 형성되지 않고 끝막음을 하고 있는 때)이다.

봄철의 절접이나 피하접에 실패한 부위를 보완하는데 주로 사용된다.

충실하게 자란 새 가지의 중간부위를 접수로 이용하는데 잎자루만 남기고 잎몸은 제거한다. 접목이 성공하면 잎자루의 기부(基部)에 이층(離層)이 형성되어 접목 후 7~10일경에 접수에서 쉽게 떨어지거나 활착이 되지 않으면 떨어지지 아니하고 그 자리에서 마르므로 접목의 성공여부를 조기에 판정하는 기준이 된다. 기타 접수 조제방법은 절접의 접수 조제요령과 같다.

접목요령은 절접과 같으나 대목의 새 가지 기부에 접목한다.

접수가 건조하지 않도록 특히 주의하여야 하며, 접목 후에는 접수의 상단면에 건조방지를 위해 접납이나 유합제를 반드시 발라 주어야 한다.

| 절 접 | 피하접 | 할 접 |

[그림 2-13] 접목방법별 모식도

6. 고접갱신

(1) 높이

수형, 덕의 높이 및 고접한 가지가 활착되어 자랐을 때를 고려하여 고접 부위를 선정한다. 덕식으로 재배하는 경우는 사람의 어깨높이 이내가 좋다.

(2) 고접부위수

나무의 크기에 따라 다음과 같이 조절한다.
① 부주지 일시갱신으로 점진갱신할 경우 : 주당 10~15부위
② 결과지 점진갱신으로 점진갱신할 경우 : 주당 70~80부위
③ 주간 일시갱신의 경우 : 주당 2~4부위
④ 주지 일시갱신의 경우 : 주당 6~8부위
⑤ 부주지 일시갱신의 경우 : 주당 20~30부위
⑥ 곁가지 일시갱신의 경우 : 주당 150~160부위

(3) 수세조절

수세가 왕성하여 강한 발육지가 많을 때는 그대로 발육지를 이용하면 되지만 수세가 약할 때는 전년도에 미리 강전정하여 발육지를 만든다.

(4) 봄에 절접하여 실패했을 경우

여름철에 녹지접으로 보접해 줌으로써 조기에 고접갱신을 완료할 수 있다.

(5) 고접 후 관리방법

① 갱신 후 자라나오는 새 가지는 접목부위의 결합력이 약하여 비바람에 의해 그 부분이 찢어지기 쉽다. 따라서 바람 등에 흔들리지 않도록 새 가지를 잘 붙들어 매준다.

② 접수가 발육하여 접목부위가 잘록해질 정도가 되면 접목테이프를 풀어서 다시 묶어준다. 이때는 아직도 접목부위가 완전히 아물지 않았으므로 새 가지 기부의 접목부위에 찢어지지 않도록 주의한다.

③ 고접갱신 수는 강전정시와 같이 지상부는 갑자기 줄어 들었으나 지하부의 크기에는 변함이 없어 지상부와 지하부의 균형이 심하게 파괴된 상태이므로 수관이 어느 정도 회복되기까지 즉, 갱신초기의 2~3년간은 질소질 비료의 시용을 금하고 기타 성분의 비료도 시용량을 줄여 준다.

④ 갱신 후에는 조속한 시일내에 수량확보를 위하여 수관을 빨리 회복하는 것이 무엇보다도 중요하다. 따라서 갱신초기 1~2년간은 약전정을 실시하고, 적과(摘果)와 새 가지의 유인을 철저히

하여 골격가지를 빨리 형성시킴으로써 성과기에 도달하는 기간을 단축하도록 한다.

⑤ 중간대목에서 발생하는 신초를 제거하여야 접수의 생장이 촉진되므로 자주 눈 따주기를 실시한다.

⑥ 일시갱신한 경우 수세약화 및 일소방지를 위해 접목부위에 석회유, 백색 수성 페인트를 도포해 주고, 7~8년 이상 성목에는 가급적 일시갱신을 하지 말고 유목 대상으로 실시한다.

⑦ 점진갱신한 경우는 고접한 후 수세 및 수형을 더욱더 철저하게 관리해야 한다.

제5장 핵과류 묘목 만들기

1. 핵과류 번식상의 문제점

핵과류(매실, 복숭아, 자두, 살구, 양앵두) 등은 번식상 많은 특징이 있다.

그래서 각론에 들어가기 전에 특히 중요하다고 생각되는 공통적인 문제에 대하여 말해 두고자 한다.

(1) 대목(台木)과 접수(接穗)의 친화성

핵과류 전체를 통하여 보면 접목(接木)이 잘 되고 묘목의 생장은 좋은데도 불구하고 결과수령(結果樹齡)에 도달할 때부터 접목 부분에 이상이 생겨서 지상부가 쇠약해지거나 말라 죽는 경우 또는 강한 바람에 의하여 접합부분이 부러지는 등 대목의 종류에 따라 상당한 차이가 있다.

(2) 종자(種子)

종자(種子)는 굳은 핵층(劾層) 안에 보호되어 있으며 핵층은 어느 품종이나 완전하게 형성하나 과실이 성숙하면 종자의 겉모양이 성숙하지만 배(胚)가 성숙하는 것과 반드시 일치하는 것은 아니다.

종자 중의 배(胚)는 품종에 따라 또는 성숙기가 빠르고 늦음에 따라 완전하게 발육하는 경우와 불안전하여 자연상태에서는 전혀 발아력(發芽力)이 없는 것도 있다.

조생종은 종숙(種熟-종자)의 구성 및 형태상 외관적으로 익은 것을 말함)은 인정할 수 있으나 배(胚)의 성숙이 이에 따르지 못하고 자연상태에서는 전혀 발아력을 갖지 못하고 배배양(胚培養)과 같이 인위적인 조작(操作)을 가하지 않으면 식물 개체(個體)를 얻을 수가 없다.

따라서 조생품종은 대목 육성을 목적으로 하는 경우에는 이용가치가 없다.

씨앗 중의 배(胚)가 발아능력을 가지기 위해서는 다시 일정한 기간의 추숙(追熟)을 거쳐서 발아할 수 있는 체제를 정비하나 거기에는 때에 따라 일정한 낮은 온도와 수분이 필요하다.

배(胚)가 추숙하는데 필요한 온도는 3~5℃의 낮은 온도로 이 온도에 30일 이상 둘 것이 필요하며 10℃ 이상에서는 현저하게 후숙(後熟)을 저지한다.

수분은 씨앗을 채집한 후 파종하기까지의 저장기간 중에 지나치게 건조하면 발아력을 저해하는 일이 있다.

씨앗의 저장조건에는 낮은 온도와 적당한 습도가 필요하다.

[표 2-10] 복숭아 품종과 종자 발아율

품 종	개화기부터 성숙기까지의 일수	씨앗의 건량(乾量)	발아율
암 스 텐 션	80일	7.2%	0.0%
율 조 생 (聿早生)	94 〃	9.3	0.0
천진수밀도(天津水密桃)	103 〃	18.4	8.3
전 십 랑 (傳十郎)	112 〃	24.8	39.2
칼 멘	114 〃	27.8	30.8
이핵수밀도(離核水密桃)	117 〃	30.0	76.0
토용수밀도(土用水密桃)	118 〃	30.4	65.8
백 도 (白桃)	127 〃	42.2	-
상해수밀도(上海水密桃)	137 〃	44.9	64.7

위 표에 의하면 조생품종은 발아력이 매우 낮고 만생종에 높다는 사실이 밝혀졌다.

양앵두도 같은 경향으로 만생종은 100%에 가깝고 중생종은 70~75%의 발아력이 있으나 조생종은 거의 발아하지 않는다.

위와 같은 사실에서 대목용으로서의 품종은 중생종 이하 만생품종을 선택할 것이 필요하며 만생종일수록 좋다.

(3) 종자의 저장

종자 채취용으로 채집한 과실은 과육과 핵을 분리하여 핵만을 파내어 저장한다. 과육과 핵을 분리하는 방법은 물에 담가 과육을 썩히는 방법과 퇴적(堆積)해서 부패시키는 방법이 있다.

어떤 방법도 단시일에 과육과 핵을 분리하는 것이다.

복숭아에 대한 조사에 의하면 퇴적하에 부패시킨 경우의 발아력은 퇴적한 지 4일쯤 후부터 발아력이 저해되기 시작하여 10일 후에는 표준 발아율의 15% 정도까지로 저하한다.

이것은 퇴적 중의 발효열이 발아력 감퇴의 주요 원인이다.

종자를 저장할 때에는 건조하지 않도록 처음에는 높은 온도가 되지 않도록 하고 겨울에 낮은 온도에서 저장한다.

일반적으로 행해지는 가장 간편한 저장법은 배수가 좋은 토양을 선택하여 토양 중에 모래 또는 가벼운 흙과 종자를 서로 층적(層積)해서 저장하는 방법이다.

장소는 햇볕이 약한 건물의 북쪽이나 큰나무 그늘 아래가 좋다.

종자의 채취시기는 온도가 높은 계절이므로 종자를 직접 햇볕에 건조하면 20℃ 이상이 되어 발아력을 저하시키는 하나의 원인이 된다.

작은 입자(粒子)로 된 종자인 양앵두는 한냉사(寒冷砂)를 깔고 그 위에 씨앗을 놓고 모래와 서로 충적하여 저장한다.

이것은 파종에 앞서서 종자를 선별하기 편리하도록 하기 위한 것이다.

나무상자 등을 이용한 저장은 저장 초기에 높은 온도에 빠지지 않도록 하고 또 저장기간을 통하여 건조하지 않도록 특히 주의한다.

(4) 종자의 예비조치

핵층(劾層)에 보호된 종자는 건조의 영향을 상당히 강하게 받으나 건조한 것을 다시 적당한 습도 상태로 돌리기 위해서는 다른 과수류에 비하여 오랜 시간을 필요로 한다.

늦은 여름부터 저장한 종자는 특히 겨울에 건조한 지대에서는 수분이 부족한 상태가 되기 쉽고 그대로 파종하면 발아가 고르지 못하고 발아율도 낮아진다.

따라서 파종하기 전에 충분히 흡수(吸水)시킨다.

파종하기 전에 흡수시키는 것은 5~7일간의 오랜 시간을 필요로 한다. 또 물에 담근 기간 중 2~3회 물을 갈아 준다.

(5) 종자의 적출(摘出)

발아를 고르게 하기 위해서는 종자를 싼 껍질(核)을 쪼개고 빼내어 그것을 파종한다.

핵을 쪼개는 방법은 핵층(劾層)의 접선(接線)을 가볍게 두들겨서 핵을 좌우로 분리하도록 해서 종자를 빼낸다.

(6) 파종

파종시기는 봄 파종과 가을 파종이 있으며 중부지방에서는 봄 파종을 2월 상순~3월 상순경, 가을파종은 10~11월경에 행한다.

발아온도는 10℃ 이상을 필요로 하며 적당한 온도는 15~20℃이다.

봄 파종을 할 때 파종기가 늦어지면 저장 중에 발아하는 것이므로 파종적기를 놓치지 않도록 한다.

파종법은 묘상에 파종하여 본밭에 이식하는 묘상파종과 직접 본밭에 파종하는 방법이 있다.

묘상파종은 파종 후의 관리가 충분히 행해져서 발아 후 어느 정도의 크기에 도달하고 난 뒤에 이식하는 것이므로 묘가 잘 고르게 된다.

또 장소 및 종자도 절약하게 되며 봄 파종법이 일반적으로 행해지고 있다.

2. 핵과류 번식의 공통적인 관리

(1) 대목의 묘상

대목 번식을 종자로 행하고 있는 복숭아, 매실, 살구 등에 이용된다.

묘상은 배수와 햇볕이 잘 쪼이고 모든 관리를 하기에 편리한 곳을 선택한다.

파종상은 비료를 주지 않고 토양을 부드럽게 하고 이식할 때까지 관리하기 쉽도록 폭 1.2m 내외의 단책형(短冊形)으로 하여 15~20㎝ 폭의 줄파종 또는 벌파종을 한다.

복토는 3㎝ 내외로 하고 가볍게 눌러서 종자와 토양을 밀착시켜 그 위에 짚을 깔아 건조를 방지한다.

발아하기까지 지나치게 건조한 때는 적절히 물을 주어서 일제히 발아하게 한다.

파종량은 3.3㎡당 매실을 표준으로 1,000알 내외이며 10a당의 묘상면적은 대체로 50~60㎡를 필요로 한다.

(2) 이식

지온이 상승하여 늦서리의 위험이 없는 5월 상·중순경을 적기로 하고 묘는 10~15㎝로 자란 상태가 알맞다.

묘가 너무 작으면 이식하는 작업이 불편하므로 조심스럽게 이식해도 기계적인 상해를 받기 쉽고 이식 후의 건조 등 자연조건의 영향을 강하게 받게 되고 또한 이식이 늦어지면 묘가 지나치게 자라 활착율이 낮고 묘가 고르지 못하기 쉽다.

(3) 본밭의 준비

핵과류에는 특시 배수가 좋은 곳을 선택하고 근두암종이나, 네마토다에 오염되지 않도록 할 일이 중요하다.

먼저 토양의 산성을 교정해서 비료 효과를 높이는 일로 핵과류가 다른 과수류보다 석회를 많이 요구한다는 사실에서 10a당 고토석회(苦土石灰) 200kg 이상을 전 밭에 살포하고 갈아준다.

대목을 육성하는 경우의 시비는 이식할 때 뿌리가 잘 활착하도록 조금 주고 토양과 섞어서 뿌리가 비료 때문에 말라 버리지 않도록 주의하고, 뿌리가 내리면 곧 비료를 흡수할 수 있는 체제를 갖추게 된다.

직파(直播)하는 경우에는 발아 후 10~15㎝에 달했을 때, 삽목인 때에는 발근해서 새 가지가 신장하기 시작했을 때에 묘목의 곁에 얕은 골을 파고 밑거름을 준다.

그 후에는 묘의 발육상황에 따라 1~2회, 8월 하순경까지 덧거름을 준다.

복숭아는 전작물에서 남은 비료 정도라도 좋으며 너무 많이 주면 묘의 신장과 비대가 지나쳐서 눈접을 하기 곤란하게 된다.

새로운 묘목 포장에는 비료가 적어도 되며 묘목을 이어짓는 밭에는 많이 필요로 한다.

대목을 육성하는 경우와 접목 묘목을 양성하는 경우의 시비량은 같은 정도라고 생각해도 좋다.

시비량은 대목의 상태, 심은 포기수, 토양의 종류, 전작물 등 모든 조건에 따라 차이가 있으나 하나의 표준으로 들어 본다면 10a당 질소 15~17kg, 인산 8~10kg, 칼리 4~6kg이다.

뿌리를 활착하게 하는 비료와 밑거름에는 화학성 비료를 주고 덧거름을 요소 등 질소의 단비(單肥)를 사용한다.

(4) 삽목 방법

양앵두나 자두는 대부분 삽목에 의하며, 매실도 상당히 많이 삽목에 의한 대목의 육성이 행해진다.

삽목은 지온이 상승해 가는 2월 하순부터 4월 중순경에 본밭에 직접 실시한다.

매실은 삽수를 채취한 후 일찍 삽목하는 것이 좋고 복숭아나 양앵두 등은 휴면기에 삽수를 채취해서 저장했다가 기온이 상승하는 4월경에 삽목을 행한다.

어미나무는 포기 또는 울타리로 심은 대목을 접수를 전용으로 채취하는 나무와 실생에다 접목한 경우의 윗부분 가지를 이용하는 두 가지가 있으나 후자를 사용하는 경우가 많다.

싹이 움트는 시기는 접수를 채취하는데 전용하는 나무가 빠르고 삽목 시기도 이에 준하여 빨라진다.

　삽수는 발육지의 충실하고 좋은 부분을 15~20cm로 싹(눈) 바로 아래에서 끊고 아래부분의 좌우를 가볍게 잘라내서 이랑 넓이 60cm 내외, 포기사이 15~25cm로 해서 삽수의 2/3을 토양 중에 꽂고 토양과 삽수가 밀착되도록 가볍게 밟아 눌러서 고착시킨다.

　매실과 자두는 건조하면 활착되기가 어려우며 토양습도가 높아야 한다는 조건을 필요로 한다.

　양앵두는 매실이나 자두에 비하여 토양 적응성이 넓다.

(5) 제초와 병충해 방제

　이식, 직파, 삽목을 행한 밭에는 처음에는 햇볕이 잘 비쳐서 잡초가 매우 많이 발생한다.

　잡초를 잘못 처리하면 묘목의 생육에 크게 영향을 주므로 제초작업이 늦어지지 않도록 일찍 행해야 한다.

　해충은 진딧물이나 나방이 주요한 것으로 발생 초기를 놓치지 않고 철저히 방제해야 한다.

(6) 접목 방법

　핵과류의 육묘에 사용되는 접목 방법은 눈접(芽接)과 절접의 두 가지가 있다.

　어떤 방법을 선택할 것인가 하는 것은 종류에 따라 다르다.

① 삭아접(削芽接)

　핵과류의 묘목을 번식하는데 있어 그 대부분은 눈접에 의한 경우가 많고 이 방법은 활착율이 높고 조작하기도 간단하다. 또 접붙이는 기간의 폭이 넓어져서 접수를 저장할 필요가 없는 등 우수한 접목이 많다.

눈접의 요령에는 두 가지 방법이 있으며 종래부터 흔히 행하여 온 T자형 눈접과 삭아접(削芽接)이 그것이다.

삭아접은 접목 적기가 T자형 눈접보다 길다는 것과 접목 조작이 매우 용이하며 가는 대목에도 이용할 수 있다는 점 등에서 최근 이 방법에 의하여 행하는 경우가 많다.

삭아접은 대목에 지상 5~10cm의 평활한 부분을 골라서 목질부(木質部)를 약간 부쳐두고 베어 낸다.

접아는 대목의 베어낸 부분과 크

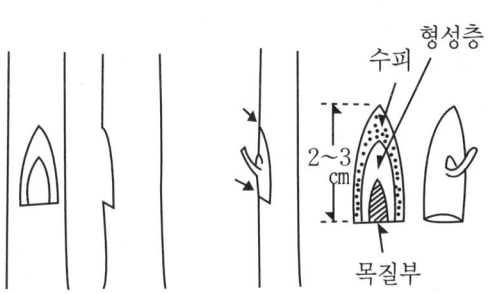

[그림 2-14] 삭아접 방법

기가 같거나 이보다 다소 적게 대목과 같은 방법으로 눈을 베어 낸다.

눈은 접아를 취함과 동시에 잎을 끊어 내고 잎자루만 남기고 베어낸 눈을 대목의 형성층에 맞추어서 비닐 등으로 결박해서 빗물이 스며드는 것을 방지한다.

접붙인 후 잎자루가 누렇게 변하여 손으로 만져 자연히 떨어지면 살아 붙었다는 것을 나타낸 것이다.

이 상태는 접목 후 7~10일이면 확인할 수 있다.

잎자루가 검은 빛으로 변하여 고착한 상태를 이룬 것은 접붙이기에 실패한 것이므로 다시 접붙이기를 행한다.

② 절접(切接)

핵과류 중에서 눈접으로 잘 활착되지 않는 양앵두나 자두의 삽목 대목 또는 절접으로 활착율이 높은 매실, 특별한 것으로는 꽃복숭아 등에 사용된다.

꽃복숭아는 눈접으로도 잘 활착이 되나 꽃눈 착생이 절접에 의한 경우보다 적다.

묘목으로 번식하는 경우의 절접 요령은 위에 말한 종류에 대하여서는 마찬가지이나 접수의 상태가 복숭아만 조금 다른 접과 접붙이는 시기에 차이가 있다는 것 뿐이다.

절접은 대목의 싹이 터나올 때 행하기 때문에 접수는 그때까지 저장하게 된다.

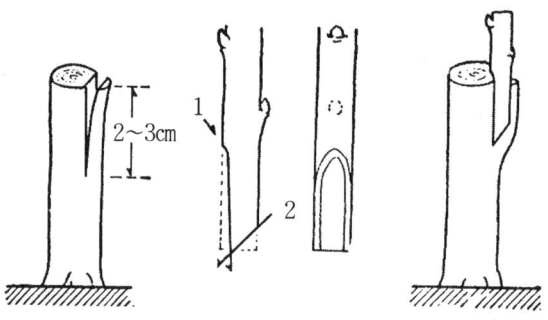

[그림 2-15] 절접 방법

접목 시기가 빠른 매실은 접목시기에 접수를 취한 즉시 접붙이도록 한다.

대목은 5cm 안밖 되는 곳에서 끊어내고 평활한 부분을 골라서 목질부를 조금 남겨 두고 수직으로 2~3cm 베어 젖힌다.

접수는 두 눈을 표준으로 해서 일부를 비스듬히 베어 반대쪽으로 약간 베어 내어 대목과 접수의 형성층을 밀착시켜 비닐 등으로 묶어 놓는다.

대목의 벤 부분과 접수 끝의 베어낸 부분에 보호제를 발라둔다.

(6) 접목 후의 관리

접목 후 대목에서 차례차례로 대목의 싹(台芽)이 트게 된다.

대목의 싹을 방치하면 접수의 발육이 매우 나쁘고 때로는 활착되었다가도 말라 죽는 경우가 있다.

따라서 대목의 싹은 일찍 따내야 한다.

접붙이기에 실패하여 활착되지 않은 대목은 가장 세력이 강한 발육지 1개를 남기고 다른 새 가지는 모두 제거해서 다음해를 위하여 대비한다.

눈접을 할 수 있는 것은 그 해 여름에 눈접을 행한다.

비닐 테이프는 눈접이 때에는 접붙인 후 1개월 이내에, 절접인 때에는 새 가지가 20cm 안팎으로 자랐을 때에 결박해 둔 재료를 세로로 끊어 둔다.

(7) 병충해의 방제

발육 중에는 진딧물류나, 모충류(예: 송충이, 쐐기)의 해가 공통적으로 많고 눈접에서는 눈접 직후의 배나무 심식충 및 굴나방의 피해가 많으므로 이를 방제하는데 특히 주의해야 한다.

[표 2-11] 묘목에 가해하는 병해충의 종류

병 해	종 류	충 해 법	종 류
근두암종	양앵두, 자두, 살구, 복숭아, 매실	산호세 깍지벌레	복숭아, 양앵두, 매실, 자두, 살구
자색무늬 날개병	복숭아, 양앵두	뽕나무 깍지벌레	복숭아, 양앵두, 매실, 자두, 살구
흰 비단병	복숭아	뽕나무 깍지벌레	복숭아, 양앵두, 매실, 자두, 살구
양앵두 수지병(樹脂病)	복숭아, 양앵두	배 흰 깍지벌레	양앵두

복숭아 탄저병	복숭아	다색별무늬 깍지벌레	매실
자두 검은 무늬병	자두, 양앵두	사과깍지벌레, 뽕나무가루 깍지벌레	살구, 자두, 복숭아
복숭아 천공(穿孔) 세균병	매실, 복숭아	쐐기나방 배 쐐기나방	자두, 매실, 복숭아, 양앵두
		애기산 누애나방	복숭아, 양앵두, 매실, 살구, 자두
		매실 순나방	복숭아, 매실, 살구, 자두
		복숭아 순흑벌	양앵두, 복숭아
		토양선충	양앵두, 복숭아

[표 2-12] 복숭아, 자두, 살구, 매실, 양앵두 묘목의 병충해 방제

{복숭아}

병해충	방제시기	방제방법	참고사항
천공성 세균병		1. 바람이 적은 곳에 재배하거나 방풍림을 설치함. 2. 밭의 배수를 좋게 함 3. 질소 비료의 편용을 피함.	
개각층류	5월~6월	약제를 살포함 (스프라사이드, 메치온)	
복숭아 굴나방	5월 상순~9월 중순	약제를 살포함 (D.D.V.P, 디프테렉스)	연 6~7회 발생하며 성충으로 월동한다.
큰매미충	5월 하순~6월 하순	메치온	

{양앵두, 자두, 살구}

장미과 하늘나방	8월 중순~ 9월 하순	디프테렉스	
배나무 애심식충	7월 상순~ 9월 상순	바이짓트, 스미치온	
풍뎅이류	7월 하순~ 8월 하순	메치온	
진딧물류		메타, 메치온, 메타시스톡스	
모충류		D.D.V.P, 디프테렉스	

3. 복숭아 묘목 만들기

(1) 대목의 종류

야생종 또는 재배종 복숭아가 대목으로서의 친화성이 높다.

어느 것을 선택하느냐 하는 것은 종자를 입수하기가 편리하냐 불편하냐에 따라 정해진다.

재배종의 실생과 야생종의 실생으로는 재배 복숭아보다 다소 수세가 떨어진다고 말하고 있으나 경제수령(經濟樹齡)이나, 생산력 등의 차이는 분명치 않다.

야생종은 배(胚)의 발육이 완전한 계통이 남도록 도태 번식되어 온 것으로 배의 문제에서 오는 발아에 대하여서는 재배종처럼 고려할 필요는 없다.

재배종은 배가 완전히 익은 품종을 선택할 필요가 있으면 중·만생종에 한정된다.

야생종이 저절로 자라나는 지역은 한정되어 석회질이 풍부한 토양에 생존하는 경향이 있다.

야생종 중에는 몇 가지의 계통이 있으며 꽃의 색은 붉은 꽃과 흰 꽃이 있으며 씨앗의 형태는 크고 작은 것에 의하여 구별된다.

야생종의 채종 전용 포장에서 보면 개체 마다에 약간씩 차이가 있고 과실로는 유모종(有毛種)과 무모종(無毛種)이 있으며 종자의 대소에도 폭이 있으나 발아나 대목 번식상으로는 문제점을 찾아 볼 수 없다.

실용상 어떤 것을 사용해도 상관 없다.

① 자두나무 대목

이 대목은 접목 활착이 복숭아 대목과 마찬가지로 양호하여 삽목으로 대목을 번식하기가 용이하다.

그러나 이 대목에 의한 묘목은 결과 수령에 도달할 때부터 발육이 급히 쇠약해져서 경제 재배상의 이용가치가 없다.

자두나무 대목과 복숭아 대목을 식별하는 것은 뿌리 빛깔의 차이에 의하는 것이 확실한데 자두나무 대목은 뿌리 빛깔에 붉은 빛이 없다.

② 통조림용 복숭아 대목

종자의 발아력이 높고 나무 세력도 왕성하여 대목으로서 유망하다.

(2) 대목 양성

① 파 종

저장한 핵이 붙은 종자를 미리 5~7일 동안 물에 담그되 충분히 흡수시킨다. 이 사이에 2~3회 물을 갈아 준다.

파종하는 것은 핵이 붙어 있는 채로 해도 좋으나 발아가 고르지 못하게 되고 그 해에 발아하지 않는 것도 있어서(발아율 30~40%)

계획적인 번식을 할 수가 없다.

따라서 핵을 베어서 종자를 빼내어 건전한 종자만을 파종하는데 발아율은 70% 내외이다.

파종상은 토양의 배수를 고려하여 비료는 주지 않고 파종한다.

폭 15~20cm의 줄파종 또는 벌파종을 하여 흙을 3cm 정도 덮고 그 표면을 잘 누르고 짚을 깔아서 건조를 방지한다.

파종상은 지나치게 건조하지 않도록 적절히 물을 주어서 발아가 고르게 한다.

파종은 2월 상순이나 중순에 행한다.

② 정 식

본밭은 배수가 좋은 장소를 골라서 연작을 하지 않도록 한다.

정식하는 묘는 10~15cm로 자랐을 때, 지온이 높아지고 늦서리의 염려가 없어진 5월 상순 또는 중순이 적기이다.

미리 준비한 본밭에 이랑폭 60cm 내외, 포기사이 15~20cm의 한 줄로 심어서 접목 작업을 용이하도록 한다.

정식은 비가 내린 후를 택하여 활착 생장이 잘 되도록 행한다.

비료는 아주 조금 주고 다른 과수묘목을 심었던 곳에서는 거의 비료를 주지 않아도 좋으며 매실 등의 1/4 이하로도 충분한 것이다.

비료를 너무 많이 주면 줄기가 지나치게 자라서 접붙이기가 어렵게 된다.

(3) 접목 방법

가을 눈접과 봄의 절접이 있으나 대부분은 눈접에 의존하고 있다.

절접은 눈접이 잘못된 경우에 행하는 정도이다.

① 눈접(芽接, Budding)

눈접에는 T자형 눈접과 삭아접이 있으며 후자가 용이하고 능률적이므로 많이 사용되고 있다.

접목 적기는 8월 하순~9월 상순으로 대목의 생장이 정지하고 껍질을 벗기기가 용이한 시기로 접목하기 4~5일 전에 비가 충분히 내린 상태가 좋다.

특히 T자형 눈접에서는 이러한 상태일 것이 중요하다.

삭아접은 T자형 눈접보다 적기의 폭이 넓고 10월 상순경까지 접목할 수 있다.

눈접에는 접목 후 심식층의 해가 많으므로 철저히 방제하도록 해야 한다.

접눈은 그 해에 자란 충실하게 자란 가지의 중앙부의 것을 이용한다.

㉮ T자형 눈접

T자형 눈접은 그림에서 보는 바와 같이 먼저 접눈의 잎자루만 남기고 자른 후 이것을 물통에 넣어 다니면서 접눈을 채취한다. 접눈은 눈의 위쪽 1cm 되는 곳에 껍질만 칼금을 긋고, 눈의 아래쪽 1.5cm 정도 되는 곳에서 목질부가 약간 붙을 정도로 칼을 넣어 떼어낸다.

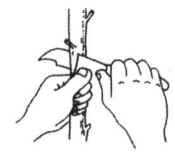

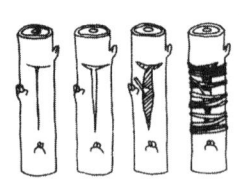

[그림 2-16] 접눈따기   [그림 2-17] T자형 눈접순서   [그림 2-18] T자형 눈접
                                         (좌→우)   묘의 이듬해 봄관리

대목은 땅위에서 5~6cm 되는 곳에 길이 2.5cm 정도로 T자형으로 칼금을 긋고, 대목껍질을 벌려 접눈을 끼워 넣은 다음 비닐테이프로 잡아맨다.

　접눈이 완전히 활착되기까지는 1개월이 걸리지만, 접목 7~10일 후 접눈에 붙여둔 잎자루가 쉽게 떨어져 나가면 접목이 된 것으로 판정할 수 있다. 접목한 대목은 그림에서와 같이 이듬해 봄 신초생장이 어느 정도 이루어진 후 접눈 위 1.0~1.5cm 부위에서 잘라버리고 비닐 테이프를 풀어준다. 그러나 이 눈접법은 작업 시기가 대목의 껍질이 잘 벗겨져야 하는 시기에 한정되어 있을 뿐 아니라 작업 효율도 낮은 단점을 가지고 있다.

㉯ **삭아눈접**

　접목시기에 건조가 심하거나, 접목시기가 다소 늦어 수액의 이동이 좋지 않아 대목의 수피가 목질부로부터 잘 벗겨지지 않는 경우에 삭아눈접을 실시하면 활착율이 높다. 삭아눈접은 그림에서 보는 바와 같이 접눈의 위쪽 1.5cm 정도 되는 곳에서 아래쪽 1.5m 정도까지 목질부가 약간 붙을 정도로 깎은 다음 칼을 다시 접눈 아래쪽 1cm 정도 되는 곳에서 눈의 기부를 향하여 비스듬히 칼을 넣어 접눈을 떼어낸다.

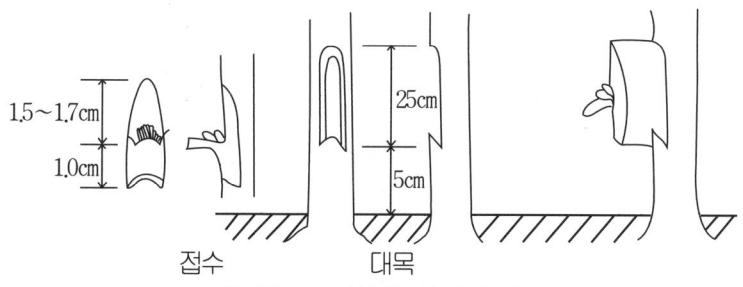

접수　　　　　대목
[그림 2-19] 삭아눈접의 순서

대목은 목질부가 약간 붙을 정도로 하여 깎아 내리고, 다시 아래쪽을 향하여 비스듬히 칼을 넣어 접눈의 길이보다 약간 짧게 2.2cm 정도 잘라낸 다음 접눈을 끼우고 대목과 접눈의 형성층을 한쪽면에 맞춘 다음 비닐테이프로 잡아맨다.

② 절접(切接)

대목의 수액(樹液)이 유동하기 시작한 2월 하순~3월 상순이 적기이며 접목 후 몇 일 동안 비가 내리지 않고 높은 온도가 계속되는 상태가 좋다.

접수는 싹이 움트지 않은 범위에서 늦게 채취하나 접수는 너무 건조하지 않고 다소 건조한 상태일 때가 활착이 좋다.

절접에 사용하는 접수는 겨울에 전정할 때 충실한 1년생 가지를 골라 물이 빠지고 그늘진 땅속에 묻었다가 사용하거나 비닐로 밀봉하여 1~5℃로 유지되는 냉장고 내에서 보관하였다가 사용한다. 접목시기는 수액 이동이 활발한 3월 중하순 또는 꽃눈이 약간 부풀어 오르기 시작하는 때가 적당하다. 접목시기가 이보다 늦어지면 잘라진 대목에서 지나친 수액이 흘러나와 유합을 방해하므로 접목활착율이 떨어지게 된다.

접목은 그림에서와 같이 대목을 땅위에서 5~6cm 되는 곳을 자른 다음 접을 붙이고자 하는 쪽의 끝을 45도 방향으로 약간 깎는다. 그런 다음 접붙일 면을 다시 2.5cm 정도 수직

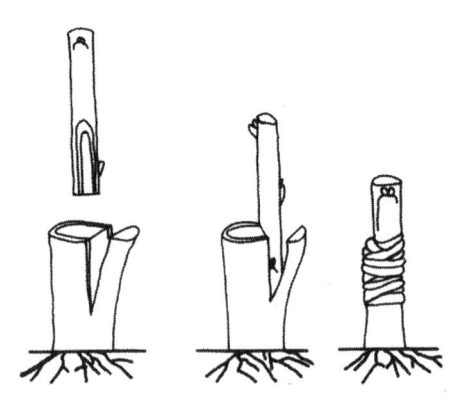

[그림 2-20] 절접의 순서

으로 목질부가 약간 깎일 정도로 얇게 깎아 내린다. 그 다음으로 대목의 깎은 자리에 접수를 끼워 넣고 대목과 접수의 형성층이 최소한 한 쪽이 서로 맞닿도록 한 후 비닐 테이프로 잡아매고, 접수로부터의 수분증발을 방지하기 위하여 유합제를 발라준다. 그러나 다량의 접목을 할 경우에는 미리 접수를 준비해야 하기 때문에 이 경우에는 접수의 양쪽면에 송진가루와 혼합 가열처리된 촛농을 발라 보관기간 동안과 접목 후 절단면으로부터의 수분 손실을 방지할 수 있다.

접목 후 대목에서는 부정아가 계속 발생되므로 이들을 여러 번에 걸쳐 제거해 주어야 하며, 6월 중하순경에는 비닐로 감은 자리가 잘록해지지 않도록 비닐을 제거하여 주고, 연약한 접목부위가 바람 등에 의해 부러지지 않도록 지주를 세워 보호해 주는 것이 바람직하다. 또한 활착 후 신장되는 신초가 잎오갈병, 순나방, 진딧물 등의 피해를 받지 않도록 하여야 한다.

4. 매실 묘목 만들기

매실의 접목에는 눈접(芽接)과 절접(切接)의 2가지 방법이 있다. 눈접은 여름이나 가을에 하지만 절접은 이른 봄에 한다. 대목의 생장이 충분하면 눈접을 실시하여 활착이 안 되면 다음해 봄에 절접을 하도록 한다. 양자를 복합적으로 행하는 경우도 있다.

(1) 대목의 종류

매실의 대목에는 공대(共台-매실의 실생 또는 삽목묘)외에 살구, 복숭아, 자두 등의 핵과류를 들 수 있다.

① 매실 대목(공대)

친화성이 가장 높고 접목의 활착과 묘목의 생장이 좋고 경제 수령도 길어서 가장 뛰어난 대목으로 널리 사용되고 있다.

이 대목은 실생 또는 삽목한 나무로 번식한다.

② 살구나무 대목

접목의 활착이 양호하며 공대 다음으로 친화성이 높다.

생육은 공대보다 떨어지고 고르지 못한 경우가 많아서 대목으로서는 공대보다 뒤떨어진다.

③ 복숭아 나무 대목

접목의 활착이 높고 묘목의 성장도 왕성하여 일견 친화성도 높은 것 같이 보인다.

그러나 수령이 더하여 감에 따라 대목이 우세한 현상을 나타내어 나무 세력이 점차로 쇠약하여 말라 죽는 것이 많다.

자두나무를 대목으로 한 경우에도 복숭아 대목과 같은 경향을 나타내어 복숭아 대목보다 더 결과수령에 도달한 경우의 반응이 크다. 따라서 매실의 대목으로서는 공대를 이용하는 것이 좋다.

(2) 대목의 양성

대목의 실생 또는 삽목 중 어느 것으로 든지 번식한다.

실생인 경우에는 야생 매실 또는 재배 매실이 사용된다.

재배한 매실을 사용하는 경우에는 보통 정도의 매실 이상 큰 것으로 중·만생계 품종을 선택한다.

삽목용으로는 일반적으로 야매(野梅)라고 불리는 뿌리가 잘 내리는 계통이 사용된다.

① 실생에 의한 대목의 양성

성숙기에 달하여 누렇게 익고 자연 낙과한 것을 사용한다.

모은 과실은 곧 물에 1~2일간 담가서 과피와 핵을 분리한다.

분리한 핵은 충분히 물에 씻어서 그늘에서 표면의 물을 건조하고 파종기까지 저장한다.

[파 종]

파종시기는 가을 파종과 봄 파종, 파종 방법에는 직파(直播)와 묘상파종(苗床播種)이 있다.

가을 파종은 9~10월, 봄 파종은 발아가 빠르므로 따뜻한 지방에서는 1월 중에 다른 지역에서는 2월 중순까지 파종 전에 5~7일 물에 담그면 발아가 고르게 된다.

직파는 최초부터 이랑넓이와 포기사이를 이식하는 경우와 같이 파종한다.

이랑넓이는 보통 60cm 내외로 하고 포기사이는 접목 작업을 고려해서 15~20cm 정도로 한다.

[실생묘의 정식]

묘상에서 육성한 실생묘는 5월 상~중순 경에 정식하나 묘의 크기는 이 시기이면 활착이 매우 용이하다.

본밭은 이식하기에 앞서 토양을 부드럽게 하고 비가 내린 후를 택해서 이식한다.

이식할 때에 건조가 계속되는 경우에는 물을 주어서 어린 묘가 활착하도록 돕는다.

순조롭게 자란 경우에는 여름에 눈접을 행할 수 있다.

② 삽목에 의한 대목 양성

묘상에 파종하였다가 이식하는 방법에 비하여 묘의 균일성은 다소 나쁘나 뿌리 내리기가 용이한 계통을 사용하면 매우 쉽게 대목을 양성할 수가 있다.

삽목용 접수는 야매(野梅)의 실생에 접목한 윗부분의 1년생 가지를 이용하는 경우가 많다.

접수는 충실하지 못한 부분을 제거하고 15~20cm로 끊어서 이랑 넓이 60cm 내외, 포기사이 15~20cm, 접수의 2/3가 흙 속에 묻히도록 꽂고 삽목이 끝난 후에는 삽수와 토양이 밀착되도록 흙을 가볍게 눌러 준다.

삽목 시기는 2월 중순~3월 상순으로 싹이 활동을 시작하지 않은 상태가 좋다.

삽수는 채취 후 될수록 빨리 삽목한다.

(3) 접목 방법

여름에 행하는 눈접과 봄의 절접이 있으며 눈접에는 삭아접과 T자형 눈접 방법이 있고 봄에 행하는 접목에는 양접(揚接)과 거접(居接)법이 있다.

실생 대목으로는 눈접을 행하는 경우가 많고 삽목 대목에는 절접을 행한다.

눈접에는 T자형 눈접 방법보다 작업하기가 용이한 삭아접이 일반적으로 사용되며 절접에는 거접(居接)보다 양접법(揚接法)이 많이 행해지고 있다.

접수는 충실하게 잘 자란 발육지로 눈이 똑똑하게 생긴 중앙 부분의 것을 사용한다.

충실하지 못한 눈이나 발육지 아랫부분의 작은 눈은 활착해도 다음해 봄에 싹트지 않는 경우가 많다.

양접법(揚接法)에는 2~3월에 대목을 파올려 뿌리를 전정 가위로 고르게 끊어서 가식해 주고 집 안에서 차례로 접목을 행한다.

접목한 묘목은 구덩이 안 또는 비닐하우스에 보관하여 접목이 잘 활착하도록 재촉하여 싹이 트고 뿌리가 내린 후에 본밭에 정식한다.

구덩이는 새로 구덩이를 사용하고 접목한 묘목은 사과상자 등에 넣어서 전체가 축축할 정도로 약간 안개를 뿜어서 구덩이 안에 보관한다.

구덩이는 땅속의 자연보온과 적당한 습도 상태에 있으므로 접목이 활착하는데 좋은 조건이 주어진다.

구덩이에 보관한 접목 묘는 접가지가 1㎝ 내외로 싹터서 가는 뿌리가 희게 내렸을 때 본밭에 정식한다.

정식할 때까지의 기간은 대체로 40~50일간이다.

새 구덩이는 배수가 매우 좋아야 한다는 토양조건을 필요로 한다.

최근에는 비닐하우스를 이용하고 있다.

비닐하우스는 온도를 가하지 않아도 좋으며 작업하기도 용이하고 더욱이 묘가 상당히 자란 것을 이동할 수가 있는 것이다.

이에 의하여 접목시기의 폭을 넓히는 일이 가능하게 된 것이다.

접목한 묘목은 비닐을

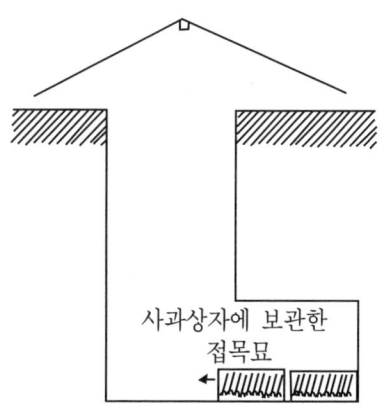

[그림 2-21] 접목한 묘를 보관하는 법

깐 나무상자 또는 골판지 상자내에 넣어 비닐로 덮고 하우스 안에 넣는다.

하우스 및 상자에 비닐을 덮어서 보온하고 적당한 습도 상태를 유지해 주어서 구덩이 안과 같은 상태가 되어 활착하기 용이하도록 한다.

활착이 되어 싹트고 뿌리가 내린 묘목은 바깥 공기와 익숙하게 하기 위하여 상자로부터 내어 하우스 내에 가식하여 길들이고 5월 상순경 본밭에 정식한다.

접수가 10~15cm로 신장할 때까지 하우스 내에 둘 수가 있기 때문에 접목을 일찍 행할 수가 있다.

노지에서의 접목은 2월 하순~3월 중순경까지가 적기에 해당한다. 접가지 1kg으로 200본 안팎의 접목을 할 수 있다.

① 절접(切接)

절접용 대목으로는 1년생 실생을 사용한다. 대개의 경우 제자리접(据接)을 하지만 한냉한 지방에서는 딴자리접(揚接)으로 하며 일시 온상에 옮겨 활착시킨 후에 묘포에 내는 것도 있다. 접수(接穗)는 1년생의 새로운 가지 중에서 굵기가 6~7mm 정도의 충실한 가지를 골라 접목 1~2주일 전에 채집해 마르지 않도록 습한 모래속에 묻어 두었다가 사용한다. 접목이 실패하는 원인은 접수의 저장이 나빠 저장 중에 싹이 활동을 시작한 경우가 많다. 따라서 접수의 저장 장소는 되도록 온도변화가 적고 직사광선이 닿지 않는 북쪽방향 배수가 좋은 장소가 좋다. 접수를 폴리에틸렌에 싸서 냉장고에 보관하면 싹의 활동이 억제되어 안전하다.

접목방법은 대목을 지상 5cm내외로 잘라 실시한다. 접목시기는 지방에 따라 다르지만 일반적으로 다른 과수에 비해 빠른 2월 중순에서 3월 상순에 걸쳐 실시한다. 접목 후 토양에 얼음이 어는 지방에서는 접목한 위에 짚 등을 두께 10cm 정도로 덮어주어 보온하는 것이 중요하다. 또 발아 후는 대목의 싹이 나오기 쉬우므로 때때로 둘러보아 제거해 주어야 한다.

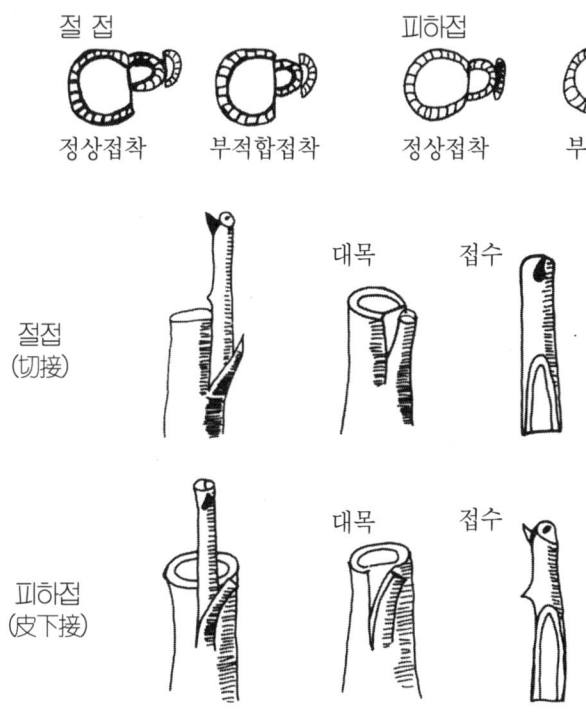

절 접

정상접착   부적합접착

피하접

정상접착   부적합접착

절접
(切接)

대목   접수

피하접
(皮下接)

대목   접수

[그림 2-22] 형성층의 접착방법

② 고접(高接)

고접을 하는 경우는 대목의 절단면이 유합되도록 빠르고 안전하게 해 주는 것이 중요하다. 매실은 목질이 단단해 절단면의 상처가 남으므로 고접의 경우는 절접(切接)을 피하고 피하접(皮下接)

을 해주는 것이 좋다. 접목의 장소도 한쪽 편에 치우치지 않고 가지의 굵기에 따라 배치하고 절단면이 똑같이 아물도록 하는 것이 중요하다. 이 경우 활착 후는 가장 양호한 가지 하나를 남기고 다른 가지는 짧게 남기고 잘랐다가 절단면이 아물고 나면 최후에는 제거한다.

절접이 보통 행해지는 방법이며 고접에는 피하접이 간단해 활착도 좋다. 피하접은 대목의 나무껍질이 쉽게 벗겨지는 것이 중요하다. 피하접은 수액의 유동이 많이 진행된 시기에 한다.

③ 눈접(芽接)

눈접은 눈을 1개만 붙이므로 접수가 절약되고 생육시기에 접목이 가능하며 몇 번이고 다시 붙일 수 있는 이점이 있다. 또 눈접은 절접만큼 기술을 필요로 하지 않으며 초보자라도 활착이 잘 되므로 편리하다.

될 수 있는 대로 새 가지 중앙부의 충실한 가지에서 접눈은 접목 직전에 채집해 즉각 잎자루 부분의 눈을 남기고 잎을 제거한다. 잎을 제거하는 것은 건조를 막기 위함이다. 이 접눈은 마르지 않도록 물통 등에 넣어 운반하도록 한다. 접수를 채취할 때는 왼손에 가지를 쥐며 오른손에 칼을 쥐고 싹 아래 2cm 정도의 지점에서 위쪽으로 목질부가 약간 붙을 정도의 깊이로 잘라 올라가서 눈의 위쪽 1.5cm 정도의 지점에 도달하면 칼을 떼낸다. 자른 눈은 건조하지 않도록 입 속에 넣고 대목의 껍질벗기기를 실시한다.

대목의 굵기는 직경 1cm 정도가 적당하다. 접목하는 위치는 되도록 지표에 가까운 부분이 좋지만 너무 낮으면 작업의 조작이 곤란하므로 지상 5cm 정도가 좋다. 우선 나무껍질이 매끈한 부분을 골라 칼의 끝으로 깊이가 목질부에 도달하면 옆으로 자른다. 그리

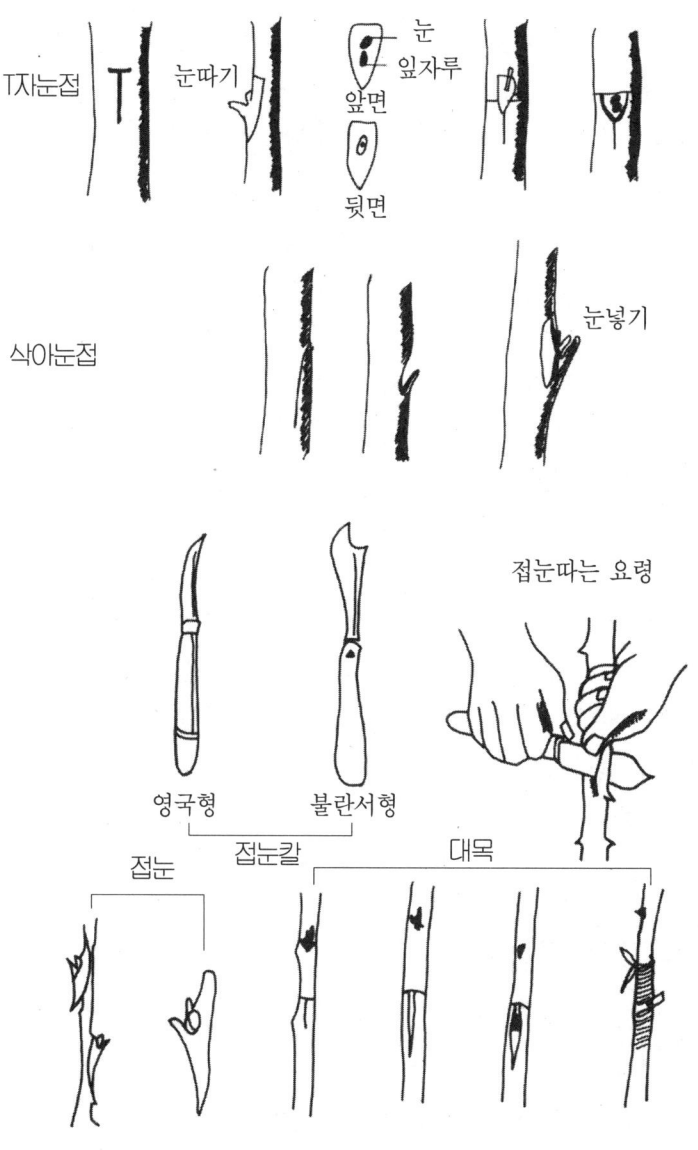

T자눈접   눈따기   눈

잎자루

앞면

뒷면

삭아눈접   눈넣기

접눈따는 요령

영국형   불란서형

접눈

접눈칼   대목

[그림 2-23] 눈접의 순서

고 이번에는 그 중앙부에서 아랫쪽으로 약 2.5 cm 정도의 깊이로 자른다. 칼끝을 사용해 옆으로 잘린 부분과 아래로 잘린 부분의 교차점에서 나무껍질을 좌우로 벌린다. 이 경우 매실의 나무 껍질은 얇아서 찢어지기 쉬우므로 살며시 벌리는 것이 좋다. 또 껍질 벗긴 정도는 되도록 작은 것이 활착에 좋다.

대목의 준비가 끝나고 나면 신속히 그 하단부를 껍질 벌어진 부분으로 넣어 잎자루(葉柄部)를 쥐고 손가락 끝에 힘을 가해 천천히 아랫방향으로 밀어 넣는다. 눈의 상단부가 옆으로 잘린 부분의 아래선에 완전히 들어가는 것을 확인해 삽입을 멈춘다. 그리고 비닐 테이프를 아래쪽에서 윗쪽으로 감아 올라가 작업을 마친다.

접목한 접눈이 완전히 아물어 붙기까지는 약 1개월을 요하지만 활착이 되고 안 되고는 대개 7일 정도이면 알 수 있다. 활착한 것은 눈이 생기가 있어 광택이 있는 색깔을 띠고 잎자루가 황변해 분리층이 형성되어 탈락하지만 활착이 되지 않는 것은 잎자루가 검게 말라 그대로 붙어 있어 쉽게 구별할 수 있다. 접목 후 활착을 확인한 후 약 1개월을 경과하면 묶여져 있는 비닐 테이프를 풀어 주어야 한다. 그대로 두면 생육기간 중이라 가지의 비대가 진행되어 묶은 부분이 잘룩해진다.

5. 자두 묘목 만들기

(1) 대목의 종류

자두 대목은 자두나무가 가장 좋고 그 외에 복숭아 대목 등이 있다.

① 자두나무 대목

야생 자두나무 대목을 말하는 것으로 삽목한 나무의 뿌리내리기가 지극히 용이하여 대목 번식은 대부분 삽목에 의존하고 있다.

접수와의 친화성도 가장 높으나 눈접이 살아 붙기는 어려우며 오로지 절접에 의존하고 있다.

이 대목은 근두 암종병(癌腫病)에 비교적 강하고 수지병(樹脂病) 발생도 적고 굴나방의 가해도 적은 등, 우수한 점이 많으나 토양의 건조에 대하여서는 복숭아 대목보다 약한 것 같다.

② 복숭아 대목

접목 친화성(親和性)이 높고 실생에 의한 번식도 용하다.

이 대목은 가는 뿌리가 많고 토양의 건조에 대해서는 자두 대목보다 우수하나 근두 암종병(癌腫病), 굴나방의 피해를 받기 쉽기 때문에 이에 대한 대책이 필요하다.

과분(果粉)이 생기는 것은 자두 대목(台木)보다 좋다고 알려져 있다. 접목은 눈접에 의존하는 경우가 많다.

(2) 접목방법

가을의 눈접과 봄의 절접이 있으나 복숭아 대목으로는 오로지 눈접이 행해지며 눈접으로 활착되지 않는 경우에 절접을 행한다.

자두나무 대목(台木)은 눈접보다 절접을 하는 편이 활착율이 높으므로 공대(共台)인 경우에는 봄에 절접을 행하면 좋다.

눈접을 하는 시기는 다른 핵과류와 다른 바가 없다.

절접 3월 상·중순경에 행하는 것이 좋다.

접수를 채취하는 것은 2월상·중순에 싹트기 직전에 채취해서 건조하지 않도록 저장한다.

일본 자두에는 바이러스병에 감염된 것이 많다고 한다.

누른 무늬 잎이나 버드나무 잎처럼 된 나무, 현저하게 쇠약해진 나무 등에서는 접수를 채취하지 않는다.

대목을 얻기 위한 삽목은 매실과 함께 습도가 많은 땅이 좋고 건조하기 쉬운 토양에서는 활착하기가 매우 나쁘므로 삽목 장소를 선정하는데 주의해야 한다.

6. 살구 묘목 만들기

(1) 대목의 종류

공대(살구나무 실생), 매실, 자두 등이 대목으로 알려져 있다.

① 공대(共台)

친화성(親和性)이 가장 높다.

접목 후에 활착이나 그 후에 묘의 생장, 경제수령이 길다는 것 등의 장점이 많으며 널리 대목으로 사용되고 있다.

또한 추위와 가뭄에 견디는 성질이 우수하며 네마토다에 대하여 내충성(耐蟲性)이 있다.

종자를 살구 가공 공장에서 구하는 경우에는 건조하지 않도록 빨리 저장한다.

저장방법은 매실, 복숭아 등과 같이 취급하면 된다.

② 복숭아 대목

접붙인 것이 활착하기는 살구 대목과 함께 우수하며 초기의 발육도 좋고 토양이 건조해도 견디는 힘이 강하다.

그러나 접목 부분은 살구나무 대목에 비하여 약하고 강한 바람 등 기계적인 장해로 접목부분이 부러지기 쉽다. 이 경향은 큰 나무가 될수록 강하게 나타나서 살구나무의 대목으로서는 맞지 않다.

자두 대목의 경우에도 복숭아 대목과 같은 경향을 나타내는 것으로 대목으로서는 맞지 않다.

③ 매실 대목

공대에 이어서 경제재배상으로 이용가치가 높으나 육묘면에서는 공대에 비하여 접목 활착율이 다소 낮다.

또한 재배상으로는 공대에 비하여 내한성이 떨어진다.

살구나무 대목과 다른 대목과를 구별하는 것은 뿌리 빛깔에 의하여 판단하나 그 특징은 살구나무 대목의 뿌리 빛깔이 다른 종류에 비하여 짙은 적색이다.

(2) 대목 양성

살구의 재배종 또는 야생종의 완숙한 만생 품종을 사용하나 여름에 수확해서 저장한 씨앗은 늦은 가을부터 다음해 봄 사이에 파종한다.

가을 파종은 11월 경에 행하고 봄 파종은 2월 중에 끝낸다.

파종은 묘상에 하거나 직파하거나 모두 좋으나 관리하기에는 묘상에 파종하여 어린 묘를 길러서 5월 상·중순 본밭에 정식한다.

묘상에 파종할 때에는 넓이 15㎝ 안팎의 줄파종 하거나 벌파종을 하고 파종이 끝난 후에는 짚을 깔아서 토양의 건조를 방지하나 때로는 물을 줄 필요가 있는 경우도 있다.

(3) 접목 방법

접목 방법에는 눈접과 절접이 있으며 눈접은 7월 하순~9월 상순으로 상당히 폭이 넓으나 접눈의 충실을 들어 말하면 8월 하순~9월 상순경이 적기이다.

빠른 시기에 눈접을 할 때에는 특히 눈의 충실도에 주의해야 한다.

눈은 꽃눈을 함께하는 겹눈도 있으므로 잎눈만 있는 것을 고른다. 절접은 눈접을 하지 못한 대목에 다음해 봄에 행하는 정도이며 접목 시기는 3월 상순이나 중순이다.

접눈은 눈이 싹트지 않은 2월 중순까지 채취해서 저장해 둔다.

7. 양앵두 묘목 만들기

(1) 대목의 종류

양앵두 대목이 현재 실용적으로 사용되고 있는 것은 청엽앵(青葉櫻), 마자아드(Mazzard), 마하랩(Mahaleb) 등이 있다.

① 청엽앵 대목

삽목 번식이 용이하며 뿌리가 내리는 율은 90% 이상으로 높고 접목의 활착과 묘의 생장도 모두 우수하며 고르게 자란다.

삽목에 쓰이는 삽수는 삽목 채취에 전용하는 나무에 의하는 경우와 실생의 1년생 묘를 이용할 수도 있어서 매실의 경우와 마찬가지이다.

이 대목에 접목된 양앵두 중에서 감과(甘果) 양앵두의 비가로

오군(Bigarreau 群 - 수세가 강하고 가지는 직립성(直立性)이며 과실은 원형 또는 심장형으로 과피가 두텁고 수송에도 견딜수 있는 무리)품종을 대목으로 한 경우에는 큰 교목(喬木)이 되고 수명도 길다.

그러나 곧은 뿌리의 발생이 적고 비교적 뿌리가 얕아서 토양의 건조에 약하다.

접수와 대목의 접착부분이 약하여 강한 바람 등으로 부러지거나 쓰러지기 쉬운 결점도 있다.

관리방법만 좋으면 이용가치가 높은 대목의 하나이다.

② 마자아드 대목

감과(甘果) 양앵두의 실생 및 야생화(野生花)한 것을 일괄해서 마자아드라고 부른다.

실생에 의해서 번식하나 일부 근삽에 의존하는 경우도 있다.

양앵두와의 친화성이 높고 접목의 활착과 묘의 생장도 좋고 경제수령도 길지만 번식이 실생에 의존하기 때문에 대목의 균일성이 떨어진다.

심근성(深根性)이기 때문에 토양의 건조에 견디는 힘이 강하고 바람에 의해서 쓸어지는 일도 적다.

또한 접수와 대목의 접착부분은 강한 바람에 의해서도 부러지는 일이 없고 내한성(耐寒性)도 우수하다.

③ 마하랩 대목

풍토에 대한 적응성은 마자아드보다 넓고 다소 왜화(矮化)하는 경향이 있다.

어린 나무일 때의 발육은 마자아드 대목의 경우에 비교하여 왕성하나 결과 연령에 달하면 발육이 쇠약해진다.

또한 과실의 품질이 좋고 과실의 성숙기가 3~4일 빠르다.

뿌리썩음병이나 무늬날개병에 대한 저항이 강하다.

양앵두와의 친화성은 마자아드보다 낮고 천근성(淺根性)이어서 지표면 가까이에 밀접하는 경향이 있으나 토양에 대한 적응성이 높고 모래나 자갈이 섞인 땅에도 견디는 힘이 강하다.

④ 왜성(矮性) 대목

작업 노력을 편리하게 하고 토지 이용면에서도 스파아타입 돌연변이에 의한 왜화(矮化)나, 대목에 의한 왜화는 입목 과수에서 중요한 문제로 되어 급속도로 검토가 진행되어 오고 있다.

대목의 친(親)으로서는 마하랩, 마자아드 등이 사용되며 양자의 교배에 의하여 왜성(矮性) 대목 육성이 시험되고 있다.

왜화성(矮化性)을 지닌 영양계(榮養系) 번식의 연구도 진행되고 있다.

(2) 대목의 양성

[꺾꽂이 방법]

삽목을 전용으로 하는 나무에서 채취하는 경우와 전 해에 삽목으로 육묘해서 봄에 절접을 한 윗부분을 삽수로 한다.

삽수는 끝부분의 불충실한 부분을 제거하고 길이 15~20㎝로 잘라 고르게 하여 노지에 꽂는다.

삽수의 길이는 매실의 경우와 같은 요령으로 밑부분의 2/3이 흙속에 묻히도록 꽂고 토양과 꽂은 가지가 밀착하도록 뿌리 아래부분을 가볍게 밟아서 굳히고 건조를 방지해 준다.

꽂은 후 짚을 깔아 주면 좋고 지나치게 건조하면 적절히 물을 준다.

활착이 되고 새 가지가 신장하게 되면 빨리 밑거름을 준다.

덧거름은 7~8월 경까지에 2~3회로 나누어서 주고 새 가지가 충분히 자라도록 도모한다. 시비량은 매실의 경우와 같아도 좋다.

(3) 접목 방법

눈접은 활착이 되고 말라 죽는 경우가 많고 실용적으로 이용할 수 없으며 번식은 봄의 절접에 의존한다.

대목의 접목 부위는 삽수 부분이면 좋고 접수는 충실하게 발육한 가지를 사용하며 싹이 크고 충실한 부분만을 접수로 이용한다.

접수 1㎏으로 대체로 150본의 대목에 접목할 수 있다.

① 접목 시기

기온이 올라가기 시작한 3월 상순부터 하순으로 평균해서 3월 10일 경이다.

접수는 2월 중순부터 하순에 채취하여 건조하지 않도록 간단히 보존해 둔다.

보존방법은 접수를 바깥 공기와 차단하고 공기나 바람에 직접 접촉되지 않도록 비닐로 싸서, 보존기간이 짧으므로 서늘하고 어두운 곳, 예를 들면 건물의 북쪽 지붕 아래나 낮에도 기온이 잘 오르지 않는 창고 안에 둔다.

비닐을 이용한 저장에는 흙속에 묻을 필요가 없다.

② 절접의 방법

흔히 하는 방법에 의하여 절접을 행한다.

접목을 묶는 재료는 비닐 테이프 등을 사용하며 접목 부위에 흙을 뿌려서 보호할 필요도 없다.

끊은 부분 특히 접수의 끝부분의 끊은 자리에는 유합제를 사용해서 건조를 방지한다.

[핵과류의 묘목 규격]

현재의 묘목 규격은 지상부의 크기(굵기와 길이)에 따라 결정된다.

묘목은 뿌리가 잘 펴지고 지상부의 가지가 충실하여 정식한 경우에 필요한 위치의 눈이 잘 자랄 것이 중요하다.

그러나 그 판단 기준이 명확하지 못한 점도 있어서 오로지 지상부의 크기에 의하여 구별한다.

다음 표는 한 예로 과수 묘목 규격을 나타낸 것이다.

[표 2-13] 과수 묘목 규격 (단위 cm)

종 류	특 등		1등		2등		격외	
	줄기 굵기	줄기 길이	줄기 굵기	줄기 길이	줄기 굵기	줄기 길이	줄기 굵기	줄기 길이
매실 ┌ 소매실 └ 그 외	3이상 "	120이상 "	2.4이상 "	90이상 "	1.5이상 "	60이상 "	1.5미만 "	60이상 "
양앵두	"	"	"	"	"	"	"	"
살구, 자두	"	"	"	"	"	"	"	"
복숭아	"	"	"	"	"	"	"	"

[제6장 포도 묘목 만들기]

포도의 묘목은 삽목 방법과 접목 방법에 의하여 만드므로 실생법, 취목법, 분주 방법은 사용하지 않는다.

삽목은 피록세라에 침해될 위험이 있으나 우리나라에서는 근래 발병되고 있지 않아 현재에는 주로 삽목법, 접목법에 의해서 묘목을 만들고 있다.

1. 삽목 육묘법

포도는 다른 과수에 비해 뿌리내림이 용이하므로 대부분 삽목에 의해 번식되고 있다.

(1) 노지 삽목

① 삽수의 채취 및 저장

삽수의 굵기는 중간 정도로 웃자라지 않고 병충해의 피해가 없는 충실한 열매가지가 좋다.

새순의 선단부 등은 사용하지 않는 것이 좋으며 삽수의 채취시기는 낙엽직후 춥기전에 채취한 것이 가장 좋다.

삽수의 저장은 40~50cm로 절단하여 다발로 묶은 다음 품종이 섞이지 않도록 라벨을 붙인 다음 저장하되 저장 장소는 북쪽의 서늘하고 배수가 잘 되는 곳에 하고 저장시 관수를 하여 건조를 막아준다.

② 삽수의 발근 조건

발근은 8℃ 내외로부터 35℃까지의 범위 안에서 가능한데 가장 적당한 온도는 22~25℃이며, 상토는 통기성이 좋아야 하며 토양 수분은 60~70%가 좋다.

토양의 pH는 6.5~7.0으로 약산성 내지 중성이 좋으며 적당한 양분을 가지고 있어야 한다.

③ 삽목 시기 및 삽목상의 준비

삽목 시기는 남부지방에서는 4월 상·중순, 중부지방에서는 4월 중·하순경이 적당하다.

포장은 비옥한 사질양토에 완숙퇴비를 넣고 깊이 갈아 놓은 후 로타리를 하여 이랑을 1~1.5m 폭으로 만들어 습도가 있을 때 흑색비닐을 피복한다.

④ 삽수 만들기와 삽목 방법

충실한 가지를 그림과 같이 20~25cm 정도(2~3절)로 자르되 하단은 대각선으로 자른다.

삽수의 윗부분은 2~3cm 정도를 남겨놓고 자른다.

삽수를 자른 윗부분에 수분증발을 막기 위해 밀납이나 유합제를 바른다.

삽목전 12~24시간 물에 담가 수분을 충분하게 흡수시킨 다음 삽목하면 발근율이 훨씬 높아진다.

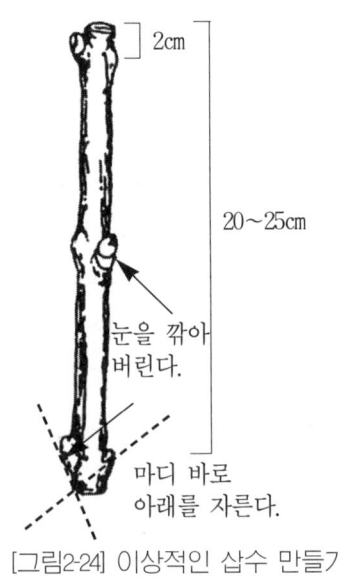

2cm

20~25cm

눈을 깎아 버린다.

마디 바로 아래를 자른다.

[그림2-24] 이상적인 삽수 만들기

⑤ 삽목 후 관리

삽목 후 5월 중~하순경에 뿌리가 발생하며 발아하는데 6월중~하순경 새순이 15~30cm 정도 자랐을 때 1개의 새순을 남기고 제거한 후 지주를 세워 유인한다.

7월 중순 이후 급속히 신장하는데 이때 곁가지가 발생하면 제거하고 3~5회 살균제를 뿌린다.

(2) 전열상 및 온상삽목

노지삽목으로 발근이 불량한 품종은 전열삽상이나 온상을 이용하면 비교적 발근이 용이하다.

① 전열삽상을 이용한 삽목 방법

전열 삽목상 설치는 온도변화가 적은 음지에 설치한다.

삽목용 용토는 질석(Vermiculite)을 사용하는 것이 보습력, 통기성 등이 우수하여 발근이 잘 된다.

상토의 수분함량은 상토무게의 2배 정도 물을 첨가한 후 잘 혼합한다.

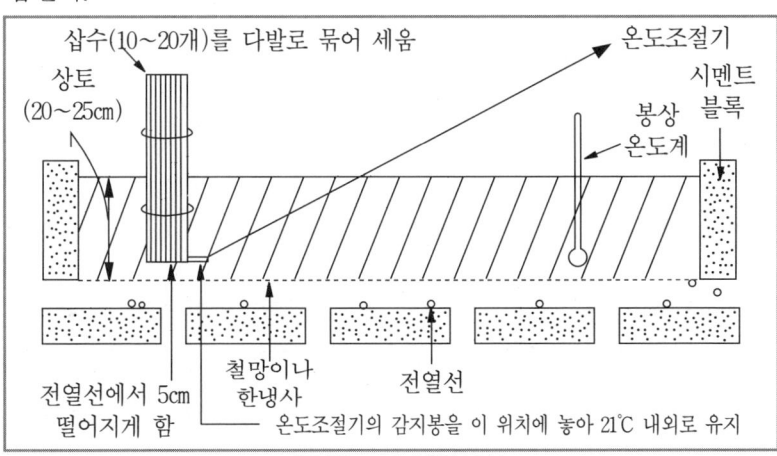

[그림 2-25] 전열삽상

조제된 삽수를 10~20개씩 한다발로 묶어 전열선에서 5cm 정도 위에 삽수를 반듯하게 세우되 삽수의 윗부분의 눈은 상토위로 나오게 한다.

삽상의 온도는 25℃ 내외에서 35~40일간이면 뿌리가 내리는데 이 기간 중 관수를 하지 않는게 좋다.

발근 후 잎이 3~4장 나왔을 때 이것을 묘포장이나 포장에 직접 정식하는데 정식 후 관리는 포장 바로꽂이와 같다.

② 일아삽(―芽插)

신품종이거나 귀한 품종을 일시에 대량으로 번식시키고자 할 때 한 마디에 눈 한개씩을 붙여 삽목하는 방법이다.

보통 인공기온삽상이나 온상내의 삽상에 삽목하여 발근시킨다.

물을 충분히 주도록 하고 발근 후 본잎이 3~4매 정도 나왔을 때 정식한다.

[그림 2-26] 일아삽과 발근상태

③ 녹지삽(綠枝插)

생육기간 중 새 가지를 이용해서 삽목하는 방법으로 귀중한 품종이나 일시에 대량으로 늘리고자 할 때 실시한다.

8월 중·하순경 새 가지가 약간 경화되었을 때 1~2마디씩 잘라 온실내의 분무상에서 삽목을 한다.

수분의 소모를 덜기 위해서 잎을 1/3정도 자르며, 증산작용의 억제와 온도의 상승을 막기 위해 70% 정도 차광한다.

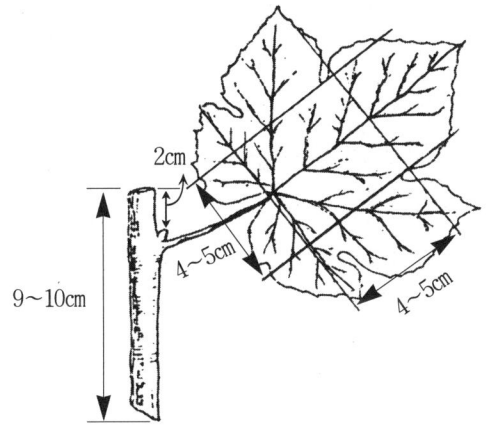

[그림 2-27] 포도의 녹지삽

　포도는 무화과나무와 더불어 가지로부터 발근이 용이하고 삽목에 의해서 손쉽게 묘목을 만들 수가 있다.

　접목용 대목을 양성할 때, 희망하는 대목에 접수를 구하기 어려울 때, 피록세라 저항성을 지닌 품종일 때, 계획적으로 밀식할 때 사이 짓기로 심는 나무로서 일시적으로 이용할 때 등에 삽목 묘목을 만들고 있다.

2. 포도의 대목

　포도는 다른 과수와 달라서 쉽게 삽목으로 묘목을 만들 수 있으나 특별한 목적 이외의 경우에는 포도 피록세라 저장성 대목에 재배품종의 접수를 접목해서 묘목을 만드는 것이 보통이다.

(1) 대목의 선택방법

현재 사용되고 있는 대목은 거의 유럽에서 개량 육성된 것이 도입되고 있기 때문에 그 품종 선택을 그르치는 일이 많다.

따라서 대목의 특성을 충분히 파악해서 처음부터 재배에 적합한 좋은 대목을 택할 것이 중요하다.

대목 선택에 있어서 특히 유의해야 할 점을 들면 다음과 같다.

① 토양 조건에 적응할 것

② 나무 세력이 왕성하고 수량이 많을 것

③ 어린 나무에서 잘 결과하여 수령이 길 것

④ 과실이 잘 결과하고 빛깔이나 당도(糖度) 등의 품질이
   향상하는 일

⑤ 대목과 접수가 큰 차이가 없을 것

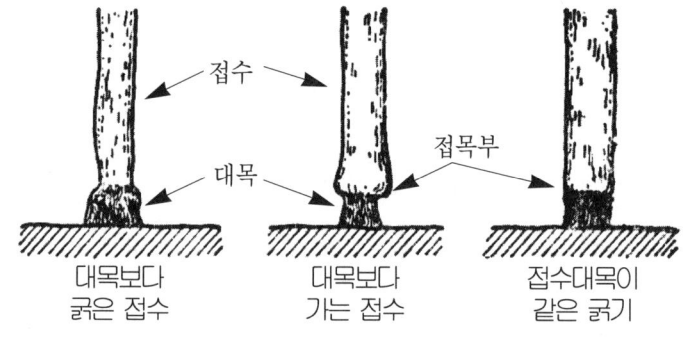

[그림 2-28] 포도 대목의 굵고 가는 상태

(2) 대목 품종의 양성

대목의 원종에는 리파리아(Riparia), 루페스토리스(Rupestris), 베르란디에리(Berlandieri), 솔론니스(Solonis) 등이 있으나 이들의 원종은 일장 일단이 있어서 원종간(原種間)의 교배에 행해져서 유리

한 대목 품종이 육성되고 있다.

많은 대목 품종 중에 현재 사용되고 있는 중요한 대목에 대하여 설명하면 다음과 같다.

(3) 접목의 필요성

포도는 삽목으로도 번식이 잘 되므로 접목할 필요가 없었으나, 19세기 중반이후 미국에서 포도나무의 뿌리와 잎을 가해하는 필록세라(포도뿌리 혹 벌레, Phylloxera)가 전파되어 세계적으로 큰 문제가 되었다.

이를 방지하기 위해 내충성 품종을 대목으로 접목을 실시하게 되었는데 우리나라에서는 접목을 하는 재배자가 많지 않다.

근래에는 접목을 한 포도나무는 뿌리가 깊게 뻗고 충실하며 가뭄과 과습의 불량한 기상상태에서도 잘 견디고, 특히 성목과 노목기에 강건한 수세유지도 좋은 품질과 수량이 안정되므로 필히 접목묘를 재식할 필요가 있다.

(4) 주요 대목의 특성

① 글로와르(Riparia Gloire de Montpellier)

현재 유럽에서 널리 사용되고 있으며, 번식이 용이하고 세근이 많이 발생하는 천근성 대목이다.

사질양토 및 토층이 깊은 비옥지에 적합하며 토양 적응성이 좁고 왜화성이며 수명이 짧다.

② 3306(Riparia × Rupestris 3306)

삽목과 접목 모두 활착이 잘 되며 수세는 강하지 않으나 내습성이 강하다. 내건성이 약한 경향은 있으나 경토가 깊은 곳에서는 크게 문제되지 않는다.

유목기부터 결실이 좋으며 풍산성이고 과실의 품질도 좋다.

③ 3309 (Riparia × Rupestris 3309)

번식이 쉽고, 뿌리는 세근이 적으며 약간 심근성으로 내건성이 강하고 토층이 깊은 사질, 역질의 각종 토양에 적당하다.

접목 후 결과 연령에 달하는 기간이 약간 늦은 경향이나 성목 후 풍산성이고 수령도 길다.

④ 101-14(Riparia × Rupestris 101-14)

삽목 발근이 용이하며 천근성으로 경토가 깊고 유기질이 풍부한 적습의 토양에서는 풍산성이고 품질도 좋다.

따라서 건조에 약하고 사토나 점토에는 좋지 않다.

⑤ 420A (Berlandieri × Riparia 420A)

삽목발근은 좋지 않으나 접목활착은 좋은 편으로 따라서 접목후 처음 지상부 발육이 좋지 않으나 나중의 발육이 좋으며, 풍산성이고 과실의 품질도 좋고 수령도 길다.

재배적지는 표토가 깊고 약간 건조한 사질토양이다.

⑥ 8B(Berlandieri × Riparia Teleki 8B)

세근은 많지 않으나 심근성이므로 유목기부터 발육이 왕성하고 결과기가 빠르며, 품질이 좋고 풍산성으로 수령이 길다. 한편 토양 적응성이 넓다.

⑦ 7BB (Berlandieri × Riparia Teleki Kober 5BB)

삽목시 발근이 제일 잘 되는 성질을 가지고 있으나 천근성으로 세근이 많고 굵은 뿌리도 나온다.

토양적응성은 넓으나 건조에는 극히 강한 반면 습지에는 약하지만 접목 후 지상부 생육이 좋고 조숙하며, 수령도 길다.

⑧ 5C(Berlandieri × Riparia Teleki 5C)

삽목 발근이 좋고 심근성이며 세근의 양도 많기 때문에 유목기부터 생육이 좋고 결실이 잘 된다.

내건성은 다소 떨어지지만 내습성은 강하다.

⑨ 이브리 프랑 (Hybrid Franc)

교목성으로 세근은 적으나 굵은 뿌리가 깊고 넓게 뻗는 특성이 있고 결과기와 숙기가 늦으며 풍산성이다.

점질토양이 적당하며 건조지에서 적색이나 흑색계 품종은 착색이 불량해진다.

⑩ 간진 1호 (Alamon × Rupestris Gan Zin No. 1)

삽목에서는 발육이 잘 되나 접목에서는 활착률이 좋지 않지만 교목성 대목이며 이것에 접목한 것은 발육이 왕성하나 화진현상이 잘 일어난다.

양토에 적당하며 건조에도 강하다.

⑪ 1202호(Mourvedre × Rupestris NO. 1202)

교목성대목으로 굵은 뿌리가 깊고 넓게 뻗으며 번식이 쉽고 건조에 잘 견디고, 점질의 저습지에서도 잘 자란다.

⑫ 41-B (Chasselas × Berlandieri 41-B)

삽목발근이 극히 불량하지만 최적지는 건습이 적당하고 경토가 깊은 사질토양이다. 숙기가 빨라지며 풍산성이다.

⑬ SO4 (Berlandieri-riparia NO. 4)

최근 유럽에서 제일 많이 이용되는 대목으로 현재 우리나라에도 도입되고 있는데 토양적응성이 아주 넓고 내한성도 강하며 수관 확장도 좋다.

3. 접목 육묘법

접목 육묘법에는 거접법(居接法)과 양접법(揚接法)과 접삽 방법이 있다.

거접법은 육묘 밭에 봄에 삽목해서 길러낸 묘목을 캐내지 않고 다음해 봄에 그 장소에서 접목해서 육묘하는 방법이다.

양접법(揚接法)은 육묘 밭에서 봄에 삽목해서 기른 대목을 캐어내 다음해 봄에 접목해서 다시 묘밭에 심어서 육묘하는 방법이다.

접삽 방법은 대목의 가지와 재배품종의 가지를 봄에 접목해서 온상에 넣어서 뿌리가 내리고 싹트게 하여 접목 부분의 유합(癒合)을 동시에 완료하여 이것을 묘밭에 심어서 육묘하는 방법이다.

거접법과 양접법은 대목 양성과 접목 육묘를 아울러 2년이 걸린다.

그러나 접삽 방법은 온상을 관리하기에 어려움은 있으나 육묘 기간을 1년 단축할 수가 있어서 경제적이다.

접목 방법은 눈접, 가지접, 기접(寄接) 등의 방법이 있으나 묘목을 양성하는 경우에는 대부분 가지접을 행한다.

가지접의 방법에는 설접(舌接), 절접(切接) 등이 있으며 이에 따른 대목과 접수의 굵기는 대체로 같은 것을 골라서 접목을 행하나 대목이 더 굵은 경우에는 일반 과수와 마찬가지로 절접을 행한다.

설접은 절접에 비하여 약간 기술을 요하나 포도나무는 접착부분의 유합이 우수하여 가장 많이 행하고 있다.

어떤 접목이든 대목에 접붙이는 위치는 밑부분부터 25㎝ 안팎으로 하고 대목에서 싹트지 않도록 각 마디의 눈을 미리 베어 내고 접붙인 후에는 접수로부터 뿌리가 내리는 것을 방지할 필요가 있다.

여기서는 포도나무 접목 육묘법에 일반적으로 행해지고 있는 접삽에 대하여 설명하고자 한다.

(1) 대목선택

포도대목은 품종에 미치는 영향이나 토양에 대한 적응성이 각각 다르므로 적합한 대목을 선택하여야 한다.

① 토양조건에 적당한 것.
② 접수의 수세가 왕성하고 풍산성인 것.
③ 결실 연령이 빠르고 품질이 좋은 과실이 열리는 것.
④ 접목부 아래의 대목 굵기가 접수의 굵기보다 가늘어지는 대부의 경향이 적은 것.
⑤ 삽목 및 접목이 용이한 것.

[표 2-22] 대목이 접수에 미치는 영향

대　　목	접수에 미치는 영향
① 리파리아	① 조숙, 다수확(단, 척박지에서 결과 과다되면 만부병이 많음)
② 루페스트리스	② 다수확, 만숙, 화진현상이 많음, 품질 저하
③ 베르랑디에리 리파리아	③ 조숙, 다수확, 품질향상
④ 리파리아 루페스트리스	④ 약간 조숙, 다수확
⑤ 루페스트리스 베르랑디에리	⑤ 약간 만숙, 화진현상의 경향이 있음
⑥ 소로니스 리파리아	⑥ 조숙, 다수확

[표 2-23] 대목 품종과 토양의 적응성

토양의 종류	적당한 대목
① 점질, 경토가 낮은 경사지	① 테레키 8B, 3309, 간진1호
② 사질, 건조지로서 경토가 깊은 토양	② 3309, 테레키 8B, 테리키 5BB, 테레키 5C, 420A
③ 사질, 경토가 깊은 적습지	③ 101-14, 3306, 히브리 프랑, 테레키 5C, 테레키 8B
④ 경토가 깊은 적습지	④ 3306, 테레키 8B, 테레키 5C, 1202, 41-B, 히브리 프랑
⑤ 점질 또는 사질의 습지	⑤ 1202, 3306, 테레키 5C, 테레키 8B

(2) 접목방법

① 접삽목

㉮ 접수 및 대목의 준비

낙엽 후 충실한 가지를 잘라 저장하였다가 사용한다.

접수의 길이는 4~5cm 정도가 좋으며, 1개의 충실한 눈이 있어야 한다.

대목은 낙엽직후 저장하였다가 사용한다. 대목의 길이는 20∼
22cm, 굵기는 1cm가 적당하다.

㉯ 접목요령

접수와 대목은 가능한 한 같은 굵기의 것을 골라 사용한다.
손으로 접목할 경우 접수와 대목의 비스듬한 각도가 같아야 한

㉠ 접목과정

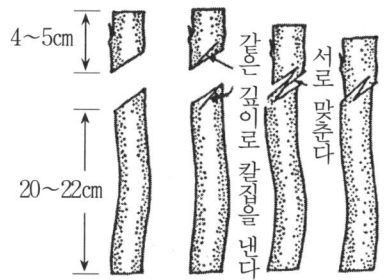

㉡ 삽목과정

· 1줄에 14∼15본씩 나열
· 3cm 두께로 젖은 톱밥을
  깔아줌
· 전체 8∼10단을 삽목함
· 삽식이 끝나면 상자 옆
  을 막고 세워서 온실에
  반입함

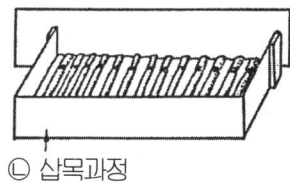

뿌리절단

㉢ 발근된 접삽묘

(온실에서 접목활착
및 발근된 후 뽑아내
서 뿌리를 정리한다.

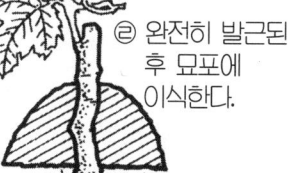

㉣ 완전히 발근된
후 묘포에
이식한다.

[그림 2-29] 접삽목 과정

다. 기계 접목시 혀접기를 이용하며 능률적이며 득묘율이 높다.

㉯ 온상 가온 삽상내 접삽목 방법

삽목상의 삽상만들기 및 상토조제와 같다.

삽상의 온도는 삽목상보다 약간 높게 25~30℃, 삽목기간은 40일 정도면 발근된다.

온상접삽목시 주의할 사항은 외기온은 낮게 하고 삽상내 온도는 30℃ 정도 유지한다.

② 노지 접삽목

온상접삽목의 경우 이식할 때 득묘율이 떨어지기 쉬우므로 노지에 직접 접삽목하여 이식할 때 생기기 쉬운 장애를 막기 위해 실시하는 방법이다.

㉮ 시 기

기온이 상승하여 높은 지온이 유지되어야 유합이 촉진되므로 4월 하순경이 좋다.

[표 2-19] 노지 접삽법의 접목 시기와 관련 방법에 따른 득묘율

시 기 \ 관리방법	무처리(%)	비닐 멀칭(%)	터널(%)	터널+부초(%)
4월 6일	18	21.7	18.0	41.3
4월 16일	23	24.0	13.7	42.0
4월 26일	20	24.7	27.3	49.0

㉯ 접목요령

삽수 및 대목의 준비는 온상에서와 동일하다.

접목은 양쪽 절접이나 혀모양의 기계접이 좋다. 접삽목할 때에는 깊게 골을 파고 접붙인 부위가 완전히 덮이도록 잘 복토해 준다.

③ 쌍 접

대목과 접순을 같은 장소에 심고 발육 중에 있는 새 가지의 마주붙일 부분을 깎고 서로 붙여 묶어주는 방법이다.

접목시기는 새 가지 아랫부분이 등숙하기 시작하는 7월 중순부터 8월 중순 사이다. 접목 후 2~3일 후 다시 묶어 새 가지의 비대를 도모한다.

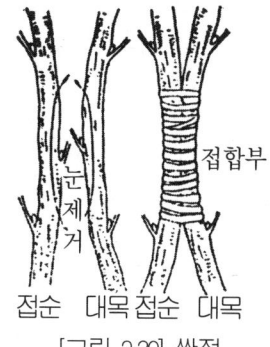

[그림 2-30] 쌍접

④ 덧 접

대목과 접수의 접합부가 큰 나무일 때 실시한다.

접수에서 30cm 떨어진 곳에 대목을 심어 1~2년 후 5월 중순경 대목이 싹이 튼 눈은 따 버리고 실시한다. 대목이 굵을 때에는 2~3개를 한꺼번에 접목을 한다.

[그림 2-31] 덧접

⑤ 녹지접

품종을 갱신하고자 할 때 이용할 수 있는 접목방법이다.

시기는 5월 하순부터 6월 상순사이에 굵기가 1cm 정도 되는 충실한 가지를 채취하여 접수로 이용한다.

접수는 겨울철 전정때 새 가지의 휴면지를 채취하여 냉장고에 보관해 두었다가 이용한다.

접목방법은 접수를 1~2 눈으로 절단하여 할접이나 절접을 실시한다. 접목 후 대목에서 나오는 새 가지는 모두 제거하여 접수의 새 가지가 충실히 자라도록 한다.

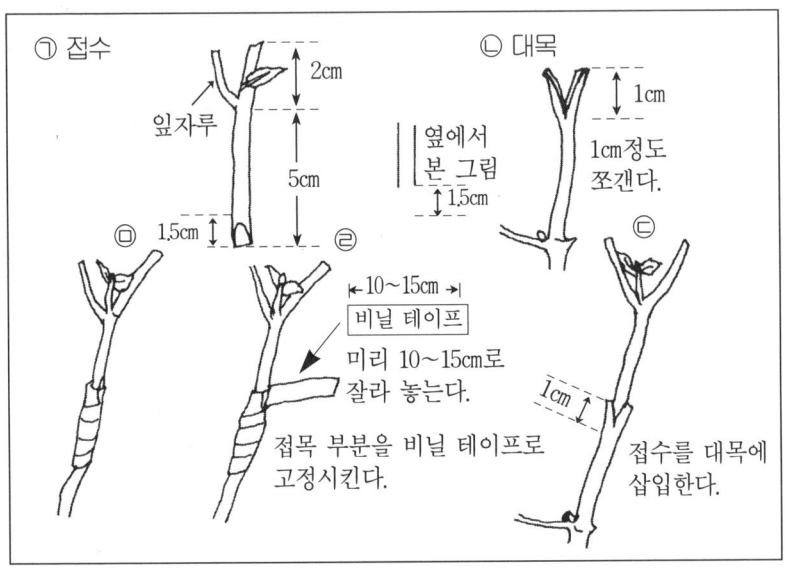

[그림 2-32] 녹지접에 의한 활착 후의 관리

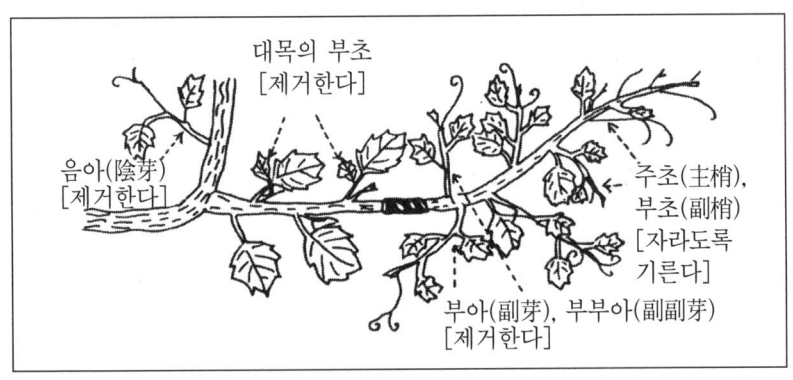

[그림 2-33] 녹지접목의 순서

⑥ 눈접 (삭아접)

현재 재식된 품종을 갱신하고자 할 때 효과적으로 이용할 수 있는 방법이다.

접목시기는 8월부터 9월 상순경에 깎기눈접(삭아접)을 한다.

접아는 충실하게 생장한 새 가지가 등숙되었을 때 아래부분에 있는 2~3개 눈을 이용한다.

접이 끝나면 접붙인 부위에서 20~25cm 높이로 복토하고 이듬해 봄 발아기가 되면 흙을 제거하고 접목부위 5cm상단에서 절단하며 지주를 세워서 신초를 유인한다.

⑦ 뿌리접 (근접)

대목을 갱신할 때 이용하는 방법이다. 접목시기는 5월 중순경 박피가 쉽게 되는 시기에 실시한다.

[그림 2-34] 뿌리접

[표 2-15] 포도 묘목 만들기 작업일지

작업시기		작 업 명
12월		육묘포장의 시비, 경운, 대목, 삽목, 접목용 접수 채취와 저장
2월		육묘용 온상의 설치와 지주 등 자재의 준비
3월	상~중순	접목온상용 사과상자와 톱밥 준비, 온상전열선의 설치, 삽목 육묘포장의 정지 및 이랑 세우기, 폴리에틸렌 피복
	중~하순	저장, 접목용대목, 접수를 내어 조제. 접목(접삽), 사과상자에 넣기와 온상에 반입 가온 개시
4월		삽목용 삽수를 내어 조제하고 육묘포장에 삽목, 접목용 육묘 포장의 정지와 이랑 세우기, 온상관리
5월		접목용 녹지 묘의 포장에 심기, 물주기, 녹지 묘의 눈 솎아 내기, 육묘포장의 제초, 덧거름 및 지주 세우기
6월		유인, 눈 솎아내기, 제초
7월		녹지접목 묘의 배토(排土)와 뿌리 끊기, 녹지 삽목 묘의 폴리 에틸렌 제거, 유인, 눈 솎아내기, 제초
8~9월		유인, 눈 솎아내기, 물주기, 순치기
11월		묘목 캐어 내기와 가식

[제7장 밤나무 묘목 만들기]

1. 밤나무 대목

밤나무 대목으로서는 종래에 산밤나무 실생이 많이 사용되었으나 밤나무 혹벌이 발생한 이래 산밤나무 종자를 입수하기 곤란하게 되어 최근에는 재배 품종의 실생이 사용되고 있다.

특히 밤나무에 있어서 접목에 의한 묘를 만드는 경우 접수 품종과 대목 종류를 맞추는데 따라 접목한 것이 잘 살지 않거나 비록 살기는 했어도 그 뒤의 발육이 나쁜 등 접목이 친화성을 나타내지 못하는 경우가 있으므로 대목을 고를 때에 주의해야 한다.

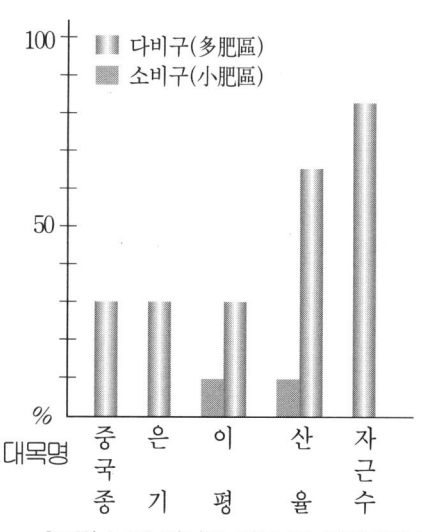

[그림 2-35] 밤나무 대목 및 시비조건과 어린 나무일 때의 동해 발생과의 관계

접목이 친화성을 갖지 못하는 것이 특히 문제가 되는 것은 중국 밤과 접목을 한 경우이다.

일단 활착되기는 하나 거의 자라지 않고 말라 죽는 것이 많다.

밤나무 어린 나무일 때에 동해(凍害)를 입기 쉽고 종래에는 우리나라 밤나무 품종의 대목에는 우리나라 재배품종을 사용하는 것보다 중국종이나

산밤나무 대목을 쓰는 편이
좋다고도 말해 왔으나 시험
결과에 따르면 반드시 중국
종이나 산밤나무 대목이 강
하다는 것은 아니다.

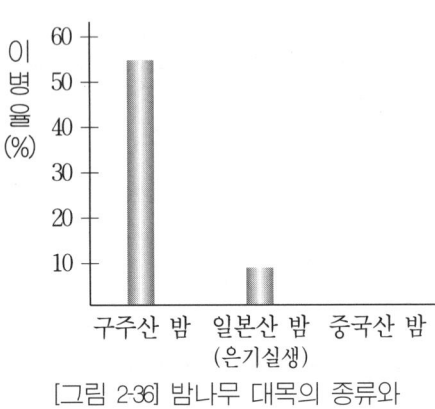

[그림 2-36] 밤나무 대목의 종류와
동고병의 이환

다만 중국종 대목은 동고
병이나 건조에 대한 저항성
이 강하므로 앞으로 우리나
라 밤나무와 친화성이 높고
밤나무 혹벌 내충성(耐蟲性)
이 있고 결실성이 좋은 중국종이 육성되면 밤나무 재배에 도움을
줄 것이다.

2. 대목 양성

(1) 종자

일반적으로 묘목업자가 사용하고 있는 종자 중, 만생 품종의 선
과규격(選果規格)에서 말하는 S 또는 SS급의 알이 작은 것이다.

그러나 알이 작은 종자는 알이 큰 종자에 비하여 저장양분이 적
기 때문에 발육이 떨어지므로 비료를 많이 주어서 재배하지 않으
면 1년만에 고접용으로 쓸 수 있는 대목이 될 수 없다.

고접용 대목으로서는 될 수 있는 대로 알이 큰 종자로 충실한
생육을 한 것이 바람직하다.

(2) 종자의 훈증(燻蒸)과 저장

종자는 수확 직후에 이유화탄소(二硫化炭素)로 훈증해서 다음 해 봄까지 저장한다.

이유화탄소에 의한 훈증 방법은 다음 그림과 같다.

밀폐할 수 있는 용기를 사용하여 용기의 1/3~1/2 정도의 밤을 넣고 용기의 용량 1㎥에 대하여 80g(65cc)의 이유화탄소를 얕은 접시에 넣어서 밤 위에 두고 밀폐해서 20~24℃로 24시간 훈증한다.

드럼통(200 *l*)을 사용해서 행하는 경우를 예로 들면 이유화탄소의 양은 16 *l* (13cc)로 1회에 처리할 수 있는 밤의 양은 40~50kg이다.

기온이 낮을 때에는 훈증 시간을 약간 연장한다.

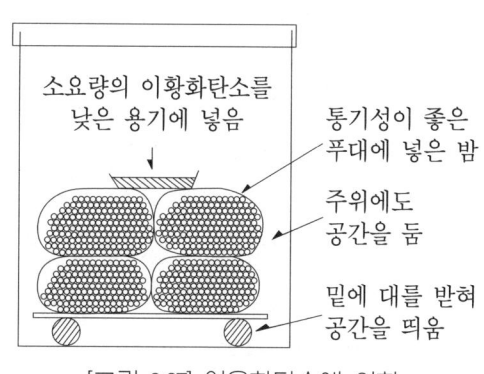

소요량의 이황화탄소를 낮은 용기에 넣음

통기성이 좋은 푸대에 넣은 밤

주위에도 공간을 둠

밑에 대를 받혀 공간을 띄움

[그림 2-37] 이유화탄소에 의한 밤 종자의 훈증 요령

훈증을 거친 밤은 그늘지고 서늘한 장소에 엷게 펴고 가스를 빼내고 습기가 많은 톱밥 또는 모래에 섞어서 간편한 용기에 넣어 저장한다.

톱밥을 사용할 때의 수분 함량은 50% 정도가 적당하며 손으로 꼭 쥐어서 손가락 사이로 물이 스며 나오는 때에는 지나치게 물이 많은 편이며 주먹으로 쥐었다가 놓으면 곧 흩어지는 것은 수분이 부족한 것이다.

쥐었다 손을 펴도 얼마동안 뭉쳐 있는 정도가 알맞은 습도이다.

용기 바닥에 톱밥을 3~4㎝의 두께로 갈고 밤을 1열로 나란히

놓고 밤 위에 1~2cm의 두께로 톱밥을 5~6cm의 두께로 덮고 뚜껑을 닫는다.

저장하는 장소는 될 수 있는대로 서늘한 곳이 좋고 또 저장 중에는 톱밥이 건조하는 일이 있으므로 때때로 수분을 보급해 준다.

대량으로 저장하는 경우에는 상자 등 용기를 사용하지 않고 배수가 좋은 지면에 깊이 30~40cm의 알맞은 크기로 구멍을 파고 이 안에 습기가 있는 모래와 함께 층으로 쌓고 흙을 덮어 주어도 된다.

(3) 파종시기

저장한 종자는 2월 하순~3월 상순에는 상당히 뿌리가 내려 있으므로 톱밥이나 모래와 분리해서 상자에 넣어두고 뿌리가 3cm 정도로 갖추어졌을 때 종자를 파내어서 펴놓고 손으로 비벼서 뿌리를 떼어 내고 파종하는 것이 좋다.

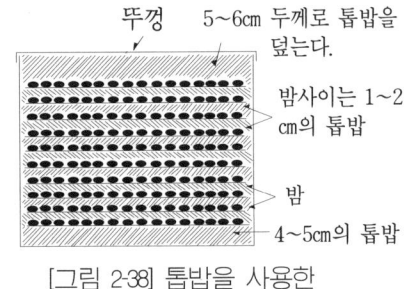

[그림 2-38] 톱밥을 사용한 밤종자의 저장요령

파종은 너무 서둘지 말고 뿌리가 고르게 내릴 때까지 기다려서 3월 한달 동안에 행하면 된다.

(4) 파종 방법

파종상은 땅을 정리해서 이랑넓이 45cm, 길이 15cm 정도의 골을 파고 10a당 완숙한 퇴비 1톤, 고도화성비료 60kg을 밑거름으로 주고 골의 길이가 3~4cm 정도가 될 때까지 흙을 다시 넣고 그 위에 15~18cm의 간격으로 파종한다.

흙을 덮은 후에는 발로 잘 진압해서 건조하기 쉬운 곳에서는 건조를 방지하기 위하여 짚을 깔아준다.

파종 방법은 종자를 일정한 방향으로 고르게 하고 안쪽 면이 아래로 향하게 파종하도록 한다.

10a당 종자수는 13,000~14,000 알이며 고접이 가능한 대목을 얻는 수는 10,000~12,000본 정도이다.

(5) 발아 후의 관리

파종 후 1개월 정도 되면 발아하게 된다.

보통 한 개의 종자에서 1포기씩 발아하게 되나 종자가 쌍자과(雙子果)인 경우에는 두 포기가 발아하며 쌍자과가 아니라도 도중의 가지가 나누어져서 2~3포기로 자라나는 경우가 있다.

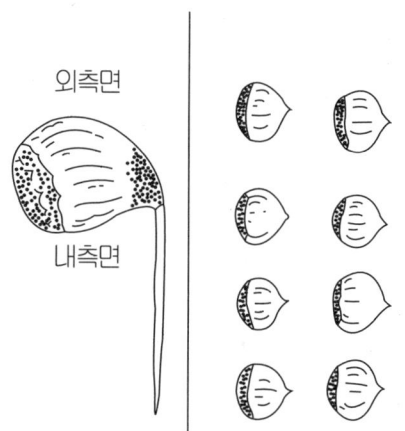

외측면

내측면

[그림 2-39] 밤의 어린 뿌리가 자란 쪽과 파종상태

이러한 것들은 될 수 있는대로 빨리 정리하여 생육이 좋은 것 하나만 자라게 한다.

그 후에는 생육에 따라 2~3회 덧거름을 주고 가을까지에 1m 이상으로 자라도록 한다.

또한 실생의 어린 묘는 묘동고병이 발생하기 쉬우므로 생육기간 중에 수화유황, 다이센 등을 2~3회 살포해서 방제한다.

(6) 대목 캐어내기와 이식

대목은 그대로 접목하는 경우도 있으나 묘목이 도장해서 싹이 충실하지 못한 묘목이 되기 쉽고 또 가는 뿌리가 적고 정식 후의 생육에도 어려운 점이 있기 때문에 접목 전에 한 번 캐내어 이식하는 편이 좋다.

이식은 낙엽 후이면 언제라도 좋으나 겨울 동안에는 건조하기 쉬우므로 3월이 되어서 행하여 접목 1개월 전에 끝내는 것이 좋다.

이식상에는 10a당 건조한 계분(鷄糞) 1톤, 고도화성비료 60kg 정도를 밑거름으로 온 밭에 시비하여 갈아서 정지하고 이랑넓이 65㎝, 포기사이 18~20㎝로 심는다.

대목은 뿌리를 곧은 뿌리는 15㎝, 곁 뿌리는 10㎝ 정도의 길이로 끊고 크기 별로 선별해서 일정한 크기를 가진 것을 심는다.

3. 접수 채취와 저장

접목이 잘 되느냐 못 되느냐 하는 것은 접수의 상태에 따라 좌우되는 일이 많으며 접수의 상태와 접목 시기만 좋으면 초보자라도 90% 이상의 활착율을 얻을 수 있다.

접수는 햇볕이 잘 쪼이는 위치의 가지로 지름이 5~6㎝로부터 대체로 8㎜ 정도로 굵은 것으로 길이가 40㎝ 이상으로 자라고 눈이 충실한 것을 채취한다.

접수를 채취하는 것은 겨울 전정을 할 때에 행하나 너무 빠르면 저장기간이 길어지고 좋은 상태로 저장하기가 어렵다. 반대로 너무 늦어서 발아하기 직전에 행하면 활착하기가 어렵다.

접수를 채취하는 적기는 대목의 잎이 피어날 때로부터 1개월 반

~2개월 전이며 중부지방에서는 대체로 2월 하순경이다.

채취한 접수는 건조하지 않도록 곧 저장한다.

적은 양의 접수인 때에는 두께 0.05mm 정도의 폴리에틸렌 자루에 넣고 밀봉해서 1~5℃의 냉장고에 넣어 둔다.

이때 폴리에치렌 자루에 구멍이 뚫려 있으면 접수가 건조하게 되므로 구멍이 뚫어지지 않은 것을 사용한다.

많은 양의 접수를 저장하는 경우에는 5~6kg씩을 단위로 폴리에틸렌 필름으로 싸고 냉장업자에게 의뢰해서 저장한다.

냉장고를 사용하지 않는 경우에는 접수를 30~40본의 작은 묶음으로 해서 그늘진 곳으로 온도 변화가 적은 장소에 1/2 아랫부분 정도를 땅속에 묻어 두어도 좋다.

이 경우에는 3월 하순~4월 초가 되면 기온이 올라가 싹이터 나오게 되므로 묻어준 깊이를 얕게 해 주고 접목할 때까지 될 수 있는대로 싹이 트지 않도록 관리한다.

지하실이나 구덩이를 이용할 수 있는 곳에서는 모래를 30cm 정도의 두께로 깔고 거기에 밑부분 10cm 정도를 묻어두면 좋다.

이와 같이 땅속 또는 모래에 묻어서 저장하는 경우에는 접수의 묶음을 크게 하지 않을 것이 바림직하다.

묶음이 너무 크면 안쪽의 접수가 건조해서 사용할 수 없게 된다.

4. 접목 방법

밤나무의 접목은 대목에 붙이는 높이에 따라 고접과 저접으로 나눈다.

밤나무의 접목부분으로 겨울의 추위를 맞이해서 동해를 입기 쉽고 접목부분이 지면에 있는 저접을 한 나무는 동해 발생이 현저하므로 현재에는 고접 묘목이 사용되고 있다.

접목의 높이는 보통 30~36cm이다. 이것은 고접 묘로서는 가장 낮은 규격이며 접목의 높이는 이보다 높은 편이 좋다.

[표 2-16] 접목의 높이와 동해 그 외의 나무줄기 장애 발생

접목의 높이 (cm)	동해에 의한 고사(枯死)	동고병	역 병	나무 줄기 해충
0	72%	50%	64%	76%
5	62	20	82	76
25	36	8	54	44
50	6	16	8	8
75	2	0	0	0

접목의 높이를 바꾸어서 행한 실험 성적으로는 다음 표와 같이 접목 위치가 높을 수록 동해 발생이 적을 뿐만 아니라 동고병이나 역병, 또는 해충의 피해도 적다는 결과를 나타내고 있다.

접목의 높이는 50~70cm 정도는 되어야 할 것이다.

(1) 접목 시기

밤나무 접목에는 가을 접목과 봄 접목이 있으며 접목을 시행함에 있어서 가을 접목은 9월 중·하순~10월 상순에 행한다.

가을 접목은 접수를 저장하는데 번거로움이 있고 접목 적기가 짧은 기간에 한정되어 있다는 것과 고접에는 응용하기 곤란하다는 사실 등에서 특별한 경우 이외에는 행하지 않고 일반적으로 봄 접목을 행하고 있다.

봄 접목의 적기는 중부지방에서는 4월 하순으로 대목의 눈이 자라서 잎이 피어나기 시작한 때이며 이때가 되면 나무 액체의 유동이

왕성해져서 대목을 벗기기가 용이하며 박접(피하접)이 잘 활착한다.

그러나 대량으로 접목을 행하는 경우에는 이보다 일찍부터 행한다.

4월 상순부터 절접을 행하여 4월 하순의 박접(피하접)까지 변함 없는 활착율을 올리고 있는 묘목 생산업자도 많으며 조금 숙련이 되면 4월 상순~4월 하순(접수의 저장이 완전하면 5월 상순까지)까지 행한다.

밤나무의 접목 방법에는 박접(피하접)과 절접의 두가지 방법이 있다.

박접은 잘 활착하기 때문에 가장 많이 사용되고 있다. 그러나 박접을 하기 위해서는 대목의 직경(접목부)이 8mm 이상 되어야 바람직하다.

절접은 접목 시기가 빠르기 때문에 껍질을 벗기기 곤란한 때와 대목이 가늘기 때문에 박접이 곤란한 경우에 행한다.

(2) 박접법

대목은 애당초 굵기에 따라 정해진 높이에서 자르고 가지도 잘 라내 둔다.

접수는 두 눈으로 끊고 아래 끝을 위의 눈이 붙어있는 쪽으로 2~3cm의 길이로 목질부에 걸쳐서 비스듬히 깎고 이어서 그 뒤쪽 을 5~7cm로 깎아 내어 아래 끝이 똑바르게 되도록 가지를 만든다.

접수는 깎은 면이 마르지 않도록 입에 물고서 대목을 조작한다.

대목은 끊긴 면이 네모꼴을 나타내고 네 개의 골이 있으므로 보 통 이 골을 중심으로 해서 양쪽에 접수를 깎은 면의 폭에 맞추어 다소 넓게 길이가 목질부에 달하는 두 줄의 칼자국을 내고 그 사 이의 껍질을 벗기고 접수를 삽입하고 결박한다.

대목 굵고 접수가 가는 경우에는 골에 걸치지 않고 평활한 부분에 2줄의 칼자국을 내고 나무 껍질을 벗기고 접수를 삽입한다.

접수를 꽂아 넣은 것이 너무 얕아서 접수의 깎인 면이 많이 노출해서는 건조해서 살아 붙기 나쁘고 지나치게 길게 꽂아 넣으면 접목부분의 유합이 잘 이루어지지 않으므로 접수의 깎인 면이 대목의 끊긴 위에서 얼마간 볼 수 있을 정도로 삽입한다.

(3) 절접

접목 방법은 사과나 배나무의 절접과 마찬가지이며 접수를 깎는 쪽은 박접과 같아도 좋다.

접수를 만들었으면 마르지 않도록 입에 물고서 대목에 목질부까지 얼마간 파여 들어갈 정도로 접수의 깎은 면의 길이에 맞추어서 3㎝ 정도의 칼자국을 만들고 껍질을 젖혀서 접수를 삽입하고 결박한다.

이때에 대목과 접가지의 형성층이나 깎은 면의 양쪽이 합치하면 좋으나 한쪽이 굵고 한쪽이 가는 경우에는 좌우 어느 한 쪽의 형성층으로 맞추도록 한다.

접수를 삽입하는 길이는 박접의 경우와 똑같다. 어떤 접목 방법을 사용하더라도 이랑의 방향, 묘목 포장 주변의 풍향 등을 고려해서 대목에 붙여지는 방향을 동서남북의 어느 한 방향으로 통일한다.

접목 방향이 일정하게 된 편이 접목 작업이나 그 뒤의 관리작업에 알맞은 것이다.

접목작업은 두 사람이 한 조가 되어 행하는 것이 능률적이며 한 사람은 미리 두 눈이 달리게 절단한 접수를 비닐 자루에 넣어 들고 대목의 굵기에 따라 접수를 골라서 조정하여 대목에 칼자국을 내고 접수를 삽입한다.

다른 한사람은 접목 부분을 결박하고 접수 끝에 접납(接蠟)을 발라 준다.

이와 같이 해서 숙련된 사람이면 두 사람이 하루에 1,000~1,200 그루 정도의 접목이 가능하다.

5. 접목 후의 관리

활착 후 발아 신장하게 되면 두 눈을 가진 것을 접목한 것은 끝의 한 눈을 남기고 아래쪽의 한 눈은 따 낸다.

따 내는 것이 늦어지면 2개의 새 가지가 가로로 퍼져서 곧게 자라지 않게 되므로 10㎝ 정도로 자란 때를 보았다가 될 수 있는대로 일찍 따낸다.

접목 부분의 비닐테이프 등의 결박재료는 접목부분에 캘루스가 쌓여 올라오면서 접목 부분에 굴절이 생기는 것을 방지해 주는 의미로 될 수 있는 한 일찍 제거한다.

5월, 6월에는 대목의 눈이 왕성하게 자라 나오므로 때때로 돌보아서 커다랗게 잘라낸 자리가 생기지 않을 동안에 따내 준다.

새 가지가 발육이 왕성해짐에 따라 겨드랑 눈이 자라 나오게 된다. 축파(筑波) 품종은 특히 겨드랑 눈이 많이 발생한다.

묘목 생산업자는 출하할 때의 짐꾸리기에 불편하기 때문에 겨드랑 눈이 발생하자마자 아랫부분부터 따내고 있으나 너무 일찍 따내 버리면 정식 후 묘목을 잘라서 가지를 발생시킬 위치에 눈이 없어져 버려서 정지하는데 알맞지 않다.

자가용 묘목에는 겨드랑 눈을 따낼 필요가 없고 따내는 경우에도 시기를 늦추어서 아랫부분의 눈을 남기고 전제하도록 한다.

묘목은 실용적으로는 대목의 접목 위치가 될 수 있는대로 높고 (50㎝ 이상) 뿌리가 좋으면 접수 부분의 신장은 그 정도가 아니라도 좋은데 아무튼 접수 부분의 신장은 키가 작고 충실한 모양을 이루고 지상 1~1.2m이하 부분에 튼튼한 눈이 붙어있는 것이 바람직하다.

따라서 축파(筑波)와 같이 잘 자라고 겨드랑 눈이 발생하기 쉬운 품종은 시비하는 것을 멈추고 너무 자라지 않도록 한다.

① 취목(取木)에 의한 자근묘(自根苗) 만들기

밤나무의 묘목은 보통 접목에 의하여 만드나 품종에 따라서는 큰 나무가 될 때까지의 사이에 접목이 친화를 이루지 못하여 쇠약하거나 말라 죽는 것이 매우 많다.

이에 대한 대책이 마련되지 않은 현재에는 이와 같이 친화를 이루지 못하는 일이 많은 품종은 비록 품질이 우수하다고 해도 생산이 불안정하여 경제재배는 곤란한 것이다.

이와 같은 품종은 접목에 의하지 않은 자근묘(自根苗)를 얻을 수 있으면 접목이 친화를 이루지 못함에 따른 생산 불안정을 해소하고 경제재배가 성립될 가능성이 있다.

자근수(自根樹)의 재배성에 대하여서는 시험예가 거의 없고 앞으로의 연구에 기대하지 않으면 안된다.

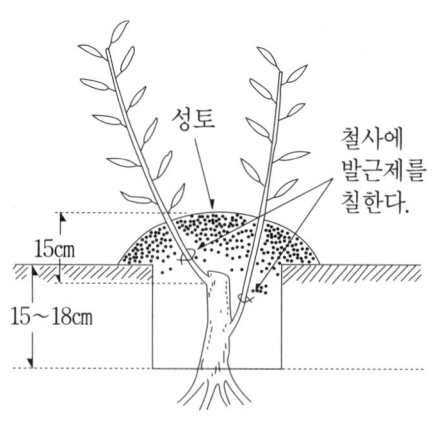

[그림 2-40] 성토법(盛土法)에 의한 밤의취목

휘묻이 방법에는 고취법(高取法)과 성토법(盛土法)이 있으나 뿌리 내리기는 성토법이 용이하다.

성토법에는 낮게 접목한 묘를 아랫부분에 몇 개의 눈을 남기고 전정해서 깊은 이랑에 심고(4월 하순), 발아 신장함에 따라 약 15 ㎝ 정도의 두께로 흙을 덮어서 새 가지 밑 부분에 황화처리(黃化處理)를 행한다.

이와 같이 해서 새 가지의 신장이 거의 정지된 7월 중순경에 덮은 흙을 제거하고 누렇게 변한 새 가지의 밑부분에 철사를 감고 다시 발근 촉진을 위하여 인돌 낙산(酪酸)인 IBA 0.1%를 포함하는 라노린을 발라서 다시 흙을 덮는다.

2년생 가지에 이와 같이 처리한 것은 뿌리가 내리는 것이 적으나 그 해에 자란 가지에 처리한 것은 50% 이상의 발근율을 나타내고 있다.

이와 같이 해서 뿌리가 내린 것은 가을에 캐어내어 가식해 두고 3월이 되어서 퇴비를 충분히 준 묘밭에 심어 1년간 양성해서 묘목을 만든다.

자근수(自根樹)는 실생 대목에 비하면 뿌리의 양이 적고 뿌리가 퍼지는 것도 다소 얕기 때문에 생육이 약간 떨어지는 경향이 있으므로 실제 재배면으로는 비배관리를 잘 할 필요가 있다.

[제8장 호도, 페칸의 묘목 만들기]

종래에는 호도나무는 접목 육묘가 불가능하다고 말하여 왔으며 오로지 실생묘만이 사용되어 왔다.

그러나 전열 온상을 이용한 접목으로 100%의 활착율을 올리고 있다. 최근에는 다른 과수와 마찬가지로 접목묘를 사용하고 있다.

1. 대목의 양성

대목으로 쓰이는 종자는 완숙한 것을 수확하여 50% 전후의 수분을 포함한 모래 속에 층으로 쌓아 저장하고 다음해 봄 3월에 끄집어 내어 파종한다.

파종상은 이랑넓이 약 60cm로 하고 깊이 15cm 정도의 간격으로 파종한다.

종자는 봉합선(縫合線)이 아래 위로 가게 파종하고 어린 싹이나 어린 뿌리가 상하 수직으로 자라도록 한다.

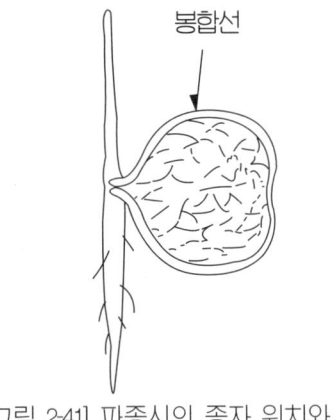

[그림 2-41] 파종시의 종자 위치와 발아상태

흙을 3~4cm의 두께로 덮고 건조함을 방지하기 위하여 짚을 깔아 준다.

발아까지 소모되는 일수는 가시호도 계통이 약 40일, 큰 호도나무 계통이 약 60일(페칸은 40~50일)을 요한다.

실생은 곧은 뿌리가 잘 발달하나 곁뿌리가 적으므로 싹튼 후 장마철 중에 낫 또는 호미를 사용하여 곧은 뿌리를 끊어서 곁뿌리가 발생하도록 도모함과 동시에 때때로 적은 양의 덧거름을 주어서 대목의 발육을 돕는다.

호도(페칸 포함)는 실생 첫해의 발육이 약하고 1년으로는 접목용 대목으로 사용할 수 없으며 호도는 2년(페칸은 3년) 정도 걸린다.

이와 같이 해서 양성된 대목은 접목하기 전해의 가을부터 12월 사이에 캐내서 가식해 두고 접목할 때에 내어서 양접(揚接)을 행한다.

또한 페칸의 대목은 실생 외에 근삽(根揷)에 의하여 양성할 수도 있다.

페칸의 큰 나무에서 직경 1.5~3cm의 뿌리를 캐어 내어 이것을 10~15cm의 길이로 절단해서 꼭대기 부분이 겨우 땅 위로 나올 정도의 깊이로 비스듬히 꽂는다.

그래서 부정아(不定芽)가 신장한 것을 2~3년간 양성해서 대목으로 한다.

2. 접수 채취와 저장

접수를 채취하는 적기는 12월~3월로 광선이 잘 비치는 위치에 있는 것으로 눈이 소형이고 뼈대의 공동(空洞)이 적고 충실한 발육지 또는 긴 과지(果枝)를 채취한다.

채취한 접수는 50% 정도의 수분을 포함하는 모래를 나무 상자에 넣고 그 안에 묻고 -1~4℃의 냉장고에 저장한다.

아주 짧은 기간이면 서늘하고 온도 변화가 적은 지하실 또는 북쪽 그늘진 지붕 밑에 구멍을 파고 묻어도 좋다.

접목이 활착하는 조건으로서는 접목할 때의 대목과 접수의 발육 차이를 들 수 있으며 대목의 발육에 비하여 접수의 발육이 늦어진 (휴면상태) 것이 바람직하다.

이 점은 냉장고에 저장한 것은 체내 양분의 소모가 적고 눈의 발육도 억제되어 접목한 때에 접착부에 있어서의 대목과 접수 사이에 충분한 연락조직이 형성되면서 부터 발아 신장하게 되는 것이므로 활착하는 것이 양호하다.

냉장고를 사용하지 않는 경우에는 눈의 활동을 될 수 있는대로 억제하도록 온도와 수분관리에 주의한다(낮은 온도와 적은 습도).

3. 접목 방법

호도나무 접목이 활착하는 데에는 지온의 영향이 커서 지온이 20℃ 이상으로 대목의 뿌리 활동이 왕성할 것이 하나의 조건이다.

노지에서도 냉장고에 저장한 접수를 사용해서 지온이 20~22℃로 상승한 6월 상순에 접목하면 상당히 많이 활착하게 된다.

그러나 이와 같이 더딘 접목은 이미 상당히 자란 대목의 지상부와 지하부를 끊어 내기 때문에 대목이 약해진다.

또 활착된 묘목은 그 뒤의 접수의 발육 기간이 짧기 때문에 그해 안의 생장이 현저하게 떨어진다.

다시 접착부의 목질화가 불완전한 채 겨울의 추위를 맞이하기 때문에 한해를 입을 염려가 있으며 실용적인 면에서는 불리하다.

① 온상을 이용한 접목법

온상을 이용한 접목 방법은 접수를 오랜 기간에 걸쳐서 냉온(冷溫) 저장하는 불편함을 없앰과 동시에 접목 후의 묘목 생장기간을 될 수 있는대로 길게 하기 위하여 온상을 이용하여 뿌리의 활동을 촉진하여 활착율을 높이는 방법을 고안했다.

온상을 이용한 접목은 1월 중순부터 언제라도 할 수 있으나 접목한 묘를 활착 후에도 온상에 넣어둔 채로 육묘하는 데는 큰 면적의 온상이 필요하다.

또 묘가 도장하게 되므로 활착한 것이 확인되면 적당한 시기에 온실 밖에 내어서 묘밭에 이식하여 육묘한다.

따라서 너무 이른 시기에 접목하는 것은 아직 바깥 기온이 낮은 때에 온실 밖에 이식하게 되어 추위 때문에 말라 죽을 위험이 있다.

접목 시기는 3월~4월경에 행하는 것이 이식 후의 관리를 하기에 알맞다.

온상은 온도관리 면에서 전열온상이 가장 편리하다고 할 수 있으며 전열온상은 아랫부분에 약 9cm의 두께로 스치로폼을 깔고 피복한 전열온상 전열선 약 10cm 간격으로 치고 그 위에 30~40cm의 두께로 흙을 넣어서 지표면 아래 10~15cm의 지온을 23~25℃ 정도로 유지하고 토양 수분도 충분히 준다.

온상 준비가 되면 접목을 하여 온상내에 눕혀 둔다. 접목은 가식해 둔 대목을 끄집어 내어서 긴 뿌리는 잘라 낸다.

지상부는 지면에 해당하는 곳에서 끊고, 보통 방법으로 절접을 행한다.

접수는 아랫부분 쪽의 눈이 소형이고 더욱이 뼈대의 빈 부분이 적은 부분을 2눈으로 잘라서 사용한다.

접목이 끝난 것은 접수의 끝이 지표면 아래 2~3cm의 깊이에 위치하도록 온상 내에 다소 비스듬히 눕혀 묻는다.

온상 내에는 지온이 높기 때문에 대목의 생장이 왕성하여 대목의 눈이 많이 나오게 되므로 때때로 솎아낸다.

활착된 것은 약 1개월 정도 되어서 2~3일이 되었을 때에 또 상토가 건조하지 않도록 항상 물을 준다는 것을 잊어서는 안되며 온상에서 내어 뿌리가 건조하지 않도록 묘상에 옮겨 심는다. 이때는 아직 잎이 연하고 약하기 때문에 서리의 피해를 막기 위해 가려주고 갑자기 태양의 직사광선을 받지 않도록 해서 서서히 외부 환경에 적응시켜 나아간다(페칸의 접목은 호도와 마찬가지로 행하면 된다).

[제9장 무화과 묘목 만들기]

무화과나무의 번식은 삽목에 의한 방법이 일반적이나 휘묻이에 의한 경우 또는 특수한 목적으로 접목이 행해지는 경우도 있다.

1. 삽목에 의한 육묘

(1) 삽목 시기

낙엽 후부터 발아기까지 언제나 할 수 있으나 따뜻한 지방에서는 2월 하순~3월 중순경까지, 추운 지방에서는 3월 중·하순경까지 행한다.

채취한 직후의 삽수 또는 미리 채취해서 저장한 삽수를 사용해서 행하면 성적이 매우 좋다.

(2) 삽수 채취와 저장

과수 중에서도 밀감류와 같이 가지가 변하기 쉬운 종류에는 세심한 주의를 기울여서 삽수를 채취하나 무화과는 가지의 변화가 전혀 없다고 해도 좋기 때문에 삽수는 건전한 가지이기만 하면 어느 부분에서 취해도 지장이 없다.

따라서 보통 겨울 전정을 할 때에 전지한 1년생 가지 중에서 마디 사이가 튼튼하고 충실한 것을 고르거나 묘목의 불필요한 부분을 이용한다.

지면 부분에서 발생하는 싹이나 묘목 끝 부분의 충실하지 못한 가지는 적당하지 못하다.

1년생 가지의 삽수가 부족한 때에는 2~3년생 가지도 좋다.

같은 품종인 경우에는 문제가 없으나 몇 종류의 품종이 섞여 심어져 있는 때에는 다른 품종이 섞여 들어가는 것을 피하도록 채취하는데 주의한다.

전정하고부터 삽목을 할 적기까지에 기간이 있으면 저장하지 않으면 안 되나 저장기간이 짧은 편이 무난하며 전정시기가 3월에 들어가서 행해져도 어미 나무의 과실 수량이나 품질에는 그다지 영향이 없으므로 전정시기도 2월 중순~3월 상순경으로 하고 저장기간을 짧게 하는 것이 좋다.

저장하는 삽수는 30~50본 정도로 비닐 끈으로 묶어서 북쪽의 온도가 낮고 또한 배수가 좋은 흙 속에 넣어 빈 틈에 모래를 넣고 맨 마지막에 삽수의 끝이 겨우 나올 정도로 흙을 덮는다.

삽수의 묶음 사이에 모래가 충분히 들어가 있지 않으면 삽수가 건조해서 활착하지 않게 되므로 틈이 생기지 않도록 주의한다.

또 나무 상자에 톱밥을 넣어 거기에 삽수를 저장해도 좋다.

또 땅속 구덩이에 온도 변화가 적은 장소도 알맞다.

어떤 방법으로든지 지나치게 건조하지 않도록 또 지나치게 습기가 많지 않도록 때때로 보살필 것이 필요하다.

(3) 삽수 만들기와 삽목 장소

삽수의 감은 길이 20㎝ 정도로 3~4마디를 달고 아랫부분은 마디의 바로 아래에서 끊는다.

삽수가 적은 때에는 2마디로 해도 좋다.

특별히 삽목 묘상을 만들 필요는 없으나 삽목 장소는 너무 건조한 곳이나 지나치게 습도가 많기 쉬운 곳은 피한다.

　비옥하고 배수가 좋고 더욱이 알맞은 습도를 유지하는 사질토양 등이 가장 알맞다.

　비옥하지 않은 토지에서는 썩은 퇴비 등을 미리 깔아 넣어 주면 좋으나 삽수가 직접 퇴비에 접촉하지 않도록 깊게 넣어 두는 것이 무난하다.

　무화과는 땅을 꺼리는 현상이 있으므로 무화과를 재배한 자리는 피함과 동시에 토양선층에 침해되기 쉬우므로 토양선층이 없는 장소를 고르지 않으면 안된다.

　그러나 부득이 실시하는 경우에는 반드시 클로로피크린으로 토양소독을 행한다.

　클로로피크린을 주입할 때에는 주입량, 주입시기, 토양수분 등에 주의를 기울일 필요가 있다.

　주입하는 양은 점주(點注)하는 경우에는 30㎠당 1구멍 3cc(깊이 15㎝의 구멍)로 하고 주입시기는 지하 10㎝로 7℃ 이상이면 언제라도 좋다.

　지온이 7℃ 전후이면 주입하고 나서 30일간, 10℃ 전후이면 20~30일간, 여름에는 5~10일간 방치한다.

　점토질 토양이나 강우량, 주입량이 많은 경우에는 가스를 빼고 다시 방치기간을 연장할 필요가 있다.

　또 토양이 지나치게 건조하거나 습도가 많은 경우에는 효과가 떨어진다.

　가장 적당한 토양수분은 60% 정도이나 이것은 흙을 주먹으로 꼭 쥐었다가 놓았을 때 갈라지는 틈이 생기는 정도의 수분 %를 말한다.

　점토질 토양에는 효과가 떨어지기 쉬우므로 흙을 부수고 주입한다.

또 클로로피크린은 점막을 강하게 자극하여 독성이 강하고 인화성이 있으므로 사용할 때는 충분한 주의가 필요하다.

더욱이 금속을 부식(腐蝕)하는 성질이 있으므로 사용 후에는 석유로 기구를 잘 씻는다.

또 작업 후에는 얼굴, 손발 등의 노출된 부분을 비누로 잘 씻고 양치질을 할 것도 잊어서는 안된다.

(4) 삽목 방법

삽목 장소가 결정되면 밭을 갈아서 정지하고 이랑넓이 90~100cm로 해서 삽의 넓이만큼 얕게 고랑을 파고 고랑위에 20cm 간격으로 삽수 윗부분의 마디가 보일 정도로 꽂는다.

건조하기 쉬운 토지나 삽수가 짧은 경우에는 직각으로 꽂으나 다소 습기가 많은 장소에는 비스듬히 꽂는 것이 좋다.

어떻게 하든 맨 아래의 마디가 뿌리 내리기에 좋은 상태가 되도록 한다.

습도가 많은 지대에 삽수가 깊게 꽂히게 되면 삽수의 맨 아래 끝이 산소가 부족한 때문에 부패하여 뿌리가 내리는 부분이 윗마디 자리로 옮겨지고 발육이 나빠진다.

또 건조한 땅에서는 삽수가 뿌리가 내려서 물을 흡수하기 전에 말라 죽게 된다.

삽목이 끝나면 삽목한 삽수의 옆을 타 넘어 양쪽에서 발로 밟아서 굳게 한다.

맨 마지막에 이랑 중앙의 흙을 양쪽의 옆에 모아 붙여서 중앙에 고랑을 만들고 배수가 되도록 한다.

삽수가 건조한 것 같이 생각되는 경우에는 5%의 설탕액에 7~8시간 삽수를 담가두었다가 꽂으면 성적이 좋다.

(5) 삽목 후의 관리

삽목을 한 후에는 건조한 경우가 많으므로 짚을 깔아 주거나 물을 준다.

2개 이상 새싹이 발생한 묘는 싹을 따내고 튼튼한 새 가지 한개만 자라도록 한다.

비료는 뿌리가 상당히 자라 나온 6월 상·중순경에 화성비료를 조금 주는 정도로 하고 늦게 자라지 않는 충실한 묘목을 만들도록 주의한다.

관리를 잘 하면 늦은 가을까지는 깊이 1m이상, 아랫부분의 지름 2cm를 넘는 좋은 묘를 70~80% 얻을 수 있다.

2. 휘묻이에 의한 육묘

삽목과 같이 일시에 수많은 묘를 번식할 수는 없으나 손쉽게 행할 수 있다는 이점이 있다.

휘묻이 방법으로서 보통 무화과로서 행해지고 있는 것은 가지 줄기 아랫부분부터 발생한 가지를 굽혀서 그 중간을 흙에 묻는 방법이다.

또 어미나무를 지상 10cm 정도 되는 곳에서 절단하여 수많은 새 가지를 발생시켜 6월경에 흙을 쌓아주면 그 해 안에 휘묻이 나무가 된다.

그러나 뿌리가 내리는 시기가 늦어지므로 뿌리의 양은 묵은 가지를 사용하여 봄에 흙을 쌓아 준 것에 비하여 뒤떨어지며 또 흙을 쌓아 주기 직전에 가지의 아랫부분에 고리모양으로 껍질을 벗기거나 새로운 상처 등을 내면 뿌리 내리기가 빨라진다.

3. 접목에 의한 육묘

접목은 보통 그다지 행하지 않으나 품종을 갱신하기 위하여 큰 나무에 고접을 하는 경우 또는 나무세력이 왕성한 재래종에 접목하여 나무세력을 강하게 할 목적으로 행해지는 일이 있다.

또 최근에는 하우스 재배가 무화과에도 도입되게 되었으나 하우스재배에는 나무세력이 왕성해지면 관리하기가 불편하므로 앞서 말한 나무세력을 강화하는 것과는 반대로 오히려 왜화(矮化)시킬 목적으로 화이트제노아 등에 접목해서 왜화시키려고 시도하고 있다.

중간 대목의 특성이 품종에 따라 분명해지면 앞으로는 입지조건이나 재배방법에 따라 대목을 선택하여 접목묘를 번식시킬 필요성이 생길 가능성이 강하다.

(1) 접목시기와 방법

접목시기는 3월 중·하순~4월 상순경이 적기이다.

보통의 고접과 같은 방법으로 절접, 대접(袋接) 등의 방법이 있으나 할접(割接)이나 대접은 굵은 가지에 접목하는 알맞은 것이다.

접수는 전해에 자란 가지(작년 4월 이후에 자란 가지)의 충실한 것을 10㎝ 정도의 길이로 끊어서 사용한다.

접목 후에는 접목 부분을 비닐 자루로 위로 부터 푹 덮어 씌워서 건조하지 않도록 한다.

접목 눈이 4~5㎝까지 자라나면 비닐을 끊어 주고 바람으로 접목부분이 부러지지 않도록 대나무를 세워서 줄로 매고 자라남에 따라 유인한다.

고접은 주지의 낮은 부분에 접목하는 것이나 일소(日燒) 현상에 약하므로 일부 건강한 가지로 남겨 두고 접수가 충분히 자란 1~2년 후에 끊어 내면 나무세력의 회복이 빠르다.

또 고접은 지상부를 대량으로 끊어내게 되어 이에 따라 지하부의 뿌리도 말라 죽게 되므로 고접을 할 때에 뿌리를 잘라 주도록 한다.

[제10장 비파 묘목 만들기]

비파(枇杷)는 접목에 의해서 묘목을 만드는 것이 보통이며 삽목도 가능하나 일반적인 방법은 아니다.

1. 비파의 대목

비파의 대목이 되는 식물은 상당히 많으나 주로 쓰이고 있는 것은 공대(共台) 즉 비파의 종자를 파종해서 만든 대목이다.

① 공 대
종자를 입수하기가 간단하며 접목이 잘 활착하고 그 후의 관리도 여러가지 점에서 우수하다.
또 비파는 일반적으로 지상부의 크기에 비하여 뿌리가 천근성으로 얕고 또는 경사지에 재배되는 경우가 많기 때문에 강한 바람에 의하여 쓸어지기 쉽다. 따라서 대목은 조금이라도 뿌리가 깊게뻗는 것이 좋다.
비파 실생의 뿌리는 품종에 따라 분포상태가 다르다.
실제재배에 있어서 재래종을 대목으로 한 것은 뿌리의 세력이 왕성하고 바람에 의하여 쓸어지는 일이 적었다. 따라서 이와 같은 품종을 대목으로 사용하는 일이 바람직하다.

② 서양모과

식물 분류학상 비파와 속(屬)을 같이 하고 있는 식물에다 접목하면 상당히 잘 활착하고 그 뒤의 생육도 공대에 비해 떨어지지 않는다.

또 습기나 건조에도 비교적 잘 견딘다고 말하고 있다.

다 자란 나무가 되면 다소 왜화(矮化)하는 일도 있으나 흔히 생각하던 것처럼 왜성 대목은 아니다.

상당히 많은 과실을 생산하는 성질이지만 천근성(淺根性)으로 바람의 해에 약하고 또 하늘소(천우) 등에 피해를 입기 쉽다.

서양모과 대목은 삽목에 의하여 만들어지고 있다.

③ 아가메모찌

중국에서 비파의 대목으로 흔히 쓰이고 있는데 이 대목은 활착과 생육이 다함께 좋고 더욱이 내한성이 강하다고 한다. 휘묻이에 의하여 번식한다.

이들 외에도 상당히 여러가지 식물이 대목으로 쓰이고 있으나 어느 것이나 우리 풍토에는 실용성이 적다.

그러나 근래에 비파 재배관리의 노동력 절감을 위하여 왜화성이 있을 것 또는 무늬날개병이나 연작의 해에 강할 것 등의 성질을 가진 대목의 필요성이 높아져서 앞서 말한 대목용 식물 이외의 식물 또는 위에 말한 서양모과에 대하여서는 왜성(矮性) 계통 등의 대목으로서의 가치가 검토되고 있다.

2. 대목 양성

우선 비파의 성숙한 과실에서 종자를 모아야 하기 때문에 위에서 말한 장목(樟木), 녹나무(楠)나 재래종은 성숙기가 남부지방에서 5월 하순경이다.

비파 종자는 휴면시킬 필요가 없고 곧 파종해서 발아하는 성질을 가지고 있으므로 종자를 채종해서 곧 파종한다.

겨울까지의 사이를 오래 되도록 하기 위하여 될 수 있는대로 일찍 파종한다.

파종상은 연작을 피하고 새로운 토양를 선택할 것이 중요하다.

또 어린 나무일 때는 흰 무늬날개병의 해를 입는 일이 있으므로 미리 흙을 클로로피크린이나 PCNB제 등으로 훈증소독(燻蒸消毒)해 두는 편이 안전하다.

또 물을 대기가 불편한 곳에서는 오히려 그늘진 땅을 선택하는 편이 좋다.

더욱이 배수가 나쁘고 장마가 진 후 물이 쉽게 빠지지 않는 곳에서는 발아한 묘가 마르는 경우가 있다.

흙을 잘 부수어 10cm 정도로 높게 한 나비 1m 전후의 묘상을 만든다. 약 15cm 간격으로 깊이 4cm 정도의 파종하는 골을 만들고 4~5cm 마다 종자를 넣어서 흙을 덮는다.

묘상이 건조하게 되면 매우 발육이 나빠지므로 짚을 깔아서 때때로 물을 준다. 약 1개월 만에 발아하기 시작하는데 발아하면 되도록 일찍 종자 바로 위에 해당하는 부분에 깔아 놓은 짚을 제거한다.

이것이 늦어지면 종종 묘의 줄기가 굽는 일이 있으며 접목할 때에 장애가 된다.

또 한 개의 종자에서 2개 발아하는 일이 있으므로 세력이 강한 것 한 개를 남긴다.

더욱이 발육 중에는 줄기가 두 쪽으로 갈라지는 일이 있으며 이 분기되는 부분이 낮은 경우에는 역시 접목하기 어려우므로 일찍 한 개만 남긴다.

비료를 조금씩 2~3회에 걸쳐서 주면 가을까지에는 15㎝ 정도의 크기로 자란다.

때때로 눈이 내리는 몹시 추운 지방에서는 묘가 추위 때문에 말라 죽는 일이 있으므로 겨울에 외지붕을 만들어서 보호한다.

실생 묘는 파종한 다음해 봄에 될 수 있는대로 새 가지가 발아하기 전에 묘목밭에 옮겨 심는다.

발아해 버리면 이식 후의 발육이 상당히 늦어지기 때문에 직접 묘목 밭에는 접목하기 쉬운 정도로 폭을 두고 이랑을 만들고 잘 갈아서 완숙한 퇴비를 섞은 밑거름을 넣어 둔다.

비파는 심을 때 비교적 상처를 입기 쉬운 나무이므로 이식할 때에는 될 수 있는대로 흐린 날씨에 바람이 조용한 날을 골라서 한다.

이식하기 몇 시간 전에 묘에 물을 주어서 뿌리가 건조하지 않도록 하여 흙을 붙혀서 조심하여 운반하고 대체로 20㎝ 간격으로 심는다. 흙이 떨어지거나 뿌리가 많이 끊긴 때에는 잎을 줄이는 편이 좋다.

한 이랑에 한 열로 심어도 좋으며 20㎝ 정도 띄워서 2열로 심어도 된다.

심은 후 묘의 주위에 퇴비나 짚을 깔고 충분히 물을 준다.

활착이 된 후에는 2~3회 시비하면 다음해 봄에는 길이 30㎝이상, 줄기 지름이 1.5㎝ 안팎의 대목이 이루어진다.

또 이와 같이 묘를 이식하지 않고 잘 갈아 놓은 밭에 60㎝ 안팎의 이랑넓이를 취하여 10~12cm 간격으로 파종해서 대목을 만들고 그 위치에 접목을 해도 좋다.

묘목밭이라도 될 수 있는대로 연작을 피하는 것이 바람직하다.

3. 접목 방법

비파의 접목은 3~4월 및 8월 하순부터 9월 상순경에 행하는 눈접 방법도 있으나 봄의 절접 방법이 일반적으로 행해진다.

절접에는 거접법(居接法)과 양접법(揚接法)이 행하여지고 있으나 거접법을 행하는 편이 접목 후의 발육이 현저하게 좋으므로 널리 행해지나 어떤 지방에서는 양접법이 주로 쓰이고 있다.

양접법은 접목의 능률이 좋은 것과 거접법이 접목 후 원줄기가 너무 일찍 자라서 제1주지의 발생위치를 낮은 위치로 취하기 어렵다는 것 등의 이유로 피한다.

절접은 따뜻한 지방에서는 2월 하순부터 3월 상순에 다소 추운 지방에서는 3월 중순까지 행한다.

늦어지면 껍질이 벗겨지기 쉽고 또 수액(樹液)으로 접착부가 미끄러지기 쉬워져서 접목작업을 하기가 곤란하게 된다.

접수는 전 해에 자란 발육지를 사용한다. 봄가지(중심지)를 사용해도 좋으나 상당히 굵은 경우가 많으므로 큰 대목을 필요로 하며 또 마디사이가 너무 촘촘하여 사용하기 힘든 면도 있으므로 일반적으로는 일찍 신장한 여름가지(곁가지)를 사용하는 경우가 많다.

끝 부분의 충실하지 못한 것을 제거하고 한 개의 여름 가지에서 2~3개의 접수를 취할 수 있다.

충실하고 굵은 여름 가지에서 3~4눈이 달린 6~10cm의 접수를 취할 수 있으며 활착과 발육이 아울러 양호하다.

일반적으로 절접 방법으로 접목을 행하나 자란 후 강한 바람에 의하여 접목부분에서 부러지는 일이 있으므로 접착면을 다른 과수보다 다소 길게 한다.

최저 4㎝ 이상을 필요로 한다. 또 비파는 목질부가 굳은데 비하여 껍질 부분이 부드럽고 껍질이 벗겨지기 쉽다.

따라서 대목에 칼자국을 넣으면 껍질이 벗어진 것처럼 되어 잘린 부분이 평활하게 되지 않는 일이 많다.

그런 까닭에 접도(接刀)는 충분히 갈아서 사용할 것이 중요하다.

대목의 잇닿은 나무껍질 부분은 남겨두거나 또는 아랫부분을 비스듬히 끊어내도 좋다.

비닐 테이프로 감고 접수의 윗부분이 겨우 나올 정도로 흙을 덮는다.

양접법인 경우에는 대목과 접수를 결속한 후 곧 묘밭에 심고 흙을 덮는다.

(1) 접목 후의 관리

약 1개월 만에 발아한다. 싹이 5~6㎝로 자랐을 때에 흙을 조심스럽게 제거하여 버린 다음에 새 싹이 2개 발생한 때에는 보다 강한 것 한 개를 남긴다.

덧거름 5~6㎝에 1회, 가을에 2회 각각 준다. 또 늦은 가을에 요소 1%액을 잎에 살포하면 잎의 푸른 빛이 짙어지고 추위를 견디는 힘도 더 강해진다.

바람이 불어오는 밭에는 줄기가 자람과 더불어 지주를 세워 접목부분이 부러지는 것을 방지한다.

접목 부분에 암종병(癌腫病)이 걸리기 쉽고 또 잎에는 반점병이나 적삽병(赤澁病) 등의 낙엽성 병해가 발생하게 되므로 장마철부터 가을에 걸쳐서 2~3회 보르도액을 살포한다.

가을까지 30~45cm의 묘가 되므로 다음해 봄에 본밭에 정식할수가 있다. 또 봄에 한번 더 이식해서 1년간 양성해서 2년생 묘를 정식하는 경우도 있다.

[제11장 올리브 묘목 만들기]

올리브 묘목은 근래에 푸른 가지를 꽂아서 만드는 경우가 많고 그 밖에 접목이나 굵은 가지꽂이 등도 행해지고 있다.

1. 녹지삽목 방법

이 방법은 이른바 미스트(mist) 처리에 의하여 삽목의 뿌리 내리기를 용이하게 하는 것이다.

설비만 있으면 노동력으로나 기술적으로도 비교적 간단하게 대량의 묘를 얻을 수 있는 것으로 이 방법이 널리 이용되게 되었다.

(1) 시설

대량으로 묘목을 생산하기 위해서는 소형 유리온실 또는 비닐하우스가 필요하다.

이 방법에 있어서의 특징은 삽목한 식물체에 안개와 같은 이른바 미스트 처리를 하는 일이다.

미스트 장치를 하지 않고 매일 또는 하루 건너서 분무기 등으로 물을 뿜기만 해서는 50% 전후의 발근율을 얻은 예도 있으나 미스트 장치를 이용하면 높은 성묘율(成苗率)과 노력 절감의 효과를 얻을 수 있다.

분무장치를 온상 안에 세워서 1~1.5m 간격으로 설치한다.

이와 관련해서 펌프 관계 및 콘트롤 관계 등 여러가지 시설이 필요하나 생산량 규모에 따라 이들 시설은 간략하게 할 수 있다.

작은 규모인 경우에는 삽목 온상의 윗부분 80~100cm의 높이에 비닐로 덮어서 밀폐한다.

분무는 겨울철에 30~60분 마다, 여름에는 15분 마다 또 가을에는 20~30분 마다 각각 5~10초간 되도록 오토타이머를 사용해서 조절한다.

삽목은 온상에 꽂아도 좋으나 이식작업의 편의를 고려해서 삽목 상자를 준비한다.

깊이가 최저 10cm 되는 물이 잘 빠지는 나무 상자나 바닥에 몇 개의 구멍을 뚫은 편평한 화분 등 크기가 알맞은 것을 사용한다.

용토는 퍼라이드나 작은 자갈이 섞인 거친 모래가 적당하다.

(2) 시기

적당한 온도가 갖추어지면 삽목은 어느 때나 가능하나 보통 올리브의 이식적기(3~4월, 6월 및 9~10월)부터 역산(逆算)해서 삽목 시기를 정한다.

봄에 이식할 것은 12월에 또 가을에 심을 것은 8월 중·하순에 삽목을 실시한다.

12월에 삽목하는 것은 뿌리가 내리는데 적당한 온도를 얻기 위하여 전열 온상에 꽂는다.

여름에 삽목하는 것은 오히려 서늘한 조건을 갖출 연구가 필요하며 기술적으로는 겨울 삽목이 더 하기 쉽다.

적은 양인 경우에는 반드시 위에서 말한 시기에 행하지 않아도 좋으나 5월에 삽목하는 것은 결과가 불안정하다.

발근하는 적당 온도는 20~25℃로 겨울의 전열에 의하여 온상을 가온하는 것은 특히 결과가 양호하다.

여름인 경우에는 온실에 또는 피복한 안이 40℃ 이상으로 되지 않도록 하기 위하여 햇볕을 가리거나 유리온실 또는 비닐하우스의 환기 등에 의하여 온도 조절을 행한다.

지온이 높아지면 뿌리가 내리기는 하나 신장이 방해된다.

(3) 삽수의 조정

삽수는 6월 이전에 꽂는 경우에는 전해에 자란 가지를, 그 이후에는 그 해에 자란 가지를 각각 사용한다.

10~20cm로 끊고 가지 윗부분에 달린 잎 네매를 남기고 다른 것은 따낸다.

피어나지 않은 잎은 모두 남기고 또 아랫부분은 마디 바로 아래에서 자르는 것이 좋다.

삽수는 호르몬제에 적시면 발근에 많은 도움이 된다.

IBA(나프타린 낙산(酪酸)의 1,000~3,000ppm) 용액으로 잘라 낸 부분에 살짝 찍어 바르면 탁월한 효과가 있다.

또 백열전등(白熱電燈)을 밤새도록 조명하는 것은 뿌리 내리기를 촉진시키는 효과가 있다.

삽수는 3~4cm를 흙 속에 묻히도록 꽂아 놓는다.

(4) 이식

뿌리가 내리기까지의 일수는 여름철에 약 30일, 온도가 낮은 시기에는 60~90일 전후이다.

품종에 따라서는 이 보다도 오랜 기간을 요하는 것도 있다.

뿌리가 내린 후 위에서 말한 이식 적기에 배수가 좋은 본묘밭에 이식한다.

밭에는 미리 완숙한 퇴비 등의 밑거름을 넣어 잘 갈고 1.0~1.2m 마다 통로를 만들고 다소 높은 묘상을 만든다.

15×20cm 정도로 주의 깊게 심고 퇴비나 끊은 짚 등을 깔고 충분히 물을 준다.

비배관리에 힘쓰면 이식한 후 1년 내지 1년 반 만에 큰 묘가 된다.

2. 접목 방법

(1) 대목 양성

채종으로부터 파종 및 발아하기까지의 관리에 상당한 기술을 요한다.

대목으로 사용하는 품종보다 실생묘나 접목 후의 발육에 차이가 있다.

대목과 접수를 맞추는데 따라서도 발육에 차이가 생기나 대체로 네바지로 브랑코, 룻카 등이 대목으로서 세력이 강한 발육을 나타내며 만자니로는 비교적 왜성이 된다고 한다.

육묘하는 데에는 접목의 활착이 양호하며 생육이 왕성한 대목 품종을 선택하지 않으면 안 된다.

신선하고 잘 익은 과실에서 종자를 모으되 10월 중순경의 미숙한 과실이 더 발아하기 쉬우므로 그때의 풍해로 낙과한 것을 이용할 수 있으면 유리하다.

과육을 제거한 종자는 물에 씻어서 잘 건조한다.

먼저 굳은 껍질을 깨트리지 않으면 안된다.

크립파라고 하는 도구로 껍질의 끝부분을 끊고 껍질을 제거하여 배(胚 종자)를 빼낸다.

껍질을 쪼개 보면 병에 걸려 있거나 배가 없는 경우도 있다. 건전한 배만을 모아 종자소독약에 담가서 선종(選種)과 소독을 동시에 행하고 건조해서 저장한다.

사용하기 몇 일 전에 한번 더 소독하고 끓여서 냉각시킨 물에 2~3일 담가서(물은 하루에 한 번 갈아 줌) 흡수시킨 후 물을 버리고 벤레이트와 같은 살균제를 살포해 둔다.

파종은 봄에는 3월 중순경, 가을은 10월 상순경이 적기이다. 유리 온실이나 프레임 또는 정온기(定溫器)내에서 행한다.

발아하는 적당한 온도의 폭이 좁아서 13~15℃를 유지할 시설이 필요하다.

상토는 비료분이 없는 냇모래를 사용하나 두께를 15cm로 한 경우 아랫부분의 10cm 정도에는 다소 양토을 섞어 주는 편이 좋다.

이 용토는 파종하기 1~2일 전에 훈증 소독을 해 두지 않으면 안된다.

먼저 파종상 위부분의 모래를 두께 1~1.5cm 정도 제거하고 편평하게 해서 핀셋를 사용해서 깐 종자를 3×4.5cm 전후로 파종한다.

판자로 가볍게 눌러서 앞서 제거해 둔 모래로 두께가 균일하게 되도록 조심하여 흙을 덮어 준다.

종자는 균으로 인해서 부패하기 쉬우므로 될 수 있는대로 균이 없도록 취급하고 더욱이 상토가 지나치게 습도가 많지 않도록 주의한다.

물주기는 분무구(噴霧口) 등을 사용해서 습기만 조금 더해 준다는 기분으로 행하고 결코 물을 많이 주어서는 안된다.

묘상의 윗쪽 15cm 정도에 해가림을 만들어 주고 위에서 말한 방법으로 물을 주어서 온도관리에 유의하면 대체로 1개월만에 발아하기 시작하여 그 후 2개월 이상에 걸쳐서 발아하게 된다.

발아는 1년 가깝도록 계속되나 봄 파종을 하는 경우 첫여름과 늦은 가을 및 다음해 봄의 세 기간에 많이 싹트며 그 중에서 초여름 것이 실제로 사용된다.

가을 파종을 하는 경우에는 늦은 가을과 다음해 봄의 두 시기에 발아하며 어느 것이나 실용할 수가 있다.

발아함과 더불어 해가림을 높게 하고 서서히 흐린 햇볕을 비치게 하고 물을 주는 양을 증가한다.

묘가 튼튼해지면 해가림을 제거한다. 덧거름은 부숙한 엷은 깻묵 액이 적당하다.

접목의 적기인 봄까지 대목 줄기의 굵기가 연필자루만큼 커지지 않으면 안 된다.

관리가 잘 되면 1년 반 정도면 웬만큼 자라는 경우도 있으나 오리브는 심을 때 상처를 입기 쉽고 보통 이식한 후 1년 이상의 양성기간이 필요하다.

따라서 실생묘를 이식하는 것은 6월 또는 9월 하순부터 10월 하순에 행한다.

그렇지 않으면 봄에 심어서 2년동안 양성해도 좋다.

다만 발아시기의 차이에 따라 실생묘의 크기가 다르게 되므로 이식할 때 크기별로 나누어 심을 것이 중요하다.

묘밭은 60cm, 나비에 15cm 간격으로 심거나 묘상을 만들어서 20×30cm 정도로 심어 주도록 한다. 짚을 깔아 주고 물주기, 덧거름 및 제초 등은 일반 관리와 마찬가지이다.

(2) 절접법

절접은 3월 중·하순이 좋고 4월 말까지 가능하나 시기가 늦어짐과 더불어 발육량이 줄게 된다.

일반적으로 거접(居接)이 행해지며 그 방법은 다른 과수와 거의 같은 것이다.

양접(揚接)을 하는 경우에는 4월에 들어가서 행하는 편이 좋고 접수도 굵은 것을 사용하는 것이 좋다.

접목의 활착율을 좌우하는 중요한 조건으로서는 접수가 신선하고 건조하지 않을 것과 아울러 대목의 세력이 좋을 것 등을 들 수 있다.

세력이 좋은 대목을 만들기 위해서는 육성기간 중에 밭이 지나치게 습도가 많지 않도록 배수에 충분히 유의할 것이 중요하다.

(3) 삽목에 의한 대목 양성

대목용으로 길러진 올리브 실생묘를 접목할 때 잘라 버리는 부분을 삽목하면 노지에 꽂아도 쉽게 뿌리가 내리며 다시 대목으로 사용할 수가 있다.

1년생 실생묘이면 접수는 어떤 부분을 사용해도 잘 활착하게 되나 2년생 이상인 경우에는 가지 나이가 젊은 부분이 더 활착률이 높다.

삽수는 6~7cm로 잘라서 잎을 4매 남긴다.

적절한 크기의 나무 상자에 잘 부순 흙을 넣고 물을 충분히 주어서 3~4cm의 깊이로 똑바로 꽂는다.

삽목한 위에는 짚을 깔고 위쪽에 해가림을 만들어 준다.

심하게 건조한 때에만 물을 주는 정도이면 되고 3개월 정도이면 활착 여부를 알 수 있다.

활착율은 역시 접목시기일 때에 삽목한 것이 가장 높다. 또한 재배한 나무의 가지는 이 방법으로는 거의 발근하지 않는다.

3. 그 밖의 번식법

취미원예로 그다지 대량이 아닌 경우의 번식법으로서 굵은 가지 꽂이와 뿌리에서 움튼 싹을 이용한 삽목 방법이 흔히 행해진다.

(1) 굵은 가지 삽목 방법

지름 3㎝ 이상, 길이 30㎝ 이상의 굵은 가지를 사용하여 노지 묘상에 가지의 반 이상을 묻어 둔다.

뿌리가 내리기까지만 1년 이상 걸리므로 오랫동안 유의하여 관리할 필요가 있다.

(2) 절단부에서 움튼 싹을 삽목하는 방법

포기에서 싹이 많이 움트고 더욱이 삽목을 하는 경우에 뿌리가 쉽게 내린다.

봄에 발생하게 되는 뿌리 싹에 점차 흙을 덮어서 뿌리가 내리기 쉽도록 해두면 다음해 봄 3월까지에 뿌리가 내린다.

이것을 끊어 내서 꽂는 것이다.

뿌리가 내리지 않은 경우도 뿌리에서 싹튼 가지를 15㎝ 안팎으로 잘라 3월 중·하순에 노지에 꽂으면 90%의 활착율을 나타낸다.

[제12장 소과수류(小果樹類) 묘목 만들기]

1. 산딸기 묘목 만들기

산딸기는 장미과에 속하며 대부분이 낙엽성이다.

재배종은 주로 구미의 원생종을 기본으로 해서 개량한 것으로 라스베리(유럽산 딸기), 브랙베리(黑實木苗) 및 데이베리의 3종으로 크게 나뉘어진다.

이들 산딸기는 종래 우리나라에 도입되었으나 그다지 보급되지 않고 있다.

과실은 맛이 있고 생식 또는 쨈용으로 쓰인다.

산딸기의 묘는 실생, 휘묻이, 분주 및 삽목방법에 의하여 만든다.

(1) 실생법

이 방법은 새로운 품종을 육성할 때에 사용된다. 종자를 채취해서 곧 파종하며 3년째부터 결실하게 할 수 있다.

(2) 휘묻이법

산딸기는 이 방법으로 묘를 만드는 일이 많고 라스베리 등에는 흔히 이 방법이 사용된다.

8월경이 되면 새 가지의 끝이 굽어서 지면을 기어가는 것처럼 되므로 끝을 땅속에 묻어서 뿌리가 내리게 한다.

이 방법을 선취법(先取法)이라고 한다. 그해의 겨울까지에는 뿌리도 상당히 나와 있다. 그래서 가지를 붙여서 잘라내어 묘목으로 한다.

(3) 분주법(分株法)

산딸기는 땅속 부분에 싹이 생기는 경우가 많으며 뿌리에서 싹이 매우 잘 트기 쉬우므로 봄에 발아하기 전에 가로로 달리고 있는 뿌리에 싹이 달려있는 것을 나누어서 비배해서 묘목으로 한다.

또 특히 붉은 라스베리 등은 포기 주변에 왕성하게 싹이 발생하게 되므로 이것을 여름에 캐어 내서 묘목으로 사용한다.

(4) 근삽법(根插法)

브랙베리 등은 뿌리에서 싹이 많이 발생하므로 묘목을 다량으로 양성하는 데에는 이 방법을 흔히 채용한다.

근삽에 사용하는 뿌리는 휴면기간 중에 파 올려서 직경 약 1cm 정도 되는 것을 길이 10cm 정도로 끊어서 포도의 가지꽂이 경우처럼 프레임 또는 노지에 비스듬히 꽂으면 된다.

끝은 지상에 너무 많이 올라오지 않도록 해 둔다.

이들 묘목을 심는 것은 이른 봄에 토양 수분이 충분히 있을 때에 행한다.

눈이 많이 내리는 지방에서는 늦은 가을에 심어도 좋다. 퇴비를 충분히 주고 다소 깊이 심는 것이 바람직하다. 심은 후에는 묘목을 20cm 내외로 짧게 잘라 두는 것이 좋다.

2. 마루베리(오디) 묘목 만들기

우리나라에서는 뽕나무(오디)를 과수로 취급하지 않으나 구미에서는 마루베리라고 하여 재배하고 있으며 러시아에서는 우량품종이 많이 있다고 한다.

뽕나무에는 숫나무와 암나무 및 자웅이 같은 포기로 되어 있는 것도 있으며 우리나라의 뽕나무는 대개 암나무가 많으며 봄에 잎 겨드랑에 담황색의 작은 꽃이 달리며 초여름에는 과실이 적색, 또는 적자색으로 익게 된다.

뽕나무의 묘목을 만드는 방법에는 삽목, 휘묻이 및 분주 방법이 있으며 접목도 매우 쉽고 결과기에 들어가는 것도 빠르다.

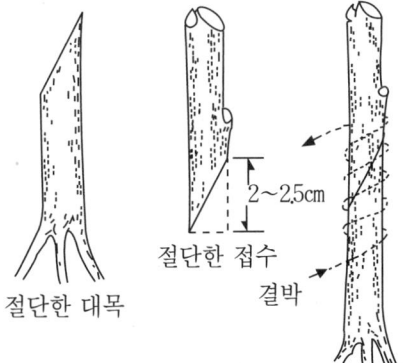

2~2.5cm

절단한 접수

결박

절단한 대목

[그림 2-42] 마루베리(오디)의 접목

(1) 접목법

대목은 보통 실생법에 의해서 육성한다.

초여름에는 과실이 성숙하기를 기다렸다가 채집해서 곧 파종하면 다음해 봄까지에는 접목할 수 있는 크기에 달한다.

3월 상·중순에 대목을 캐어내서 거기에 목적으로 하는 접수를 절접하는 것이 좋다.

(2) 삽목법

3~4월경에 작년에 자란 충실한 가지를 15~18cm로 잘라서 적당한 온도와 적당한 습도를 지닌 토지에 꽂는다.

3. 석류나무 묘목 만들기

석류나무 원산지의 중심은 페르시아 지방이며 페르시아 지방에는 유사 이전부터 재배되었다.

서남 아시아 지역에서는 가장 오랜 재배 역사를 가진 과수의 하나이다.

우리나라에 전해진 연대는 분명하지 않으나 오랜 옛날부터 재배되어 보급된 것 같다.

우라나라에서는 석류나무를 꽃나무로 개량하였고 과수로서는 개량을 하지 못했다.

현재에는 석류를 식용으로 보다도 관상용으로 재배하는 일이 많다. 봄에 싹터 나오는 모습이나 꽃이 필 때에는 상당히 볼만한 것이다.

중국에는 재배 품종으로서 수정석류(水晶石榴), 강석류(剛石榴) 및 대홍석류(大紅石榴) 등 세 품종이 있다.

이들의 과실은 크되 400~500g 정도 된다.

석류나무 묘목은 삽목, 휘묻이, 분주, 접목 및 실생 등에 의해서도 만들 수 있으나 삽목이 가장 흔히 행해진다.

(1) 삽목

3월 상순~4월 상순의 싹트기 전에 전년에 자란 가지를 10~15cm

로 끊어서 상자 또는 묘상에 꽂는 것이나 묘상은 건조하지 않도록
하면 잘 활착하고 뿌리가 내려서 가을까지에는 좋은 묘목이 된다.

(2) 휘묻이법

4~5월에 뿌리에서 나온 가지를 굽혀서 땅 속에 묻고 거기에서
나온 몇 개의 가지에 각각 뿌리를 붙여서 끊여 낸다.

또는 5~6월 경에 고리모양으로 껍질을 벗겨서 그 부분에 물이
끼를 감아두면 캘루스가 생겨 뿌리가 내리게 되므로 그것을 끊어
내서 묘목으로 한다.

4. 대추나무 묘목 만들기

대추의 원산지는 유럽 동남부, 아시아 남부 및 동부라고 하나
분명하지 않다.

우리나라에는 산과 들에 저절로 자라서 숲을 이루는 곳이 있으
며 농가에서 재배하기도 한다.

대추는 황색의 작은 꽃이 4~5월에 달리며 과실은 굳은 핵(씨)을
한 개 가지고 있으며 9~10월에 걸쳐서 익어서 적갈색을 이룬다.

대추나무 묘목은 분주, 휘묻이 및 근삽에 의해서 만드는 일이
많으며 가끔 실생에 의한 경우도 있다.

야생하는 대추나무 또는 실생에 접목하는 일도 있으나 일반적으
로 행해지지 않고 있다.

(1) 접목(接木)

① 접목친화성

대추의 접목에 사용될 수 있는 대목의 종류는 대추와 산조에 국한된다.

대추 대목과 접수가 조직적으로 유합(癒合) 및 접착(接着)하여 생장을 개시하는 것을 활착(活着)이라고 하고, 대목과 접수가 활착한 후 생장·결실의 두 작용이 순조롭게 계속되는 것은 접목친화성(接木親和性)이 있기 때문이다.

접목친화성의 강약은 식물분류학상 유연(類緣)의 원근(遠近)에 따라 달라서 근연(近緣)일수록 친화성이 강하다.

대추 접수를 대추 대목에 접목하는 것은 공대(共台)에 접목하는 것이므로 접목친화성이 매우 높다. 산조(酸棗)는 대조(大棗)와 동속동종(同屬同種)이므로 식물분류학상 매우 가깝다. 그러나 산조는 형태학적으로 나무의 크기가 대추보다 더 작고, 가지의 절간장(節間長)이 짧으며 잎과 과실이 현저히 작을 뿐만 아니라 과실 및 종자의 성분에도 상당한 차이가 있으므로 대추 접수와 산조 대목 사이에 접목친화성이 있을 것인가에 관하여 오래 전부터 의문시되어 왔다.

아래 표에서 보는 바와 같이 접목활착율은 대추공대와 산조대목 모두 95% 이상으로 매우 높고 나무의 크기와 굵기는 대목간에 큰 차이가 없으며 접수보다 대목의 굵기가 가늘어지는 현상도 나타나지 않음을 알 수 있다. 또한 목질부와 수피(樹皮)의 접목부위 유합상태에 있어서 대목간에 별 차이가 없다.

그러나 대아발생량(台芽發生量)에 있어서 대추 공대보다는 산조 대목에 접목할 경우 거의 두배 이상 대아발생이 많으므로 대아제거에 노력이 더 소요되는 단점이 있으나, 이는 접목친화성과 전혀 관계가 없다.

이러한 결과만으로서는 대추와 산조 대목간에 완전히 접목친화성이 있다고 단정할 수 없으므로 앞으로 성목기에 이르도록 나무의 수세와 과실에 미치는 영향까지도 면밀히 검토될 필요가 있다.

[표 2-17] 대추와 산조간의 접목친화성 비교

대목종류	접목 활착율 (%)	수고 (cm)	간주비 대 량 (cm)	접수굵기 대목굵기	접목부위 유합상태 (%)	대아 발생량 (개/주)
[접목 1년차]						
대추공대	95.2	54	-	-	90.3	6.4
산조 A	96.2	48	-	-	80.2	13.3
산조 B	98.1	48	-	-	82.8	11.4
[접목 3년차]						
대추공대	-	151	3.1	0.72	85.9	-
산조 A	-	144	3.7	0.77	84.7	-
산조 B	-	168	4.1	0.81	87.0	-

※ 접수품종 : 무등   대추공대 : Jc-28b의 실생대목
　산조 A : 핵피의 끝이 뾰족한 것   산조 B : 핵피의 끝이 둥그런 것

② 접목방법

㉮ **접수채취와 저장방법**

접수는 품종이 확실하고 빗자루병에 걸려있지 않은 나무에서 채취해야 한다. 대추나무는 새 가지와 묵은 가지 모두 잎눈과 꽃눈으로 된 혼합아(混合芽)를 가지고 있으므로 어느 것이나 접수로 이용할 수는 있으나 지난 해에 새로 자란 1년생 가지(원가지)를 이용할 때에 접목활착률이 높고 묘목의 생장도 왕성하다.

1년생 2차지(지난 해에 자란 원가지상의 측지) 혹은 2년생 이상된 묵은 가지일수록 접목활착율이 떨어질 뿐만 아니라 정상적인 신초묘(新梢苗)의 득묘율이 현저히 떨어지므로 접수가 부족하

지 않는 한 1년생 1차지만을 채취하여 사용하는 것이 바람직하다.

접수는 3월 경에 전정과 동시에 채취하여 저장하거나 4월 상·중순에 채취하여 곧바로 접목해도 좋다. 대추나무의 발아기는 4월 하순으로 접목시기보다 훨씬 더 늦기 때문에 접목할 양이 많지 않거나, 접수를 채취할 모수(母樹)가 가까운 곳에 위치해 있을 경우에는 접목시기에 맞추어 접수를 채취하는 것이 간편하다.

그러나 접목할 양이 많거나 접수를 다른 장소에서 구입할 경우에는 3월에 접수를 채취하되 접수저장에 유의해야 한다.

대추나무는 눈의 원기를 보호하고 있는 인편(鱗片)의 분화 및 발달이 다른 과수에 비하여 미약하고, 또한 눈과 수피의 조직 내에 당분·아미노산 등 가용성 양분이 풍부하기 때문에 접수의 저장 중 곰팡이균의 피해를 받아서 접목활착율이 현저하게 떨어지기도 한다.

접수의 저장방법은 접수의 크기를 40~50cm로 절단하고, 곁가지를 제거하되 원줄기에 너무 근접하여 자르면 눈이 다치기 쉬우므로 1cm 정도 남기고 절단하는 것이 좋다. 절단면에는 접납 또는 유합제와 같은 보호제를 발라주는 한편 톱신수화제나 벤레이트 등을 접수 전체에 철저히 뿌려서 소독한 후 품종별로 30~40본씩 다발로 묶어서 습한 모래로 기부만 잘 묻어 준다.

[표 2-18] 접수의 종류가 접목묘의 생육에 미치는 영향

접수종류	접목활착율 (%)	신초묘율 (%)	묘목신장량 (cm)	간경비대량 (mm)
1년생 1차지	100	83.3	55.0	9.3
1년생 2차지	90.0	76.7	45.7	8.4
2년생지	48.1	24.0	59.6	10.3

※ 대목 : 대추 실생대목(1년생)

접수를 저장할 장소는 3~5℃가 유지되는 저온저장고가 가장 좋으나 그러한 조건이 불가능할 때에는 지하실이나 과실저장고에 보관해 두어도 좋고 접수의 양이 적을 경우에는 비닐에 싸서 냉장고에 저장하되 마르지 않도록 주의해야 한다.

접수를 습한 모래로 상단부까지 묻어 두면 쉽게 변질되므로 낮게 묻는다.

㉯ 대목준비

대추나무를 접목함에 있어서 좋은 대목을 선택하는 것은 접목 활착율을 높이고 우량묘목을 얻는데 결정적인 요건이 된다.

아래 도표에서 보는 바와 같이 근군의 상태가 양호한 실생대목이 분주대목에 비하여 접목활착율과 득묘율이 현저히 높으며 묘목의 생장도 매우 왕성하다.

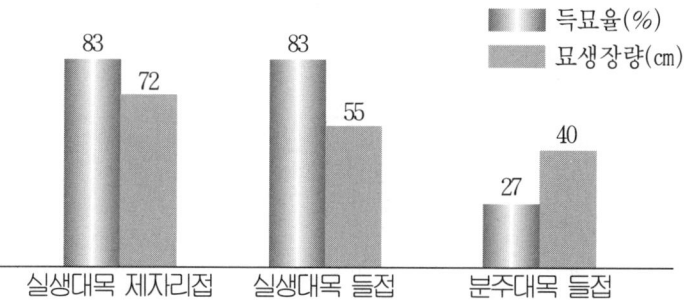

[그림 2-43] 대목의 종류와 접목방법에 따른 득묘율 및 묘목의 생장효과

㉰ 접목과정

대추의 접목은 접목을 하는 장소, 즉 대목을 육성한 제자리에서 접목하는 제자리접(据接)과 대목을 굴취하여 일정한 장소에서 접목을 한 후 밭에 옮겨 심는 들접(揚接)이 있고, 접목방법에 따라 절접(切接), 눈접(芽接) 등으로 구분하는데 가장 효과적인 방법은 제자리에서 절접을 하는 것이 좋다.

접수는 품종이 확실하고 충실한 눈이 붙은 가지를 5~6cm 정도의 길이로 자른 다음 그림에서 보는 바와 같이 밑부분을 비스듬히 45도로 깎아낸 후 반대편 기부의 2~3cm 정도 되는 부위에서 형성층 양편이 평행하도록 일직선으로 깎아낸다.

대목은 지면으로부터 4~5cm 높이를 남기고 전정가위로 자른 다음 매끈하고 수직으로 된 수피와 형성층에 목질부를 약간 포함하여 2~2.5cm 정도 깊이로 위에서 아래로 쪼갠다.

접수와 대목을 조제한 후 접수의 형성층과 대목의 형성층이 서로 잘 맞도록 접수를 끼워넣고 비닐 테이프(두께 0.03mm, 폭 3~4cm)를 이용하여 아래에서 형성층을 맞춘 위쪽으로 돌려 접수를 끼운 자리에 감아 묶어주면 된다. 접목을 한 후에는 접수 상단부분에 접납이나 유합제를 발라줌으로써 접수가 마르지 않도록 한다.

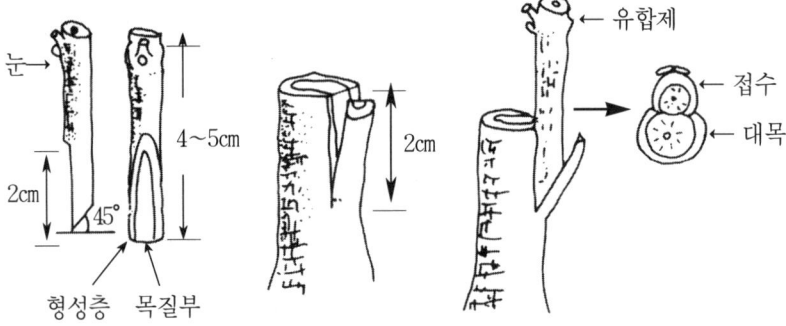

㉠ 접수손질	㉡ 대목손질	㉢ 접목
접수로 사용할 가지의 덧가지를 제거하고 4~5cm로 잘라 눈의 하단부위를 깎아낸다.	대목의 매끈한 부위에 목질부를 약간 붙여서 2cm 가량 쪼갠다.	접수와 대목의 형성층을 맞추어 끼워 넣는다. 이때 양쪽의 형성층 중 한쪽을 기준하여 맞춘다. 비닐로 감고 접수 상단면에 유합제를 바른다.

[그림 2-44] 절접의 순서

③ 접목시기

대추나무의 접목은 봄철에 실시하는 경지접(硬枝接)과 여름철에 실시하는 녹지접(綠枝接)으로 구분할 수 있다.

경지접은 접수와 대목의 조직내에 저장양분을 풍부하게 함유하고 있으므로 비교적 활착상태가 균일하고, 묘목의 생육이 왕성하므로 가장 보편적이면서도 안정적인 방법이다.

⑦ **경지접(硬枝接)**

대추나무를 경지접목함에 있어서 그 실시시기는 접목활착과 묘목의 생육에 막대한 영향을 준다.

대추나무는 발아기가 4월 하순경으로 매우 늦고, 목질부의 재질(材質)이 단단하여 접목시기를 적기보다 훨씬 더 늦게 실시하는 경우가 많아서 접목활착율을 저하시키는 직접적인 요인으로 작용한다.

접목적기는 도표에서 보는 바와 같이 남부지방의 경우 3월 20일과 4월 5일에 접목한 것이 그 이전 또는 그 이후에 접목한 것에 비하여 접목활착률이 높고 우량묘목의 득묘율도 높아서 남부지방은 3월 하순~4월 상순, 중부지방은 4월 상순~중순경이 경지접의 적기에 해당된다.

[표 2-19] 경지접목 시기별 접목묘의 생육상태

접목시기	접목활착율(%)	신초묘율(%)	우량묘율(%)	묘목신장량(㎝)
3월 5일	57.2	50.6	45.6	63.7
3월 20일	82.8	58.5	78.6	74.6
4월 5일	81.2	77.0	57.0	57.9
4월 20일	53.3	43.3	30.4	53.1
5월 5일	43.6	30.8	30.8	63.8

※ 우량묘율 : 묘목 길이가 30㎝ 이상 되는 묘목비율

3월 상순에 접목하면 기온과 지온이 너무 낮아서 형성층의 유합이 지연되므로 접목활착율이 저하된다.

접목시기가 4월 하순 이후로 늦어질수록 기온과 지온이 높아져서 접목부위의 형성층이 완전히 유합되기 이전에 접수가 발아하여, 생장에 필요한 양·수분이 대목과 접수 사이의 유합조직 부위에서 차단되므로 접수에는 충분한 양·수분의 공급이 어려워져서 결국 신초선단부가 고사하게 된다.

이러한 사실을 뒷받침해 주는 것을 도표로 확인할 수 있는데 접목 1개월 동안의 온도가 25℃ 이상으로 높아질수록 초기의 접목활착은 잘 되다가 1개월 이후부터 신초의 고사현상이 심화되어 접목활착율이 현저히 떨어지게 되는 것이다. 이러한 현상은 봄철 접목 후 기온과 공중습도가 높을수록 두드러지게 나타난다.

⑭ **녹지접**(綠枝接)

봄철에 실시하는 경지접을 실패하여 접목활착이 안될 경우에는 대목에서 발생하는 여러 개의 대아(台芽) 가운데 충실한 것 하나만을 남겨서 튼튼하게 생장시킨다.

이러한 신초는 그대로 방치하였다가 이듬해 봄에 다시 경지접용 대목으로 이용하는 것이 보통이지만 1년을 앞당겨 접목묘를 만들고자 할 때는 6월 하순~7월 중순사이에 녹지접을 실시한다.

녹지접은 접수로서 당년에 자란 경화가 덜된 신초를 이용하므로 경지접에서와 같은 절접(切接)으로는 곤란하다. 따라서 이때에는 할접(割接)이 적당하다. 즉 접수는 곁가지와 잎을 제거한 당년생 신초를 1마디씩 잘라서 접수 하단부위의 양면을 쐐기모양으로 끝이 뾰족하게 깎는다. 대목도 경화가 덜된 것이라야 하며 지면에서 5㎝ 정도의 높이로 자르고 중앙을 1자형(一字形)으로 자른다. 대목과 접수의 형성층이 맞도록 꽂은 다음 비닐 테이프로 잡아매서 빗물이 스며들지 않도록 하고 접수 상단면에는 유합제를 발라 준다.

토양수분이 많을 때에 녹지접을 하면 접수 상단에 칠한 유합제가 굳기 전에 대목과 접수의 물관부를 통하여 수액이 넘쳐 흐르게 되므로 이러한 상태로 방치해 두면 2~3일 후 수액의 유출이 정지되면서 접수가 고사하고 만다. 따라서 토양수분이 충분한 상태에서 녹지접을 수행할 때에는 접목하기 하루 전에 접수를 1마디씩 절단하고 상단면에 유합제를 칠하여 두었다가 다음날 곧바로 접목하면 된다.

녹지접의 활착률은 해에 따라 그 변이가 매우 심하다. 이와 같은 현상은 녹지접을 한 후의 기상상태에 따라 크게 좌우된다. 즉, 접목 후 10~20일 동안 날씨가 맑은 날이 많으면 접목활착률이 높지만 장마기와 중복되면 접수나 대목조직 내에 저장양분이 충분히 축적되어 있지 못하므로 대부분 고사되고 만다.

장마기를 피하기 위하여 녹지 접목시기를 너무 늦추며 접목활착은 되더라도 접목묘의 생육이 불량하므로 월동기에 동해를 받기 쉽다.

㉐ **고접(**高接**)**

우리나라의 전국 각지에는 아직도 과실 품질이 불량하고 수량이 적은 재래종 대추가 많이 재배되고 있어서 우량품종으로 대체가 시급한 실정이다.

기존의 재래종 대추 과원을 신품종으로 전환시키려고 할 때에는 별도로 대목을 구하기도 어렵지만 묵은 나무를 제거하는 일도 쉽지 않으므로 이러한 경우에는 고접(高接)을 실시하면 좋다. 특히 고접은 수관의 확대가 빠르므로 여러 면에서 매우 유리하다.

고접의 적기는 경지접보다 약 1주일 정도 더 늦게 실시한다.

즉 남부지방은 4월 중순경, 중부지방은 4월 하순경이 대추 고접의 적기로 볼 수 있다.

고접을 실시하려면 우선 대목을 다듬어야 하는데 부주지 또는 측지를 10~15cm 정도 남기고 절단한 후, 피하접(皮下接) 또는 깎기접(切接)을 하는 요령으로 대목과 접수를 조제하여 접목한다. 피하접이란 대목이 너무 굵을 경우 칼로 자르기가 어려우므로 접수를 삽입할 크기 만큼 폭 7~8mm, 길이 3cm 정도로 대목의 수피를 접도 끝으로 깎아서 벌린다. 접수는 2~3마디에서 자르고 끝눈 쪽 아랫부분에 목질부가 약간 붙을 정도로 면을 바르게 3cm 정도 깎아 내리고 뒷면은 급경사지게 깎는다. 이와 같이하여 대목의 깎은 자리에 대목 형성층과 접수 형성층의 한쪽이 서로 맞닿도록 하고 대목에 붙어 있는 나무 껍질을 위로 올려 덮은 다음 비닐 테이프로 잡아맨다.

접수의 절단면에는 유합제를 도포하여 접수의 건조를 방지하고 길이 50cm 정도의 지주를 접목부위마다 설치해서 신초가 절단되지 않도록 한다.

④ 접목 후의 관리

㉮ **신초묘와 잎줄기묘**

접목 후 3~4주일이 지나면 접수와 대목의 형성층 부위에 유합조직이 발달되면서 접목활착이 되는 것과 동시에 접수와 대목의 눈이 발아하여 신초로 생장한다.

대아(台芽)는 접수의 눈보다 발아가 다소 빠르고 세력이 강하여 방치할 경우 접수의 생육을 저해하므로 적어도 일주일에 한 번씩은 대아를 제거해야 한다.

접목활착된 대추묘목은 두가지 모양의 묘목 즉, 정상적으로 신초(新梢)가 있는 묘목과 신초가 없는 대신 잎줄기(葉梢)만 신장하고 있는 묘목이 섞여 있음을 알 수 있다.

신초가 없는 잎줄기묘목은 묘목이 월동한 후에 잎줄기가 기부에서 모두 탈락되어 버리므로 결국 1년 동안 생장한 묘목의 크기는 원래의 접수 크기에 불과하다.

따라서 이와 같은 잎줄기묘는 정상적인 묘목이 못 되므로 이듬해에도 그대로 묘포에서 재생장을 시키면서 신초의 발생을 유도해야 한다.

대추의 접목묘에서 이러한 현상이 나타나는 원인은 눈(芽)의 구조적 특징에서 기인한다. 즉 대추나무의 눈은 신초가 될 눈(新梢芽)과 잎줄기가 될 눈(葉梢芽)이 함께 존재하는 혼합아(混合芽)로서 균일한 상태의 접수를 사용했더라도 경우에 따라 신초묘가 되기도 하고 잎줄기묘가 되기도 하는 것이다.

이와 같은 잎줄기묘는 접목번식상 심각한 불이익을 초래하므로 가급적이면 잎줄기묘가 발생되지 않는 접목요령을 터득해 둘 필요가 있다.

잎줄기묘의 발생을 최소화할 수 있는 방법은 접목시 접수로서 1년생 1차지를 사용하여 근군의 상태가 양호한 실생대목에 제자리접을 하되 접목 적기를 벗어나지 않아야 한다. 접수가 1년생 2차지 또는 2년생 이상의 묵은 가지이거나 대목의 근군 상태가 불량할 경우, 또는 들접을 하거나 접목적기를 벗어나는 경우에는 이와 같은 잎줄기묘의 발생이 현저히 많아진다.

그러나 이상적인 접목조건을 갖추어 주더라고 10~15% 정도의 잎줄기묘는 발생하게 되므로 잎줄기묘를 당년에 정상적인 신초묘로 전환시킬 필요가 있다.

잎줄기묘로부터 신초를 발생시키는 방법은 잎줄기가 10㎝ 정도 생장하였을 때 각 잎줄기상의 기부잎을 3매씩 남기고 절단해 주는 방법으로서 그 시기는 대개 6월 중·하순경이다.

잎줄기를 발생 초기부터 기부에서 제거해 버리면 신초의 발생 효과는 매우 높지만 묘의 생장이 부진하고, 반면에 잎줄기를 절단하되 그 시기가 너무 늦으면 늦을수록 신초의 발생율이 떨어지므로 그만큼 더 불리하다.

잎줄기가 10cm 정도 생장했을 때의 처리효과가 높은 이유는 왕성하게 성장하는 잎줄기의 선단부에서 식물의 발아억제 호르몬인 오옥신(auxin)의 생합성량이 많아서 신초가 될 눈의 발아를 억제하고 있으므로 이때 잎줄기의 상부를 절단하면 오옥신의 공급이 중단되고 동시에 흡수된 양·수분과 뿌리에서 생합성된 발아촉진 호르몬인 사이토카이닌(cytokinin)이 신초가 될 눈(新梢芽)에 집중되므로 신초의 발생이 가능한 것이다.

한편 잎줄기를 절단할 때에 기부엽을 3매씩 남기는 것은 남아 있는 잎에서 광합성작용을 하여 동화물질(同化物質)을 생산함으로써 새로 발생된 신초의 생장에 이용되기 때문에 묘목의 생장을 도모하는데 중요한 역할을 한다.

그러나 모든 잎줄기묘가 이와 같은 잎줄기 절단처리에 의하여 신초를 가진 정상묘가 되는 것은 아니고, 대목 또는 접수의 상태가 불량하여 잎줄기의 생장이 왕성하지 못할 때에는 잎줄기의 절단처리를 해주더라도 신초의 유도는 불가능한 경우가 많다.

신초묘의 득묘율을 더욱 더 높일 수 있는 방법은 잎줄기의 절단처리와 동시에 벤질아데닌(benzyladenine) 100ppm 용액(벤질아데닌 1g을 물 10 *l* 에 녹인 것)을 남은 잎에 살포해 주면 신초의 발생을 촉진시켜 준다. 벤질아데닌은 물에 녹지 않으므로 수산화칼리(KOH) 1% 용액 5㎖에 충분히 녹인 후 물로 희석하여 사용한다.

㉕ 접목 묘포의 일반관리

접목활착하여 신초가 발생된 묘목은 7월 경 지주를 세워서 묶어 준 다음 접목부위에 감았던 비닐 테이프를 풀었다가 다시 느슨하게 묶어 준다. 우리나라는 7~8월에 예외없이 태풍이 지나가므로 지주를 세워야 안심할 수 있다.

가뭄이 15~20일 이상 계속되면 관수를 해 주어야 묘목의 생장이 중지되지 않는다.

장마철에는 배수를 철저히 해 주어야 하는데 특히 침수가 우려되는 낮은 지역은 묘포로서 부적당하다. 묘목이 침수되었을 때에는 물이 빠진 직후 동력분무기로 잎을 씻어주고, 살균제를 뿌려서 발병을 막는다.

대목부위에서 발생하는 대아(台芽)는 한달에 2~3회씩 전정가위로 기부에서 제거해 주어야 하고, 제초를 철저히 하여 묘목과 잡초가 경합하지 않도록 한다. 묘목은 키가 낮으므로 경엽처리용 제초제를 사용해서는 안되며 인력제초 후 잡초종자 발아억제제초제를 뿌려주면 편리하다.

접목 묘포에서 발생되는 병해충은 빗자루병, 세균성반점병, 박쥐나방 등이 있다.

빗자루병은 분주대목을 사용했거나 빗자루병에 걸린 접수를 접목했을 때 발생되는데 나무가 어려서 수간주입(樹幹注入)하기도 곤란하고, 또 주변의 묘목에 전염될 우려가 있으므로 발견 즉시 뿌리까지 굴취하여 소각하거나 묘포에서 멀리 떨어진 곳에 버린다.

세균성반점병(細菌性斑點病)은 장마가 끝난 직후 고온기에 발생되는데 일반적으로 피해가 심하지 않으므로 특별한 방제를 할 필요가 없으나 매년 피해가 심한 지역에서는 7월~8월에 아그렙토

수화제 등을 철저히 살포한다.

접목포 주변에 아카시아나무가 많이 분포되어 있거나 묘목이 잡초에 뒤덮여 있게 되면 박쥐나방이 발생하기 쉽다. 박쥐나방은 대추나무의 접목부위 바로 윗부분의 수피를 한바퀴 돌면서 갉아 먹은 후 목질부 내부에 들어가므로 처음에는 묘목이 시들다가 나중에는 저절로 꺾어지게 된다. 방제법은 접목포의 제초를 철저히 하고 6~7월경 살충제를 3~4회 정도 살포한다. 6월 중순부터 7월 상순 사이에 집중적으로 발생하므로 일주일 간격으로 묘포를 순회하면서 박쥐나방의 가해 초기에 철사로 찔러서 유충을 죽이거나 유기인제의 원액을 주사기에 담아 박쥐나방의 가해 갱도에 주입하여 구제한다.

대추나무는 조기결실성 과수이므로 접목 당년부터 결실되는 경우가 있는데, 이는 묘목의 생장을 억제하므로 결실 초기에 적과해야 한다.

(2) 삽목(插木)

대추나무의 번식방법에 있어서 접목번식이 바람직한 방법이기는 하나 대목 생산이 번거롭고, 묘목생산 기간이 2년 이상 소요되는 등 대추묘목의 대량번식에 까다로운 제한 요인이 되고 있다.

특히 대추나무는 흡지의 발생이 왕성한 과수이므로 우량품종의 자근묘(自根苗)를 생산하여 재식할 경우 대목용이 아닌 묘목용 분주번식이 가능하다는 장점이 있다.

① 가지삽목(枝插)

일반적으로 가지삽목은 경지삽(硬枝插)과 녹지삽(綠枝插)으로 구분되는데 대추나무에 있어서 경지삽목법은 아직까지 개발되지 못한 실정이고 반면에 녹지삽목법은 어느 정도 실용화 단계에 이르고 있다.

㉮ 삽수채취 및 조제

삽수는 6월 하순경 당년생 신초를 이용한다. 너무 일찍 삽목을 하면 가지의 경화가 부족하여 삽수가 썩기 쉽다. 삽목시기가 7월 이후로 늦어질수록 삽수의 부패율은 감소하지만 유합조직(캘루스)만 유기될 뿐 발근율이 매우 낮다.

삽수의 조제는 20㎝ 정도로 절단하고 중간부위 이하의 잎을 제거한다. 상단부의 2차지(덧가지)와 잎은 그대로 둔다.

㉯ 발근촉진제 처리

대추의 녹지를 그대로 삽목하면 유합조직만 형성될 뿐 발근은 거의 되지 않는다. 그러므로 대추나무의 삽목시에는 발근촉진제의 처리가 필수적이라고 할 수 있다.

대추나무의 발근촉진제로서 가장 효과적인 생장조정제는 인돌부틸산(IBA ; indolebutylic acid)2,000~3,000ppm이다. 즉 IBA 2~3g을 물 1 l 에 녹여서 여기에 삽수의 하단부위를 약 5초 동안 침지하고 살균제 캡탄수화제로 분의(粉依)처리한 후 살균된 상토에 삽목한다.

㉰ 삽목상의 조건

이상적인 삽목용토의 조성은 버미큐라이트 1 : 퍼라이트 1의 비율로 혼합하여 사용한다.

대추의 녹지삽을 위해서는 미스트 삽목상의 시설이 필수적이다. 즉 밀폐된 차광하우스 내에서 10분 간격으로 30초 동안 안개와 같이 살수해 줌으로써 실내를 항상 포화습도에 가깝도록 유지해야 삽수가 시들지 않게 된다.

㉠ 삽목묘의 일반관리

미스트 삽목상의 온도는 20~25℃가 적당하고 30℃ 이상의 고온이 되지 않게 한다.

이와 같은 상태로 약 1개월을 경과하면 발근이 시작된다. 완전하게 발근된 삽목묘는 8월 하순경에 유기물이 풍부한 토양에 가식하여 묘목의 생육을 촉진시키며 묘가 튼튼히 자라도록 한다. 특히 삽목묘는 첫해에는 내한성(耐寒性)이 매우 약하므로 월동시 보온에 힘써야 한다.

월동 후 봄이 오면 노지의 묘포에 옮겨 심어야 하는데 토양의 건조와 잡초의 발생을 막기 위하여 흑색비닐로 멀칭을 해주면 효과가 크다.

이러한 삽목묘는 2년생까지는 거의 신초가 발생을 못하지만 3년째에는 신초가 발생하고 나무의 생장이 왕성해져서 완전히 자근묘가 생산된다.

② 근삽(根揷)

대추나무의 뿌리는 절단면의 유합력이 강하며 뿌리의 어떤 부위에서도 맹아력(萌芽力)을 지니고 있기 때문에 근삽(根揷)이 가능하다.

㉮ 삽근채취 및 조제

뿌리를 채취할 모수(母樹)의 가장 중요한 요건은 빗자루병에 걸려있지 않아야 한다는 것이다. 빗자루병을 발생시키는 마이코플라스마균은 전신성 병원균(全身性病原菌)이므로 지상부는 물론 뿌리에도 감염되어 있다. 따라서 빗자루병에 걸린 나무에서 뿌리를 채취한 뿌리삽목묘는 모수와 마찬가지로 빗자루병에 걸리게 된다.

삽근의 채취는 3월 상순경이 적당하다. 일시에 많은 양의 삽근을 채취하려면 밀식된 과원에서 간벌을 하거나 심경(深耕)을 실시하는 것이 좋다. 삽근(插根)의 길이는 15~20cm 정도로 자르고 곁뿌리와 잔뿌리는 제거하지 않아야 한다. 삽근이 굵을수록 저장양분이 많으므로 더 짧게 절단함으로써 많은 수의 삽근을 얻을 수 있다.

㉯ 삽근의 유합조직 형성유기

채취한 삽근을 곧바로 삽목하게 되면 삽근의 양쪽 절단면에 유합조직의 생성이 지연되므로 뿌리가 건조하기 쉽고 고사율이 높다. 그러므로 채취한 뿌리는 습한 톱밥과 섞어서 나무상자에 넣고 15~20℃의 온도가 유지되는 곳에 15~20일 동안 경과시켜두면 유합조직 발달하고 뿌리 및 눈의 원기가 잘 분화됨으로써 삽목 후 발근 및 발아가 용이하다.

㉰ 삽목방법

3월 상순경에 채취한 삽근은 3월 하순에 유합조직이 형성되므로 기온과 지온이 높아진 4월 상순경에 삽목상 또는 노지의 육묘상에 삽목해야 한다.

유합조직이 형성된 삽근은 온도·습도·토양 및 병원균에 대한 적응력이 높으므로 별도의 삽목상에 삽목할 필요가 없이 곧바로 묘포에 삽목하는 것이 실용적이다.

우선 묘포는 50~60cm 폭의 이랑을 만들고 30~40cm 간격으로 2줄의 긴 삽목용 골을 만든 다음 삽근을 약 30cm 간격으로 삽목한다.

이때 삽근을 수직으로 세우는 것보다 45도 각도로 비스듬히 삽목함으로써 발근부위가 지표에 가까워 산소공급이 원활하고 결국 발근이 용이해진다. 삽근은 땅속에 완전히 묻혀서는 안되므로 상단부가 약 2~3cm 정도 지표 밖으로 노출되게 한 후 볏짚으로 가볍게 멀칭해 준다.

발근과 맹아를 촉진시키고자 할 경우에는 삽목 직전에 삽근의 하부에는 발근촉진제 인돌부틸산(IBA)2,000ppm 용액에 5초간 침지하여 삽목한다.

㉣ 삽목묘의 일반관리

삽목 후에는 삽근이 건조되지 않도록 수시로 관수를 해 주어야 한다.

삽목 후 1개월 정도 경과하면 삽근이 맹아되어 짚멀칭을 뚫고 싹이 나오는데 대개 2~3개 이상의 신초가 발생하는 것이 보통이므로 그 가운데 가장 충실한 것 1개만 남기고 나머지는 제거한다.

뿌리삽목에 의하여 얻어진 묘목은 모수가 접목된 나무일 경우, 대목으로 이용해야 하고, 만약 모수가 우량품종의 자근묘일 경우에는 모수와 삽목묘의 유전형질이 동일하므로 그대로 묘목으로 이용할 수 있다.

③ 분주(分株)

㉮ 포기나누기

대추는 큰 나무가 되면 가로로 뻗어있는 뿌리의 각 부분에서 싹이 발생하게 된다.

가을이 되어 이에 뿌리를 붙여서 끊어 내어 묘목으로 한다.

㉯ 휘묻이법

끊어낸 포기나 굵은 줄기의 뿌리에서 세력이 왕성한 새 싹이 자라 나오므로 거기에 흙을 모아 덮어 주면 뿌리가 나오게 된다.

가을까지 두었다가 잎이 떨어진 후에 캐어 내서 뿌리가 붙어 있도록 끊어내면 된다.

5. 앵두나무 묘목 만들기

앵두나무는 중국이 원산지라고 하며 우리나라에서는 옛부터 수입되어 재배되고 있다. 원래 관상수로서 재배되었으나 현재에는 가정 과수로 들 수 있다.

나무는 3m 남짓한 낙엽성 저목(低木)으로 가지가 많이 갈라진다.

이른 봄에 잎이 피어 나기 전에 또는 잎과 동시에 백색 또는 담홍색의 다섯잎 꽃이 피고 과실은 6월에 홍색으로 익어가고 벚지와 같은 편구형(扁球形)을 이루며 과피에는 작은 털이 있다.

과육은 단 맛과 신 맛이 잘 어울려서 맛이 좋다.

앵두나무 묘목은 실생, 분주 및 접목 방법에 의해서 만든다.

(1) 실생법

종자는 5월 중순경부터 익어가는 과실에서 채집하여 곧 밭이나 묘상에 파종하거나 또는 적당한 습도를 갖춘 모래 속에 저장해 두고 2월 하순부터 1월 상순에 걸쳐서 파종한다.

시기가 늦어지면 저장 중에 발아해서 뿌리가 내려 버리는 일이 있다.

비배만 잘 하면 1년에 50cm 정도의 묘가 되며 실생해서 4~5년 되면 많은 꽃이 피고 과실이 달린다.

(2) 분주법

뿌리 부분에서 나온 싹에 장마철이 되면 흙을 덮어 두고 뿌리가 내리도록 한다.

다음해 봄에 이것을 끊어 내어 묘목으로 한다.

제13장 열대과수 묘목 만들기

1. 파인애플 묘목 만들기

파인애플 번식은 종자에 의한 것과 눈꽂이 등에 의한 영양번식의 두가지로 크게 나눌 수 있다.

(1) 종자 번식법

파인애플은 종자가 거의 생기지 않고 특히 스무스·카이엔종은 자가 불화성(不和性) 때문에 다른 종류와 교배시켜 주지 않으면 종자가 생기지 않는다.

또 실생한 포기는 파종 후 꽃이 피고 결실하기 까지에는 4∼6년씩이나 걸리고 관리하기도 어려우며 유전적인 변이도 크기 때문에 새로운 품종 육성을 목적으로 한 경우에만 이용되고 있다. 종자는 약 0.3mm로 작고 더욱이 종자의 껍질이 매우 딱딱하기 때문에 발아하기 까지는 30℃ 이상의 높은 온도가 필요하다.

따라서 교잡육종(交雜育種)을 목적으로 해서 종자번식을 행하는 경우에는 파종하기 전에 유산(硫酸)에 담그는 등에 의한 싹틔우기 처리를 하여 모래 파종상에 파종한다.

적당한 온도를 유지하면 대체로 10일만에 발아하며 약 6주일 간만에 이식하여 1년동안 묘상에 두었다가 정식하여 그 뒤 꽃이 피기까지에 약 2년이 걸린다.

(2) 영양 번식법

파인애플은 포기가 성장하여 커감에 따라 포기의 밑부분, 잎 겨드랑 또는 과경부, 과실 꼭대기 부분 등에 새싹이 달려서 이것을 번식이나 포기를 새로 늘리는데 사용한다.

새싹은 그것이 붙어 있는 위치에 따라 다음 그림과 같이 각각 명칭이 다름과 동시에 그 특성도 달리하고 있다.

영양번식에는 이 중에서 흡아(吸芽), 관아(冠芽), 예아(裔芽), 흡예아(吸裔芽) 및 괴경아(塊莖芽) 등을 쓰는 것이 보통이다.

번식에 쓰이는 어미 포기는 그 품종의 우량한 특성을 갖고 있을 것, 잎이 많고 줄기가 충실한 포기일 것, 병충해에 의한 피해 포기가 아닐 것, 닭볏과실 등의 기형과실이 달리는 나쁜 포기가 아닐 것이 필요하다.

여기서는 영양 번식의 대표적인 방법에 대하여 말하고자 한다.

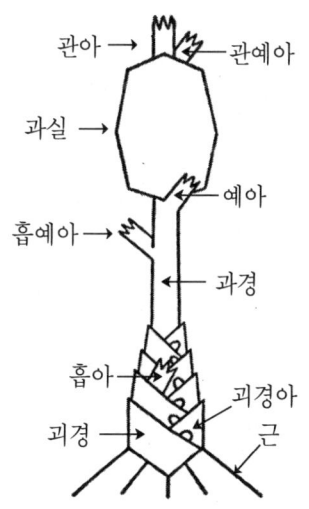

[그림 2-45] 파인애플의 번식체

(3) 흡아(吸芽) 번식법

흡아는 지상줄기의 잎 겨드랑에 착생하여 보통 어미포기의 꽃봉오리가 만들어진 후에 싹이 나와서 과실을 수확하기 1개월 전쯤에는 채취할 수 있으며 자연상태에서는 한 포기에서 1~3눈, 싹트기 재촉을 하면 10눈 정도 얻을 수 있다.

번식에 쓰기 위해서는 과실이 충분히 익은 것을 필요로 하나 그 방법으로서는 피어난 잎이 경화(硬化)하여 있을 것, 잎을 포함한 눈 전체의 길이가 대체로 30㎝ 내외일 것, 눈의 아랫부분 쪽에는 잎을 따내면 뿌리가 나와 있는 것, 과실이 갈색을 띠어 가고 있을 것 등을 들 수 있다.

흡아의 대소는 개화, 결실의 빠르고 늦음과는 밀접한 관계가 있으며 충실하고 큰 흡아를 사용하면 심은 후 대체로 1년만에 개화 결실한다.

또 우량한 포기를 심어도 개화와 결실을 서두른 나머지 포기가 충실해지기 전에 개화 촉진처리 등을 행하면 작은 과실 밖에는 얻을 수 없게 된다.

자연 상태로는 1포기당 3눈 정도밖에 얻을 수 없다.

그래서 한꺼번에 대량의 묘를 얻기 위해서는 어미포기에 착생한 흡아가 대체로 10~15㎝로 자랐을 때 이것을 전부 채취해서 묘상에 가식하고 어미 포기에는 속효성 덧거름을 주어서 잎겨드랑에 들어 있는 싹이 터나오도록 재촉한다.

이것을 반복하면 단기간에 많은 묘를 얻을 수 있다.

흡아는 작은 묘를 묘상에 심어서 포기의 충실을 도모하나 30㎝ 전후의 묘는 직접 정식해도 된다.

심는 것은 아랫부분의 잎을 10㎝ 전후 제거하고 2~3일 동안 그늘에 말려서 행한다.

충실한 어미 포기에서 채취한 흡아는 뿌리 내리기가 빠르고 더욱이 그 수가 많은 것이 특징이다.

또 뿌리의 생장은 지온에 영향을 많이 받아서 29~31℃ 가장 좋고 43℃ 이상, 5℃ 이하로는 생장이 정지한다.

포기의 아랫부분 가까이에 착생한 흡아는 어미포기를 바꾸는데 이용한다.

그러나 정식 후 4년을 넘는 포기는 결실위치가 높아지기 때문에 재배관리상 알맞지 못 하므로 포기 전체를 갱신할 필요가 있다.

(4) 관아(冠芽) 번식법

관아(冠芽)는 정아(頂芽)라고도 하며 보통 과실 꼭대기 부분에 한 과실이 달리고 한 눈이 착생한다.

관아를 채취하는 것은 눈의 크기가 약 20cm 정도가 되어서 윗부분이 펴지고 잎이 굳어 졌을 때로 아랫부분 쪽의 잎겨드랑이에 뿌리가 나왔을 때가 적기이다.

관아를 사용하는 번식으로는 개화와 결실하기 까지 대체로 2개년 걸려서 흡아보다 늦어지나 성숙기가 일치하는 것이 특징이다.

묘상에 심는 요령은 흡아의 경우와 마찬가지이다.

관아를 사용하는 번식 방법에는 관아를 그대로 사용하는 방법외에 생장점을 제거하고 잎을 따내서 세로로 4~8등분하여 잎겨드랑에 들어 있는 눈이 싹트도록 도모하는 세로로 끊는 방법이 있다.

이 방법으로는 한 번에 다량의 묘를 생산할 수가 있다.

(5) 예아(裔芽) 및 흡예아(吸裔芽) 번식법

과실의 아랫부분에 싹터 나오는 눈을 예아, 과경부(果梗部)에서 싹터 나오는 눈을 흡예아라고 부른다.

이들 눈이 싹트는 것은 과실이 비대하는 데에는 좋은 영향을 미치지 않는 것이므로 일찍 제거하는 것이 보통이나 번식에 이용하는 경우에는 한 과실당 2~3눈을 남기고 20cm 정도로 생장시킨다.

이 눈은 심은 후 1년 반~2년만에 개화결실하며 또 관아와 마찬가지로 세로로 끊어서 번식하기가 가능하다.

(6) 괴경아(塊莖芽)에 의한 번식법

지하 줄기에서 싹터 나오는 눈을 괴경아라고 부르고 있다.

이 눈은 지하 줄기에서 싹트기 때문에 어미포기의 잎 아래에 숨겨져서 햇볕을 받는 양이 적고, 그 때문에 줄기가 가늘고 잎이 좁고 빈약해서 개화결실하기 까지에는 2년 이상을 요한다.

더욱이 첫번째의 과실은 비교적 적기 때문에 새 포기의 번식용으로서는 그다지 사용되지 않으나 어미포기의 아래쪽에 착생하기 때문에 다시 심지 아니하는 포기의 갱신에는 재배관리상 알맞은 것이므로 사용되고 있다.

(7) 잠아(潛芽) 번식법

파인애플의 줄기는 그 위치에 따라 지상 줄기와 지하 줄기로 나누어진다.

지상 줄기는 잎이 수많이 착생해 있으며 성숙한 줄기의 잎겨드랑에는 대단히 많은 잠아(潛芽)가 착생해 있다.

이것을 발아하게 해서 번식에 이용하면 한꺼번에 수많은 묘를 얻을 수 있다. 여기서 그 방법 중에서 중요한 것에 대하여 알아보자.

① 오랜 포기를 그대로 이용하는 방법

과실을 수확해 버린 후에는 자라 나오는 흡아는 앞에서도 말한 바와 같이 5~10㎝로 생장하면 번식에 사용할 수가 있다.

이 방법은 인공적으로 흡아가 자라나오도록 촉진하는 방법으로 포기에서 발아해서 일정한 크기에 도달한 흡아를 채취한 후 속효성 비료를 덧거름으로 주어서 잠아가 발아하도록 촉진하여 그의 모든 잠아가 고르게 자라 나올 때까지 반복한다.

이 방법에는 꼭대기 눈(정아)의 발아나 꽃봉오리가 나오는 것을 방지하기 위하여 포기의 윗부분을 미리 끊어 버리는 방법, 잎을 대부분 따내고 포기를 쓰러트려서 행하는 방법, 또 잎을 제거한 포기 전체를 흙속에 묻고 발아를 촉진하는 방법 등이 있으나 어느 것이나 잠아의 발아를 촉진하여 이것을 이용하는 것에는 다를 바가 없다.

② 오랜 포기 세로 자르기 번식법

이 방법도 포기의 숨은 싹(잠아)에서 발아한 싹을 이용하는 번식법이나 다음에 말하는 오랜 포기 가로 자르기 번식법과 더불어 포기를 잘라서 행하는 것으로 과실을 수확한 뒤의 오랜 포기의 잎을 모두 제거하여 행한다.

잎을 제거한 오랜 포기는 포기의 크기에 따라 잘 드는 나이프 등으로 세로로 2~4등분하여 약 하룻동안 그늘에 말린 후 싹이 달려있는 쪽을 위로 오게 하여 포기전체를 묘상에 심는다.

묘상은 지온이 지나치게 높지 않고 너무 건조하지 않으며 더욱이 배수가 좋은 땅이 적당하다.

발아 후의 잠아는 일정한 크기에 도달하면 될 수 있는대로 일찍 채취해서 다음의 잠아가 자라나오도록 촉진한다.

그러나 잠아를 채취할 때 주의해서 취급하지 않으면 포기에 상처가 생기고 거기에서 부패하게 되는 경우가 있다.

③ 오랜 포기 가로자르기 번식법

이 번식방법도 앞서 말한 세로 자르기 법과 마찬가지로 포기에 붙은 잠아를 이용하는 방법이나 세로 자르기 법이 포기를 세로로 자르는 방법인데 대하여 이 방법은 글자 그대로 포기를 2㎝ 정도로 가로로 둥글게 자르는 것이다.

둥글게 자르는 때에는 잠아가 붙어있는 위치에 충분히 주의하여 각각의 끊긴 조각에 잠아가 붙도록 배려한다.

발아상에 심을 때에 주의할 점은 세로 자르기 방법의 경우와 같아서 뿌리의 부패를 방지하기 위하여 그늘에 말려서 곧 냇모래 등의 배수가 좋은 묘상을 준비하여 거기에 포기의 잘려진 면이 겨우 숨겨질 정도로 심는다.

깊이 심으면 포기가 부패하게 된다.

심은 후에는 지나치게 습도가 많아지지 않도록 주의하여 지온이 35℃ 전후가 되도록 유지하면 약 반달 정도만에 잠아가 발아하게 된다.

이 싹이 5~10㎝로 자라면 칼로 줄기에서 주의하여 끊어 내고 남아있는 잠아의 발아를 재촉한다.

이와 같이 해서 얻은 묘는 묘밭에서 약 반년 동안 육묘하면 정식이 가능하다.

이상에서 말해 온 오랜 포기를 이용한 번식을 행하는데에는 3월부터 6월 경까지가 적기이다.

2. 바나나 묘목 만들기

바나나의 번식은 주로 흡아(吸芽)와 지하 줄기에 의하여 행한다.

실생에 의한 번식은 교잡육종(交雜育種)을 행하는 때 이외에는 사용하지 않는다.

(1) 흡아 번식법

흡아에 의한 번식법은 바나나에 있어서 가장 일반적인 방법이다. 이 번식법은 흡아가 자라나오는 시기, 어미포기의 연령 등에 의하여 몇 개로 나눌 수가 있다.

① 검아(劍芽) 번식법

검아는 포기의 아랫부분은 크나 잎이 가늘고 끝이 뾰족하게 되어 있기 때문에 이렇게 부르는 것이다.

검아는 보통 어미포기가 비대해서 꽃봉오리가 나오기 전에 발아하는 것으로 어미포기를 갱신하는데 쓰인다.

또 같은 싹에 대검아(大劍芽)가 있으나 이것은 가을 과실을 수확한 후 지하 줄기로부터 싹터 나오는 것으로 4~6월에 땅위로 발아하여 어미포기에서 분리하게 되는 것으로 이것을 번식에 사용하나 묘가 크기 때문에 어미포기에서 끊어낼 때 어미포기를 다치는 일이 많으므로 충분한 주의를 기울인다.

또 정식할 때에는 수분 증발을 방지하기 위하여 잎의 일부를 잘라 둔다.

② 위엽흡아(萎葉吸芽) 번식법

9월부터 12월의 과실을 수확한 후 지하 줄기에서 발아해 오는 싹을 위엽흡아라고 한다.

이 싹은 발아한 그대로 월동하게 되므로 잎이 말라 버리는 일도 있으나 다음해 봄에는 말라 죽는 일없이 또 발아하게 된다. 이 흡아는 지하 줄기가 크고 뿌리를 많이 달고 있으므로 일반적으로 새로 심는데에는 이 묘를 사용한다.

③ 대엽아(大葉芽) 번식법

이 눈은 봄 또는 여름에 과실을 수확한 후에 발아하게 되는 눈으로 잎은 타원형으로 비교적 대형이다.

줄기는 가늘고 도장하는 일이 흔히 있어서 묘의 힘이 약하고 과실이 달리는 수도 적어서 번식에는 그다지 사용하지 않는다.

흡아에 의한 번식에는 이상과 같은 것이 있으나 새로 심은데 쓰려면 일반적으로 위엽흡아(萎葉吸芽) 사용하는 것이 보통이다.

이것을 채취하는 어미포기는 생육이 왕성한 1년생 이상, 4년생 미만의 젊은 포기가 적당하며 포기나누기를 하는 시기는 4월이 가장 좋고 6월 이후에는 행하지 말아야 할 것이다.

포기를 캐어낼 때에는 어미포기나 캐어내려고 하는 흡아의 포기를 상하게 하지 않도록 충분히 주의하고 캐어낸 포기의 끊긴 부분이 심은 후에 부패하지 않도록 주의한다.

포기의 갱신은 5~6월에 싹터 나온 발육이 왕성한 흡아를 남기는 것이 가장 좋으나 새 포기를 남기는 시기는 어미포기의 발육 상황을 보아 가면서 발육이 왕성한 경우에는 일찍, 약한 경우에는 조금 늦추어서 하고 어미포기가 약해지지 않도록 배려한다.

예를 들면 심은 지 첫해에는 새 싹을 남기지 않고 어미포기의 영양생장을 충분히 할 것, 2년째의 2월부터 6월 사이에 새 싹을 남겨서 어미포기의 개화 결실을 도모함과 더불어 새 포기도 충실하도록 도모한다.

이때 포기의 깊이, 싹의 방향 등에도 충분히 주의하여 재식거리와 포기의 안정을 고려한다.

(2) 지하줄기 번식법

지하줄기에 의한 번식은 지하 줄기를 캐어 내서 중심 눈을 끊어

낸 후 각각으로 잘린 포기에 한 눈씩 남도록 세로로 잘라서 행한다.

지하 줄기에 달려있는 눈은 일반적으로 65% 전후의 좋은 발아율을 가지나 오래된 지하 줄기나 수확한 후의 지하줄기에 붙은 눈은 발아율이 15% 전후로 그다지 좋지 않은 것이 보통이다. 그렇기 때문에 포기를 자르는 번식에는 검아, 대엽아 등을 쓰고 있다.

포기는 보통 2~4 등분하나 10cm 이상의 뿌리가 달린 포기는 4등분하고 그 이하의 길이로 뿌리밖에 달리지 않은 포기는 2등분한다.

심은 것은 잘라낸 부분이 부패되지 않도록 주의하고 묘상은 바람의 피해, 서리의 해가 없는 것과 배수에도 특히 주의한다.

번식을 행하는 시기로서는 지온의 상승에 따라 부패하는 것을 줄이기 위하여 겨울에 행하는 것이 가장 좋고 가을부터 이른 겨울에 심어서 다음해 1월경에 발아하게 해서 충분한 비배관리를 행하면 5월에는 정식할 수 있게 된다.

3. 파파이야 묘목 만들기

파파이야는 암포기, 숫포기, 또 양성(兩性) 포기의 3종류가 있으며, 보통 제각기 암꽃, 숫꽃 및 양성화(兩性花)가 달린다.

또 파파이야는 가루받이가 되지 않으면 정상적인 결실을 하지 않고 과실 비대가 나빠지며 질이 좋은 과실도 얻을 수가 없다.

따라서 재배할 때에는 암포기를 심은 것은 물론이고 양성 포기를 심은 경우에도 그 중에 반드시 숫포기를 암포기 15~24포기에 한 포기 비율로 가루받이 나무로서 섞어 심어주지 않으면 안된다.

(1) 종자 번식법

파파이야의 번식은 일반적으로 실생에 의존하는 것이 보통이다.

이 방법은 간단하여 묘의 생장이 빠르고 더욱이 짧은 기간에 수많은 묘를 생산할 수 있는 것이 특징이다.

삽목이나 접목 등도 행하나 가지가 갈라지는 것이 적고 한꺼번에 대량의 묘를 얻을 수 없는 것과 생육이 늦어지는 일 등으로 인해서 품종보존 등 특별한 경우를 제외하고는 행하지 않는다.

(2) 계통 보존

파파이야는 자연교잡에 의한 잡종이 되기 쉽고 그 때문에 종자에 의한 번식을 행하는 경우에는 품종의 특징이 상실되는 일이 많다.

그러나 자웅이 다른 포기이기 때문에 교배용 숫포기를 섞어 심을 필요가 있다는 것은 앞서 말한 바와 같다.

그래서 종자번식은 어떻게 해서 그 품종의 특성을 유지하는 가가 문제가 되며 묘목을 생산하기 위한 채종에는 지금부터 말하는 바의 몇가지 방법에 따라 그 품종의 우량한 특성이 상실되지 않도록 주의하지 않으면 안된다.

① 포장에서의 채종에는 많이 생산되는 계통으로 우량한 양성 꽃나무를 어미포기로 할 것

이 어미포기의 비배관리를 강화해서 포기가 충실하도록 도모한다.

그래서 암꽃이나 양성화가 달렸을 때 꽃이 피기전에 봉지를 씌워서 미리 채취해 둔 같은 계통 포기의 꽃가루를 사용해서 인공교배를 행한다.

꽃가루받이 후에도 봉지를 씌워 둘 필요가 있다.

인공교배를 하는 적기는 5월 중순부터 6월 하순의 개화기로 하루 중에는 오전 열시 이전이다.

가루받이에 쓰이는 꽃가루는 꽃술이 열리기 직전에 수술을 채취해서 이것을 통기성이 좋고 건조하며 더욱이 어느 정도 광선이 비치는 용기에 넣어 꽃술이 열리게 한 것을 눈금이 가는 그물망으로 쳐서 사용한다.

봉지 씌우기 등의 작업을 하고 나아가 자연교잡을 막아서 채종하고 싶은 때에는 그 계통의 우량한 특성을 갖춘 양성포기를 골라서 묘를 미리 삽목 등에 의하여 만들고 다른 포기와의 자연적인 교잡이 일어나지 않는 곳, 예를 들면 유리 온실안 등에 격리해서 비배관리를 행하고 개화와 결실시킨 것의 종자를 채취하는 방법을 취한다.

② 암포기묘의 비율을 증가시킬 것

파파이야 재배에는 숫포기를 섞어 심을 필요가 있다는 것은 이미 말한 바와 같으나 숫포기를 섞어 심는 비율은 아주 적어도 좋기 때문에 묘목을 생산하는데는 묘목 중의 암포기의 비율을 될 수 있는대로 증가시키는 것이 바람직하다.

파파이야는 환경조건에 따라 포기의 성별이 변화한다고 말하고 있으나 암포기의 비율은 될 수 있는대로 많게 하기 위해서는 비교적 암꽃이 달리기 쉬운 양성 포기에 취한 종자를 사용할 것이다.

다시 파종시기는 9월로 하고 다음해 4월에 정식하여 따뜻한 시기에 발육하게 할 것이다.

또 암꽃이 달리기 쉬운 양성 꽃에서 채취한 꽃가루를 암포기의 암꽃에 가루받이 해서 얻은 종자를 역시 9월에 파종하면 비교적 많은 암포기를 얻을 수 있다.

③ 종자의 발아율을 높일 것

파파이야 종자가 발아하는데는 다음 세가지 조건이 갖추어져 있을 필요가 있다.

온도가 높을 것, 습도가 적당할 것, 통기성이 좋을 것으로 종자는 이들의 조건에 대하여 매우 민감하다.

예를 들면 점토질 토양에 파종한 것은 발아율이 25% 정도밖에 안된다. 종자의 발아율을 높이는 방법으로는 다음과 같은 것이 효과적이다.

㉮ 종자의 겉껍질은 경질로 되어 있는 것으로 1%의 가성(苛性) 소오다 물에 하루 낮과 밤동안 담가 둘 것.
㉯ 기온이 높은 시기에 파종할 것. 낮은 온도에서는 발아율이 저하하게 되므로 발아상은 온도를 더해 줄 필요가 있다.
㉰ 발아할 때에는 충분한 공기 유통이 필요하므로 퍼라이트 등과 같이 통기성이 좋은 묘상에 파종할 것.

적당한 토양이 없는 경우에는 흙을 아주 조금 덮어 주고 짚을 깔아 주어서 건조함을 방지하도록 한다.

(3) 파종시기

파종 적기는 재배하는 지역의 기상조건에 따라 다르나 일반적으로 육묘 등의 관계로 다음의 세 시기가 좋다.
① 3월에 파종하고 6월에 정식함
　　(이 방법을 활용하면 연내에 개화, 결실이 가능함)
② 6월에 파종하고 9월에 정식함
③ 9월에 파종하고 다음해 4월에 정식함

이상 중에서 ③의 9월에 파종하고 다음해 4월에 정식하는 것이

묘의 발육도 좋고 암포기의 비율도 높아지며 활착하는 율도 좋은 것 같다.

그러나 이 시기의 것은 묘의 시기인 겨울동안에 낮은 온도를 맞이하지 않도록 충분히 주의할 필요가 있다.

(4) 파종방법

① 채 종

어미나무에 착생한 채종용 과실은 과실 껍질이 등황색을 이루어 충분히 익은 후에 수확한다. 수확 후 3~4일 동안 후숙(後熟)시켜서 과실 속의 종자를 빼낸다.

번식에 이용하는 종자는 알이 크고 성숙해서 검은 빛을 이루는 것이 알맞다.

종자는 표면이 제라친 질의 막으로 둘러싸여 있으므로 물속에 1~2일 동안 넣었다가 이 막을 제거하고 건조시켜 저장한다.

제라친 질을 충분하게 깨끗이 씻어내지 않으면 발아하는데 시간이 걸리며 더욱이 발아율이 저하된다.

종자의 수명은 2~3년이나 습기가 많은 곳에 저장한 것은 수명이 현저하게 단축되어 반년~1년만에 발아능력이 없어진다.

이 때문에 저장할 때에는 건조한 후 곧 건조제를 넣은 밀폐 가능한 용기에 넣어서 서늘하고 어두운 곳에 둔다.

그때 곤충 등에 의한 피해가 없도록 유의해야 한다.

② 파종과 묘의 관리

묘상은 배수가 좋고 비옥한 사질 통양이 알맞으며 이랑넓이는 1.15~1.35m 정도, 이랑높이 20cm, 이랑사이 30cm 정도가 적당하다. 파종 간격은 15~20cm의 이랑 사이로 5cm 간격으로 줄 파종한다.

파종 후 흙을 아주 조금 덮고 다시 얇게 짚을 깔아 준 후에 물을 준다.

그 뒤에도 지나치게 습도가 많지 않을 정도로 물을 주어서 토양의 건조함을 방지하면 기후가 따뜻한 시기이면 10~20일만에 발아한다.

묘의 크기가 3~6㎝로 자랐을 때에 질소를 주체로 한 첫번째 덧거름을 주고 그 뒤에는 10~20일에 1회의 비율로 덧거름을 준다.

발아 후 30일 정도되면 솎아내기를 행하여 생육이 나쁜 묘를 제거하고 지나치게 밀생하지 않도록 해 준다.

정식은 묘의 크기가 15~18㎝로 자랐을 때 행하고 크게 자라더라도 50㎝를 넘지 않도록 한다.

기온이 낮은 곳에서의 육묘에는 깊이 10~15㎝의 나무상자에 냇가모래와 퍼라이트를 섞은 것을 넣고 여기에 파종한다.

파종 후의 관리 등은 밭에서의 방법과 마찬가지이나 상자는 햇볕이 잘 쪼이는 온실 등에 둔다.

파종 후 20일 정도만에 발아하게 되므로 본엽이 2매 나왔을 때에 직경 20 전후의 폿트에 잘 썩은 퇴비를 섞은 흙을 넣고 한 포기씩 옮겨 심는다.

이 폿트 역시 온실 등의 기온이 내려가지 않는 햇볕이 잘 쪼이는 곳에 충분한 간격을 띄워 둔다.

활착이 이루어진 후에 덧거름을 10일에 한번 정도로 주면 1~2개월 후에는 정식이 가능한 15㎝ 이상의 묘가 된다.

온실에서의 육묘는 가을부터 겨울에 걸쳐서 한해를 입을 우려는 없으나 묘가 도장하는 경향이 있어 약하게 자란 것이므로 정식할 때에는 그 몇 일전부터 충분히 외부 기온과 접촉시키지 않으면 그 뒤의 발육이 나빠진다.

부 록

과수의 접목과 삽목실례

[절접(切接)- 매화나무]

절접은 접목의 대표적인 방법으로 가장 기초적인 기술이다. 이 방법을 습득하면 다른 접목법도 자유로이 할 수 있게 된다. 절접법은 조작이 매우 용이하여 초보자라도 단시간에 그 요령을 터득할 수가 있어 실제로 할 수 있게 된다.

절접은 예로부터 널리 쓰여지고 있는 기술로서 접목이라고 하면 이 절접을 말하는 정도이다. 조작이 간단한데 비하여 활착도 매우 잘 되므로 꽃나무, 과수, 임목 등의 번식에 이 방법이 많이 쓰여진다.

활착의 포인트로서 대목을 깊이 베는 쪽은 굵은 뿌리의 바로 위쪽으로 평활한 곳일 것. 수목(접가지)도 대목도 깎은 면은 평활하고 밀착할 것. 수목을 대목의 깊이 벤 속으로 꽂아 넣을 경우 양자의 형성층이 완전히 합치될 것. 수목과 대목의 굵기가 다를 경우에는 한쪽만을 합치시킬 것. 접붙이기가 끝났으면 접목부를 말리지 않을 것 등이다.

① 대목은 야생매화나무의 실생 2년생

② 뿌리를 정리한다.

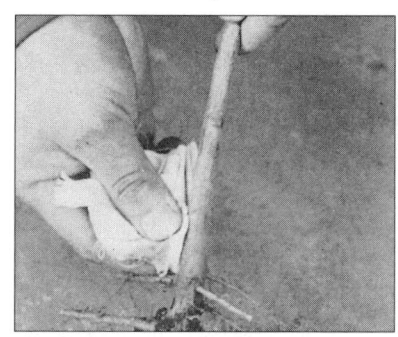

③ 접붙이는 곳의 흙을 턴다.

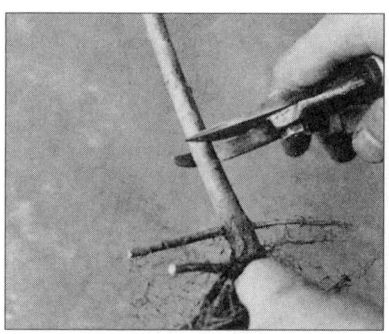

④ 뿌리 부위에서 2~5cm에서 절단한다.

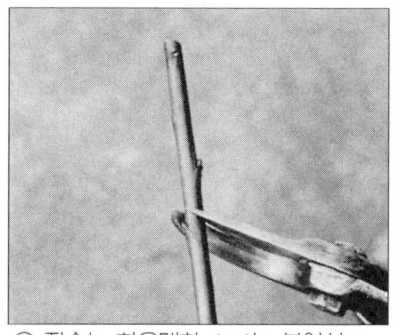

⑤ 접수는 참옥매화, 2~3눈 붙여서 3~5cm에서 자른다.

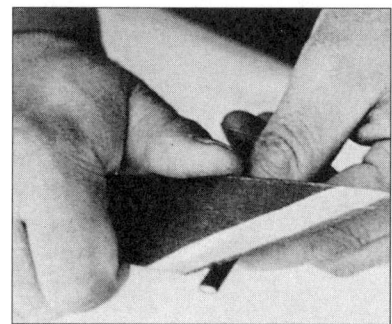

⑥ 접수의 기부를 45℃로 깎는다.

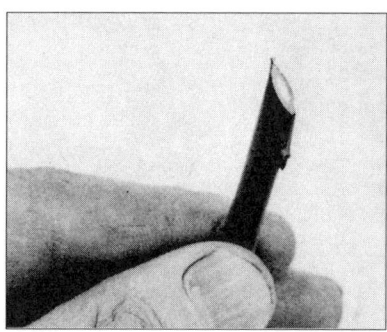

⑦ 깎은 모양

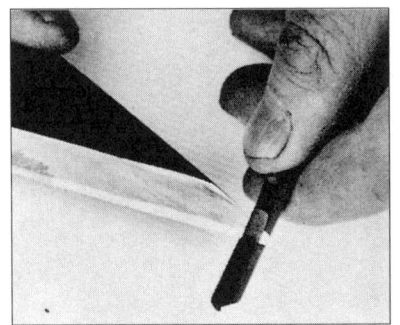

⑧ 반대쪽을 2~2.5㎝

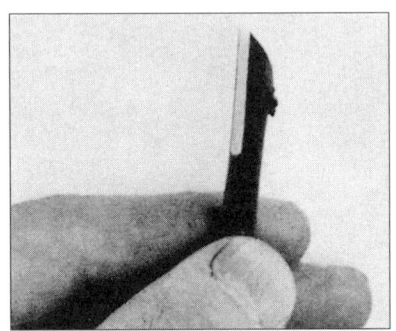

⑨ 목질부에서 걸칠 정도로 깎는다.

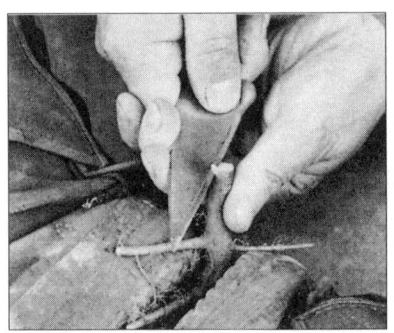

⑩ 대목의 어깨를 45℃로 깎아낸다.

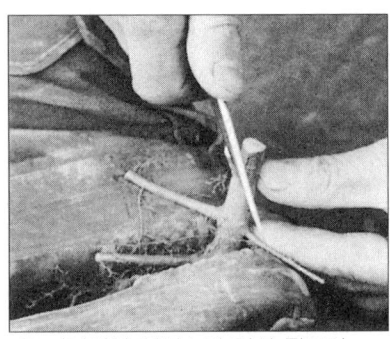

⑪ 거기에서 형성층에 걸칠 정도의
두께로 깊이 벤다.

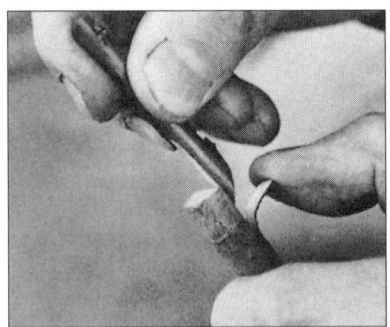

⑫ 접수와 대목을 맞춘다.

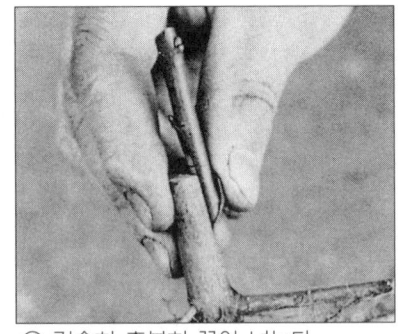

⑬ 깊숙히 충분히 꽂아 넣는다.

⑭ 테이프를 뒤쪽으로 2회, 앞쪽으로
2회 감는다.

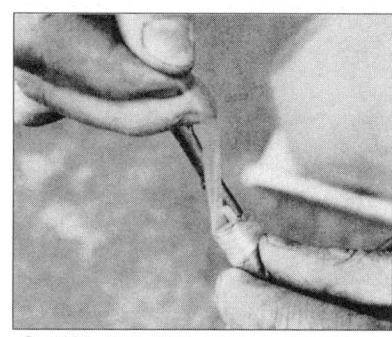

⑮ 한쪽 끝을 위로 돌려서 벤자리를
덮는다.

⑯ 다른 한쪽의 테이프로 그것을 누른다.

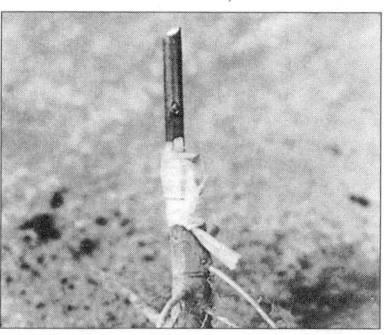

⑰ 한번 매는 것만으로도 풀리지 않는다.

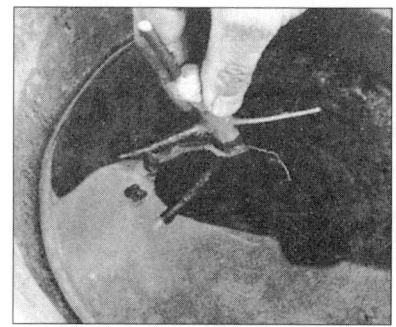

⑱ 접붙인 곳을 손에 잡고 뿌리에만
물을 묻힌다.

⑲ 밭에 심을 때는 접목한 쪽을 북쪽으
로 돌린다.

⑳ 접수의 끝을 약간 내놓고 복토한다.

㉑ 신문지를 씌우고 주위를 흙으로 누른다.

[눈접(芽接)- 매화나무]

눈접은 눈 부분을 도려내어 이것을 대목의 박피한 부분에 맞추어서 접목하는 방법이다. 대표적인 것으로는 방패눈접, 엇베기눈접이 있다. 방패눈접은 방패 모양으로 눈을 도려내는데서 이 이름이 있으나 대목이 T자형의 칼침을 넣으므로 T자형 눈접이라고도 하며 예로부터 행하여져 왔다. 이밖에 대롱(管)눈접(狀芽接), 십자형(十字形)눈접, 끼워넣기눈접 등이 있다.

방패눈접은 눈접용 칼을 쓰며 주걱을 써서 수피를 벌리는 등 조작이 번잡하지만 공작용 칼을 쓰는 사진에서 보는 엇베기눈접은 매우 능률적이고 조작도 간단할 뿐더러 활착도 좋으므로 널리 행하여지고 있다.

눈접의 잡점은 수목을 절약할 수 있다는 것. 10일을 지나면 활착의 결과를 알 수 있어 접목을 다시 할 수 있다는 것. 실패해도 이듬해 봄 절접의 대목으로 쓸 수 있다는 것. 또 접목한 이듬해 봄에 눈의 생장이 좋고 접목부에 암종병이 발생하지 않는다는 것이다.

① 대목은 매화나무의 원예품종. 2월에 파종한 것

② 접수는 원예품종. 올해의 새 가지로서 약 1m 채취한다.

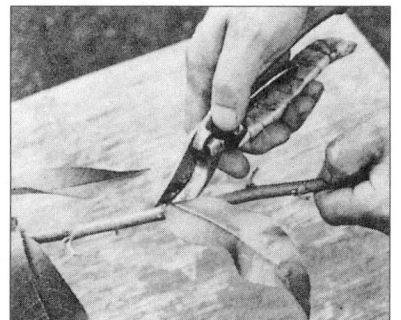
③ 접수는 잎자루를 남기고 잎을 따낸다.

④ 약간 목질부를 붙여서 눈을 엇벤다.

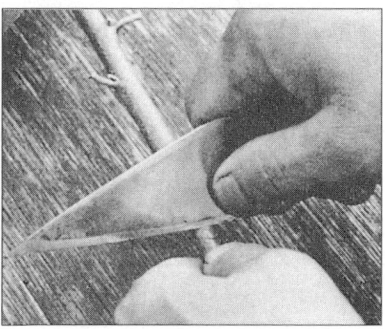
⑤ 접붙일 눈의 길이로 잘라낸다. 45°의 각도를 붙일 것

⑥ 접붙일 눈을 뗀 것.

⑦ 접붙일 곳의 흙을 턴다.
그늘쪽이 좋다.

⑧ 목질부에 걸칠 정도로 내리벤다.

⑨ 아래 1/3정도 남기고 잘라낸다.

⑩ 잘라낸 것.

⑪ 눈을 꽂아 넣는다.

⑫ 밑에서 위로 테이프를 감고 묶는다.

⑬ 눈만 남기고 감아 올리고 묶는다.

[가지눈접(枝芽接) - 밤나무]

밤나무의 증식은 전적으로 접목에 의하지만 수피에 타닌산이 포함되어 있기 때문에 유합작용이 저해된다. 또 도관(導管)이 굵고 물올림이 나쁘므로 다른 과수류에 비해 접목의 활착이 나쁘다. 보통 절접, 박접(剝接)이 행하여지지만 최근 눈접과 가지접을 겸한 가지눈접법이 고안되어 좋은 결과를 보게 되었다. 가지눈접은 일반의 눈접에 비하여 건조나 추위에 강하다고 하는 이점이 있다.

① 잎자루를 남기고 잎을 자른다.

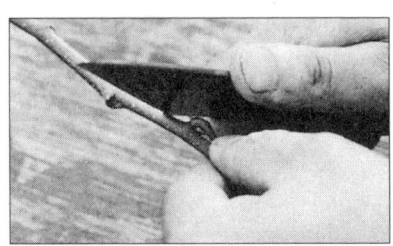

② 눈밑 1㎝의 곳에서 45°로 자른다.

③ 공기에 접촉되어 타닌이 나오는 것을 막기 위해 핥는다.

④ 눈 뒤쪽에 칼침을 ⑤ 엇베어 낸다.
   넣는다.

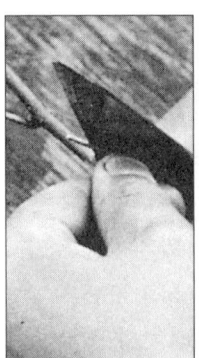

⑥ 눈을 잘라 낸다. ⑦ 만들어진 접아

⑧ 당년생 대목, 동고병을 막기 위해 50~60㎝에서 접한다.

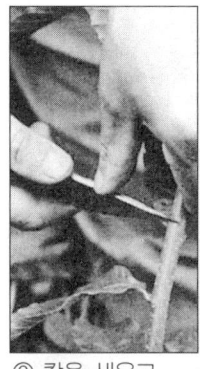  

⑨ 칼을 세우고 　　⑩ 껍질을 벗긴다. 　　⑪ 하부 1/3을 남기고 껍질을 잘라낸다.

 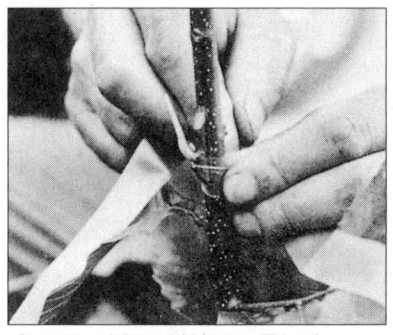

⑫ 접아를 꽂아 넣는다. 　　　　　⑬ 눈을 세우고 테이프로 묶는다.

⑭ 이듬해 봄, 눈 위에서 대목을 자른다.

높은접갱신(高接更新)
- 감나무 · 절접(切接)

   높은접갱신은 과수의 품종갱신이나 어떤 품종을 가할 경우에 행하여진다. 가령 떫은 감을 단감으로 바꾸고자 할 경우 하나의 사과나무에 몇 종류의 품종을 열게 하고자 할 때 등에 이 방법이 쓰여진다.
   절접(切接), 박접(剝接), 복접(腹接) 등의 방법이 있으나 접목부위가 높기 때문에 건조 방지를 위해 접랍(接蠟)을 바르거나 짚으로 두루거나 거적이나 숯가마를 감고 속에 흙을 넣는 등의 방법을 취할 필요가 있다.

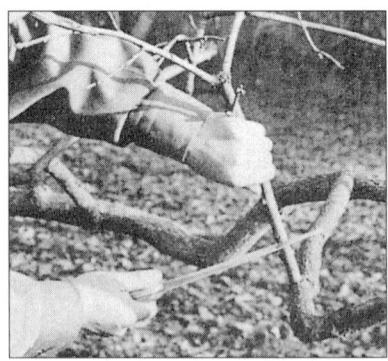

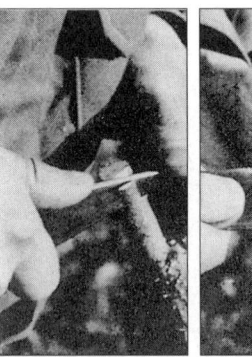

① 접할 자리를 정하고 절단한다.   ② 세로로 깊이 벤다.   ③ 어깨를 베어 올리고

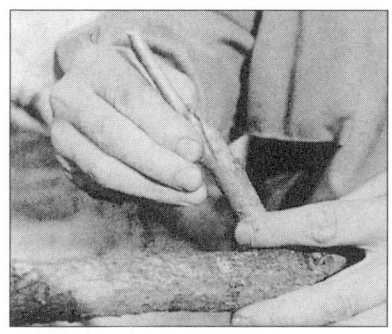

④ 조정한 접수를 꽂아 넣고

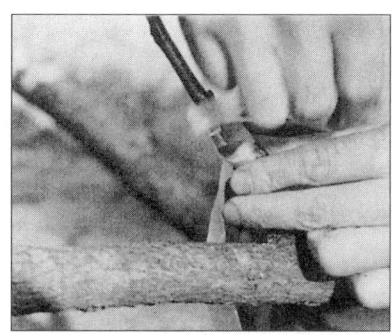

⑤ 테이프로 묶는다.

⑥ 대목의 벤자리까지 완전히 테이프로 싼다.

⑦ 접랍을 바른다.

⑧ 접수에서 테이프까지 정성껏 바른다.

⑨ 짚으로 싸고

⑩ 짚을 고정한다.

⑪ 접목한 끝을 자른다. 새눈이 나왔으면 짚을 벤다.

접목의 방법[절접(切接)]

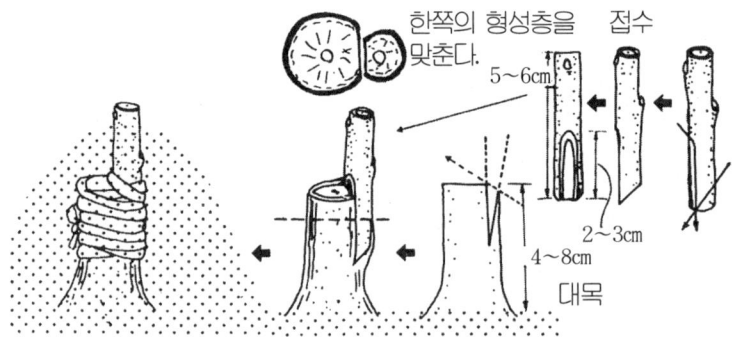

한쪽의 형성층을 맞춘다.

접수

5~6cm

2~3cm

4~8cm

대목

절접의 조작

접목의 방법[할접(割接)]

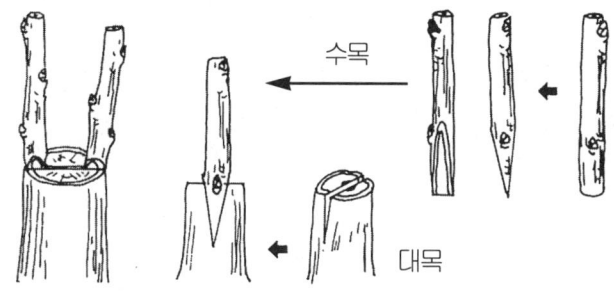

수목

대목

대목이 굵을 경우

접목요령

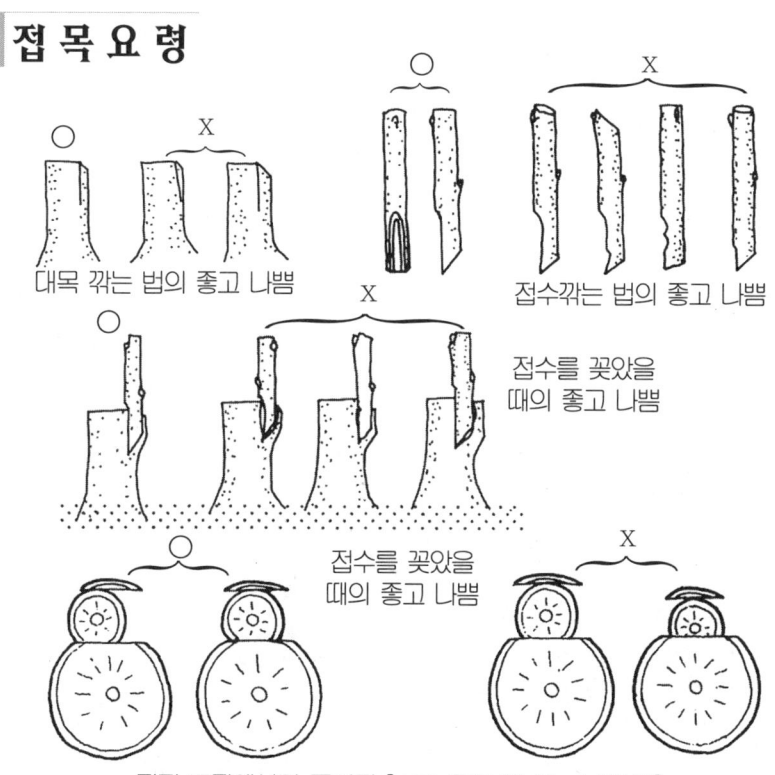

○ X
대목 깎는 법의 좋고 나쁨

○ X
접수깎는 법의 좋고 나쁨

○ X
접수를 꽂았을
때의 좋고 나쁨

○ X
접수를 꽂았을
때의 좋고 나쁨

절접 조작에서의 주의점 [○은 좋은 예, X는 나쁜 예]

접목방법

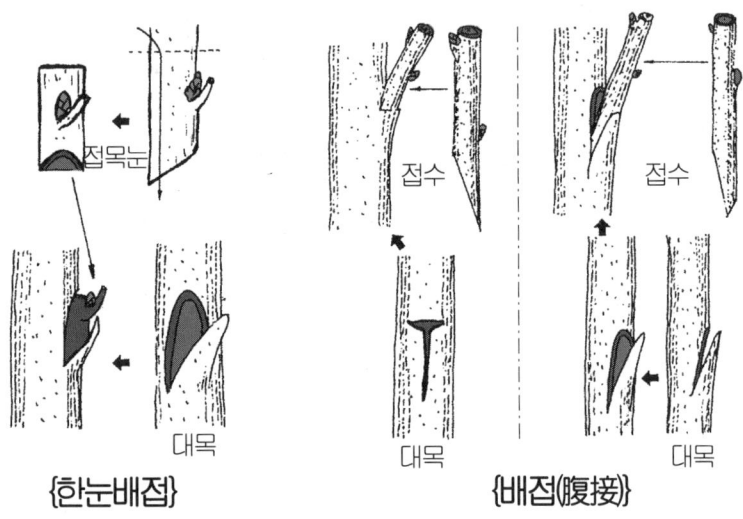

접목눈

대목

{한눈배접}

접수 접수

대목 대목

{배접(腹接)}

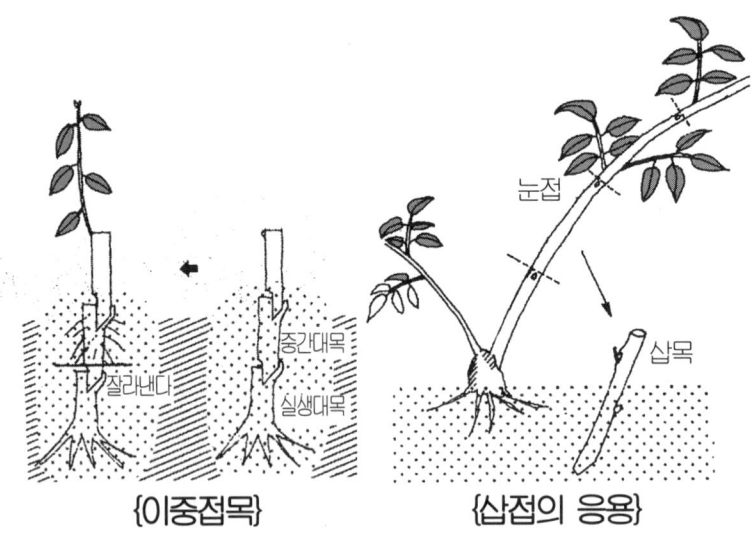

중간대목

실생대목

잘라낸다

{이중접목}

눈접

삽목

{삽접의 응용}

눈접방법[여러가지 눈접]

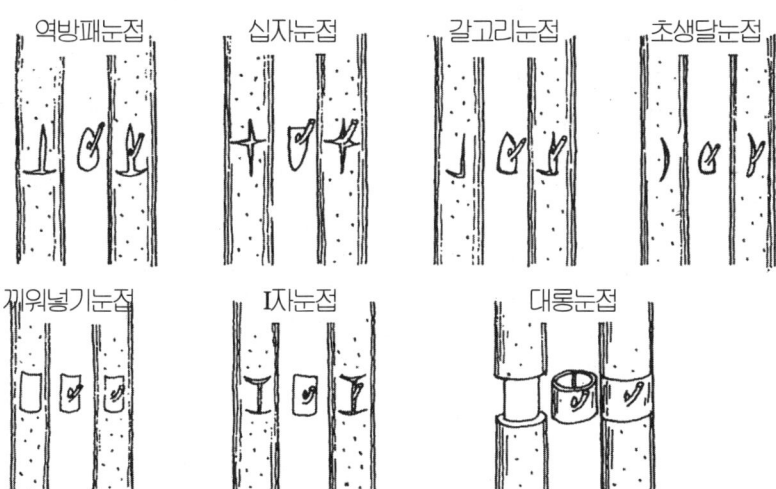

역방패눈접   십자눈접   갈고리눈접   초생달눈접

끼워넣기눈접   I자눈접   대롱눈접

눈 접 요 령

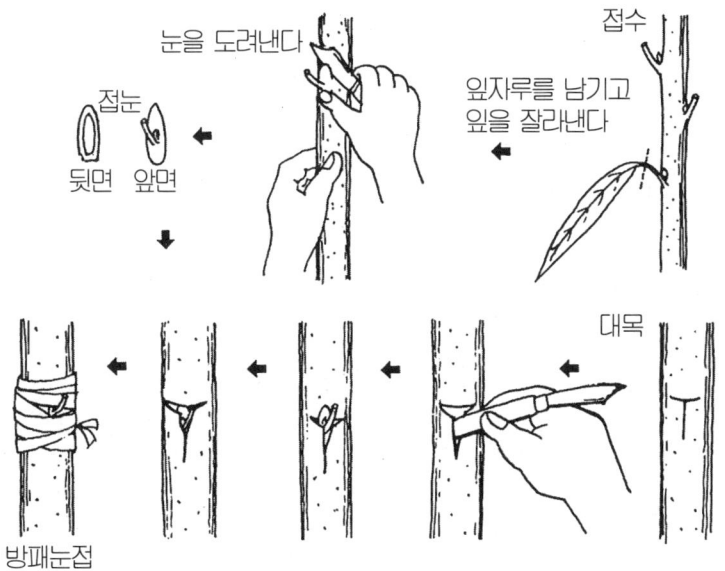

눈을 도려낸다

접수

잎자루를 남기고
잎을 잘라낸다

접눈

뒷면   앞면

대목

방패눈접

여러가지 가지접방법

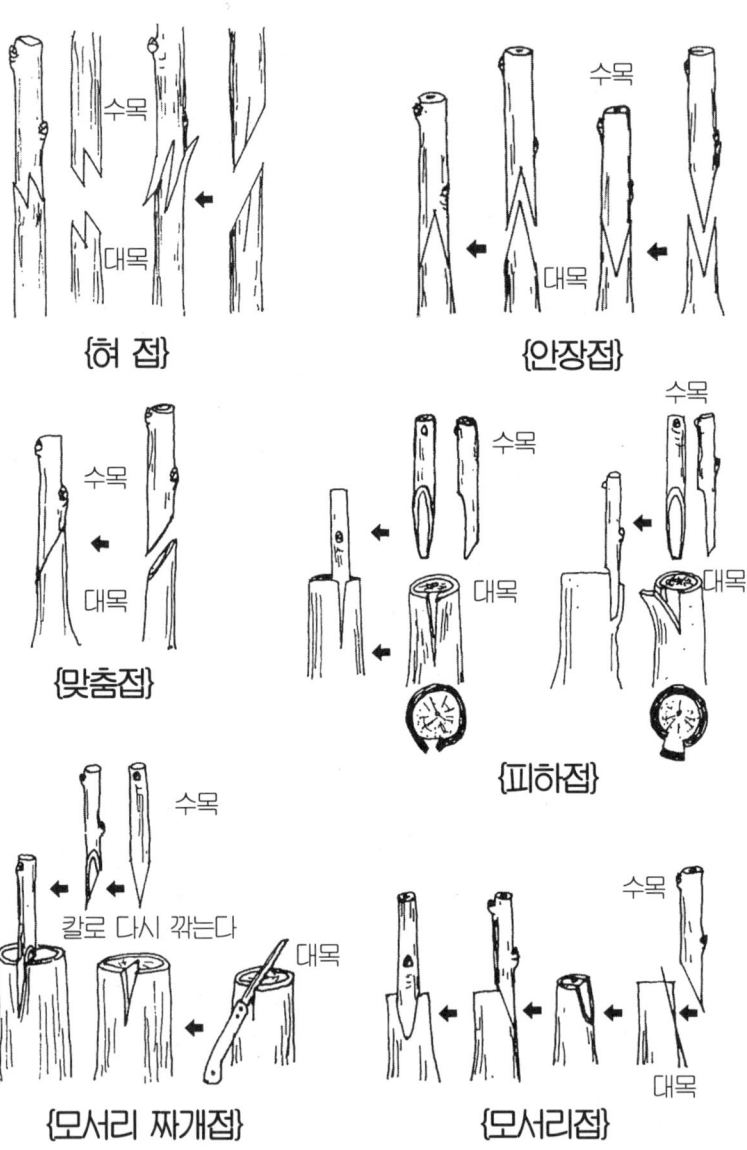

{혀 접}

{안장접}

{맞춤접}

{피하접}

{모서리 짜개접}

칼로 다시 깎는다

{모서리접}

수목

대목

도구

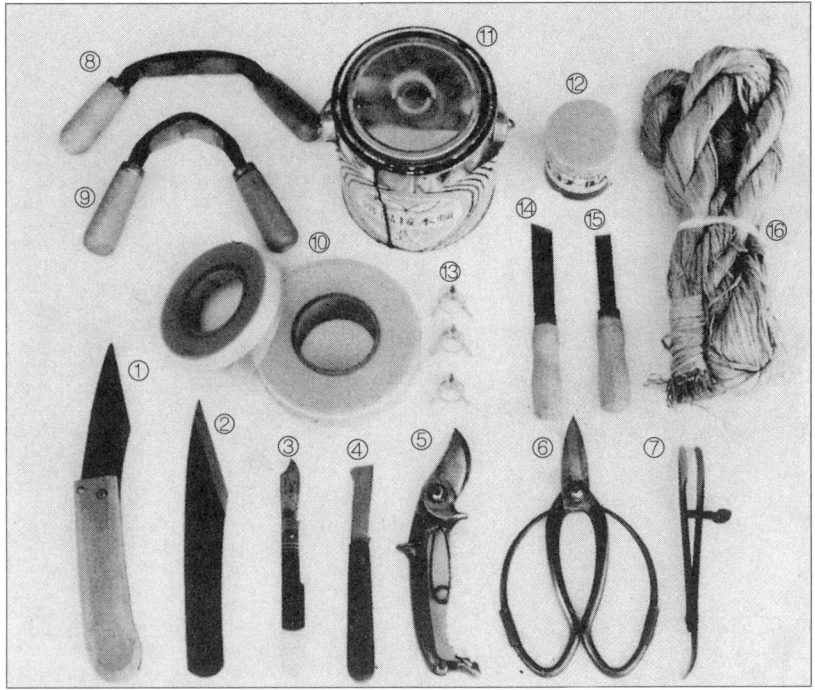

① ② 갈라내기칼, ③ ④ 눈접용칼, ⑤ 전정가위, ⑥ 나무가위, ⑦ 이중날칼,
⑧ 배접용낫, ⑨ 뿌리접용낫, ⑩ 비닐테이프, ⑪ ⑫ 상온접목랍, ⑬ 접목클립(멜론용)
⑭ ⑮ 접목끌, ⑯ 라피아

칼을 숫돌에 밀착시켜서 간다.

칼 뒤쪽도 숫돌에 밀착시켜서 가볍게
잘못 갈린 곳을 고친다.

판 권 사
본 소 유

접목과 삽목 (수정 증보판)

2018년 10월 5일 2판 4쇄 발행

편저자 : 차 건 성
발행인 : 김 중 영
발행처 : 오성출판사

서울시 영등포구 영등포 6가 147-7
TEL : (02) 2635-5667~8
FAX : (02) 835-5550

출판등록 : 1973년 3월 2일 제13-27호
www.osungbook.com

ISBN 978-89-7336-123-6